워크북으로 쉽게 배우는

미용해부생리학

Coloring book

[개정판]

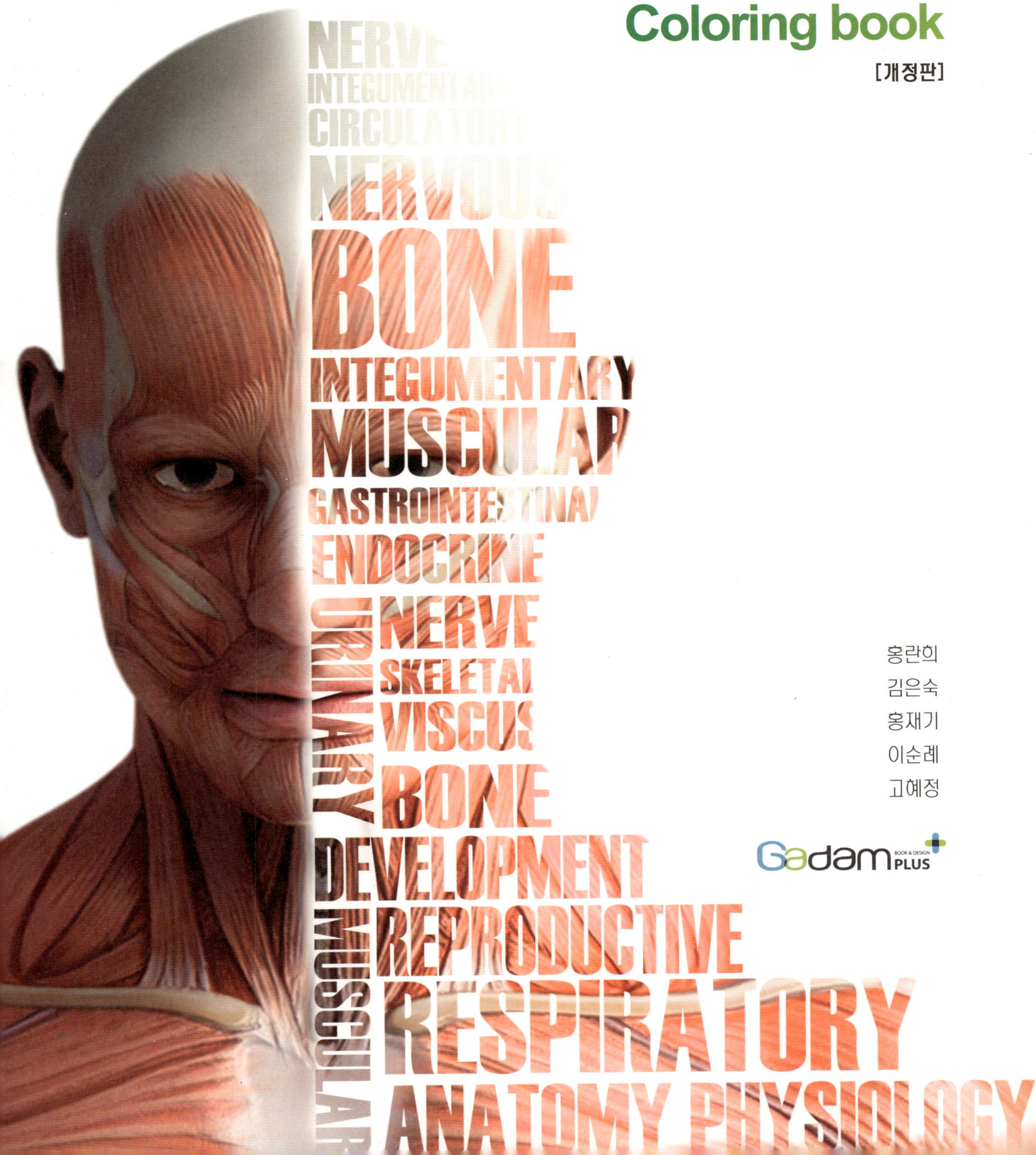

홍란희
김은숙
홍재기
이순례
고혜정

Gadam BOOK & DESIGN PLUS

들어가면서...

4차 산업 시대 뷰티 업계에서도 지능화 인프라-빅데이터(ID), 인공지능 분야(A)와 융합 서비스-맞춤형 뷰티 앤 헬스케어, 가상증강형실과 지능형 로봇 등 융합적 기술 산업 기반이 주목받고 있습니다.

발 빠르게 변해가는 4차 산업시대에서, 국내 피부미용 분야 수많은 전공자들과 업계 종사자들이 현장 실무에서 가장 필요한 분야인 미용해부생리학을 쉽게 즐기면서 배우고 체계적으로 정리할 수 있는 교재의 형태가 없을까 고민하던 차에, 뜻을 같이 한 저자들끼리 [워크북으로 쉽게 배우는 미용해부생리학-Coloring book] 을 집필하게 되었습니다.

'놀이가 곧 배움이다'라는 아이디어로 주요 인체 부위에 직접 색을 칠하고 명칭을 써 넣으면서 퀴즈-게임-놀이(Making Fun)의 공식으로 '즐기는 미용해부생리학'이란 의미를 갖게 하고 싶었습니다.

피부미용은 무엇보다 인체를 정확히 알고 그에 대한 지식을 바탕으로 피부미용 기기와 화장품 및 손을 이용하여 얼굴과 전신을 아름답고 건강하게 유지, 보호, 개선, 관리해주는 영역입니다.

금번 워크북의 집필을 위해 오랜 기간 뷰티 산업과 피부미용 학계에서 전문적으로 활동해 온 저자들의 노하우와 아이디어를 모아서 피부미용인의 가이드라인 역할을 할 수 있도록 하였습니다. 피부미용 전공자들은 물론 이 분야의 종사자와 관심을 가진 분들을 위해 미용해부생리학을 워크북 형태로 배워, 학습효과를 최대화시키고 실무 현장에서도 의미 있게 접목할 수 있는 교재가 되었으면 합니다.

무엇보다 이 책이 피부미용 분야의 핸드북처럼 가까이 하고 싶고 필요할 때마다 부담 없이 반복해서 펼쳐볼 수 있는 지침서가 되기를 희망하고 기대합니다.

끝으로 그 어느 때보다 힘든 출판계 현황에도 불구하고 기꺼이 이 책이 출간되기까지 적극적으로 지원해주신 가담플러스 고범석 대표님과 편집부에 깊은 감사의 마음을 전합니다.

2019년 1월 저자 일동

워크북으로 쉽게 배우는

미용해부생리학

Coloring book

해부생리학 서론

Anatomy Physiology

01

Anatomy Physiology

Chapter 01

해부생리학 서론

Anatomy Physiology

학습목표 학습자들이 해부생리학의 개요를 이해하고 인체해부학의 용어를 학습할 수 있다.

1. 해부학의 구조적 기관의 수준에 대해 서술할 수 있다.
2. 항상성이 무엇이고, 기전에 대해 설명할 수 있다.
3. 인체의 해부학 용어에 대해 설명할 수 있다.

01. 해부학의 개요

1) 해부학과 생리학

해부학(anatomy)은 신체의 구조가 어떻게 조직화되어 있는지를 연구하는 학문이다. 해부학이라는 용어는 원래 라틴어의 ana와 tomy의 합성어로 영어로는 '자르다(cutting)' 혹은 '분해하다(analysis)'라는 의미이다.

생리학(physiology)은 생체의 기능이나 작용에 관한 학문으로 자극에 대한 인체의 반응을 이해하고 예측하는 것에 대해 이해해야 한다. 이에 해부학과 생리학을 통해 건강한 몸의 상태를 알아보고 고객 상담에 적극 활용하고자 한다.

2) 몸의 구성단계

작은 원자(atom)가 모여 분자(molecule)가 구성되고, 여러 분자가 모이면 거대분자가 된다. 거대분자는 세포소기관(organelle)을 형성하고 세포소기관은 세포로 형성된다.

세포(cell)들이 모여 조직(tissue)을 이루고, 조직이 모여 기관(organ)을 형성한다. 기능이 유사한 기관들이 기관계(organ system)가 되고 이들이 합쳐져 유기체(organism)를 형성한다.

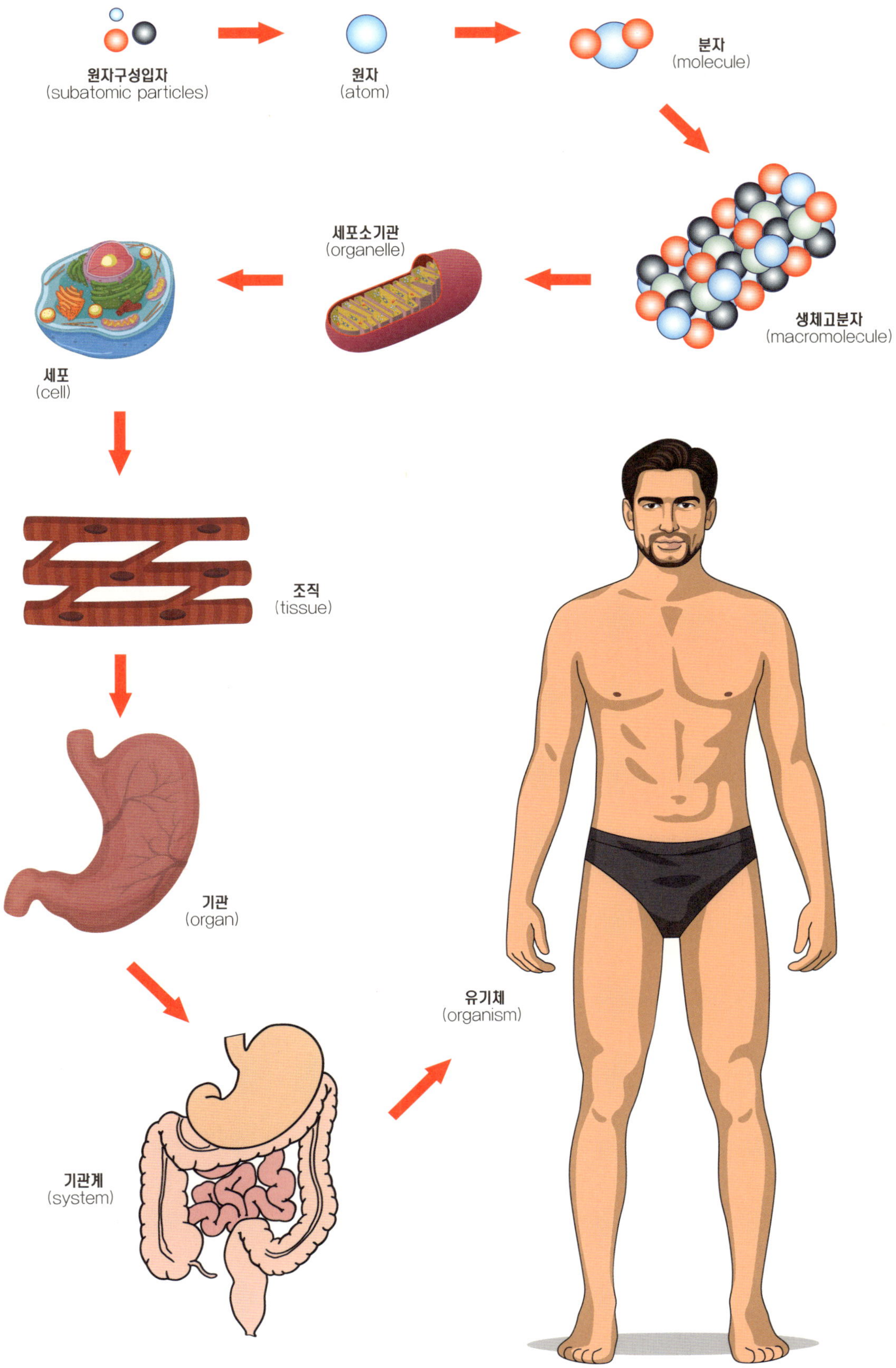
원자구성입자
(subatomic particles)
원자
(atom)
분자
(molecule)
생체고분자
(macromolecule)
세포소기관
(organelle)
세포
(cell)
조직
(tissue)
기관
(organ)
기관계
(system)
유기체
(organism)

신체조직화 단계

02. 인체의 주된 기관계통

계통	주요조직	기능
피부계통 (integummentary system)	피부, 머리카락, 손발톱, 땀샘	- 신체를 보호, 체온조절, 비타민D 합성 - 촉각, 압각, 통각
뼈대(골격)계통 (skeletal system)	뼈, 연골, 인대	
근육계통 (muscular system)	뼈대근육(Skeletal muscle), 심장근육(Cardiac muscle), 민무늬근육(Smooth muscle)	
신경계통 (nervous system)	뇌, 척수, 신경, 감각수용기	
내분비계통 (endocrine system)	뇌하수체, 갑상샘, 부신	
순환계통 (circulatory system)	심장, 혈관, 림프	

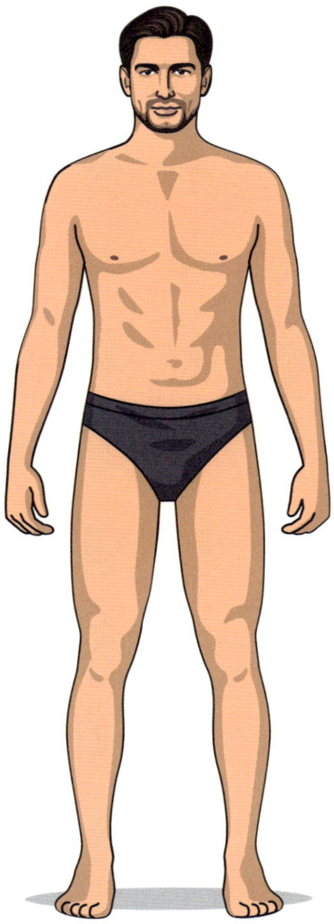
피부계통

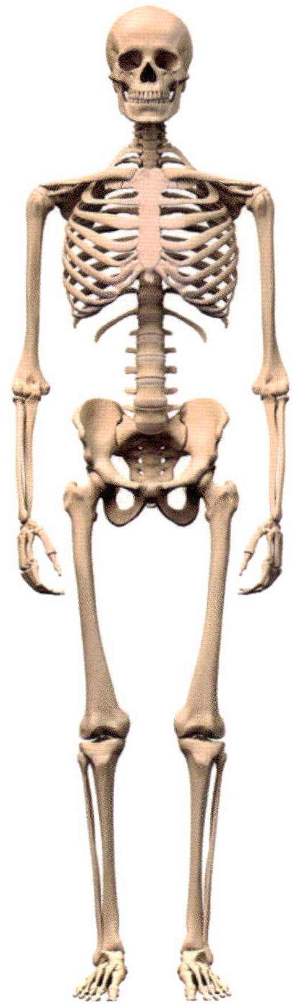
뼈대(골격)계통

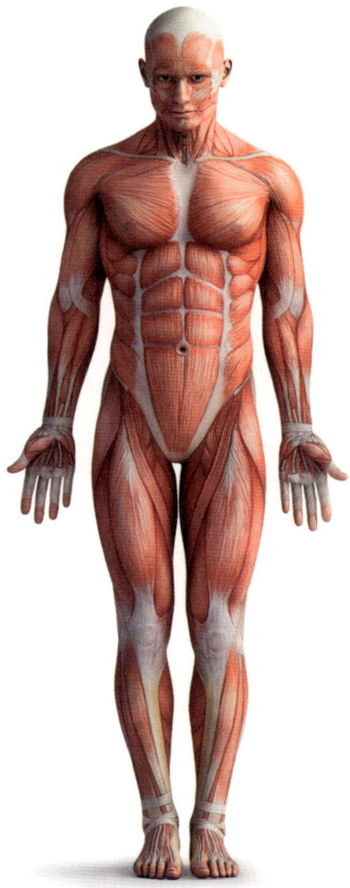
근육계통

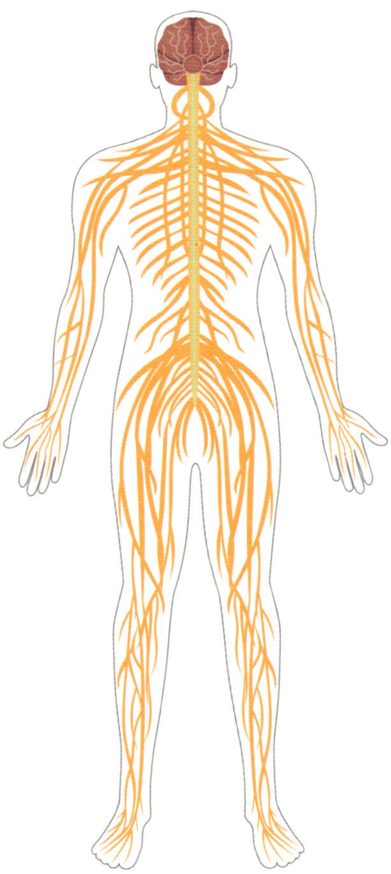
신경계통

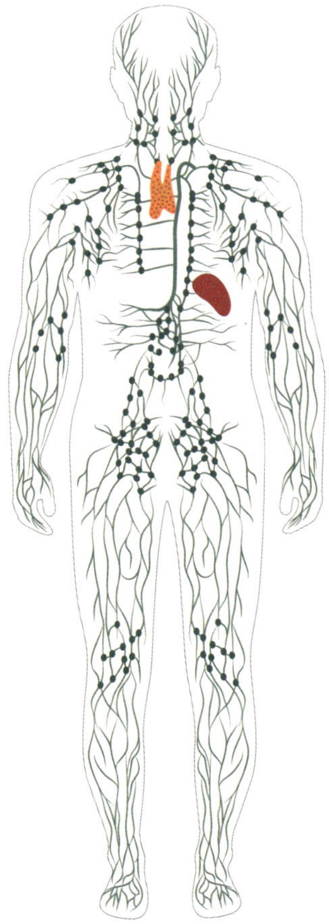
내분비계통

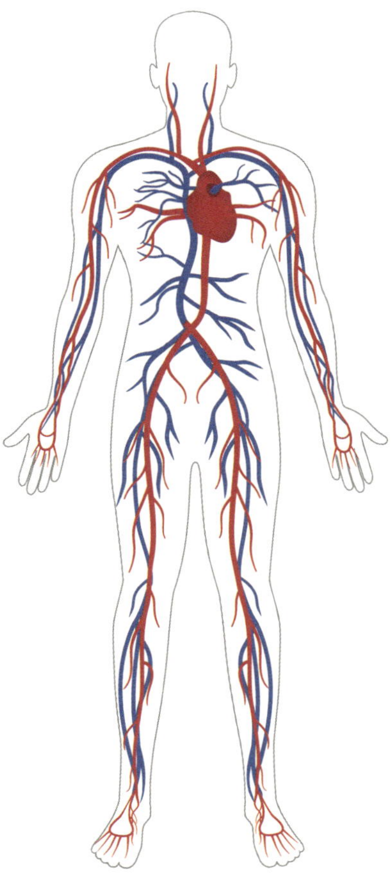
순환계통

계통	주요조직	기능
호흡계통 (respiatory system)	허파, 호흡의 통로	
소화계통 (gastrointestinal system)	입, 식도, 창자, 간, 이자	
비뇨계통 (urinary system)	콩팥, 방광, 요로	
생식계통 (reproductive system)	고환, 난소	

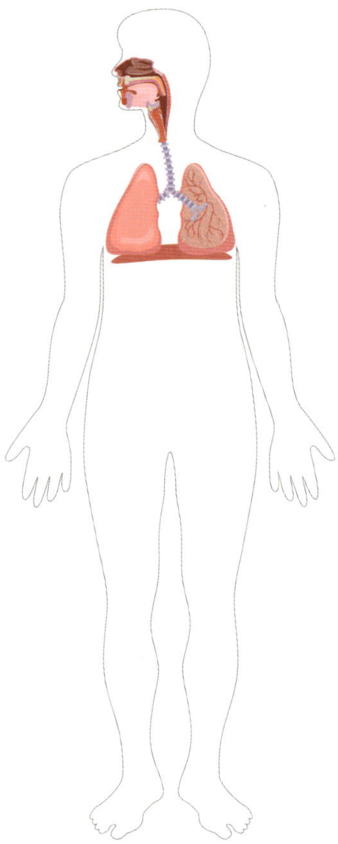

호흡계통

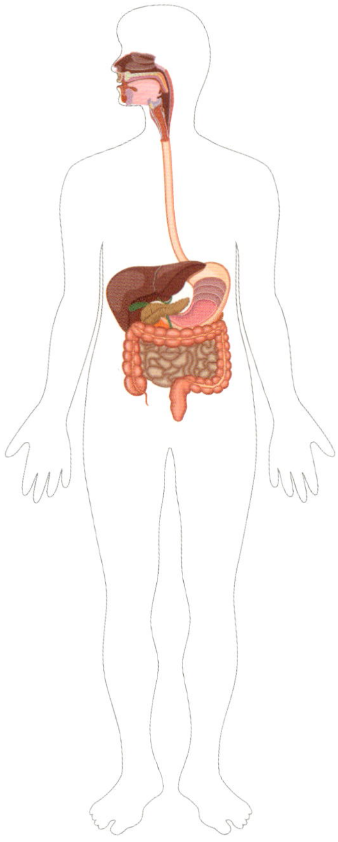

소화계통

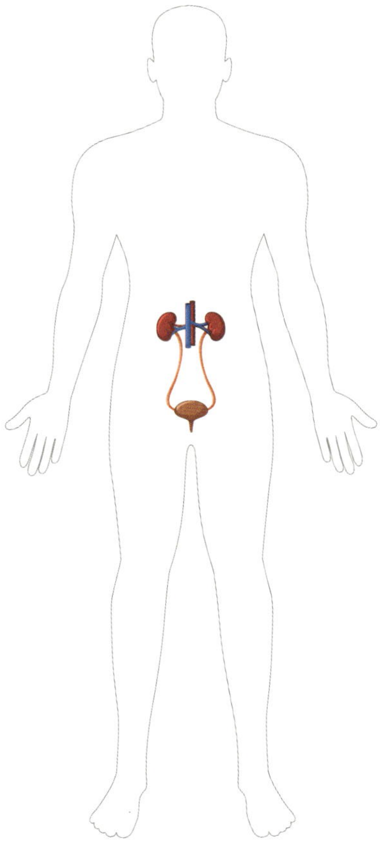

비뇨계통

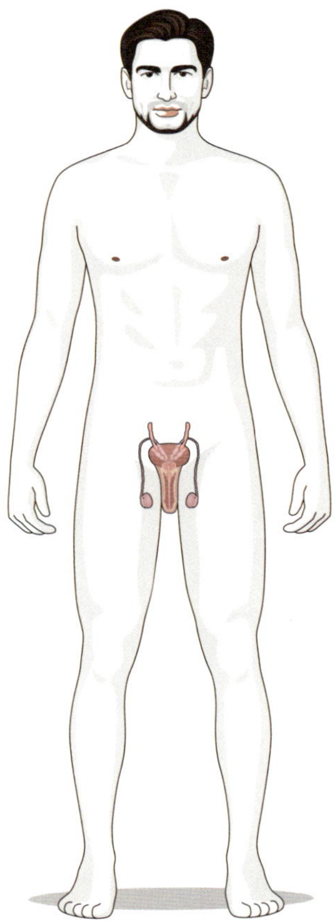

생식(남)계통

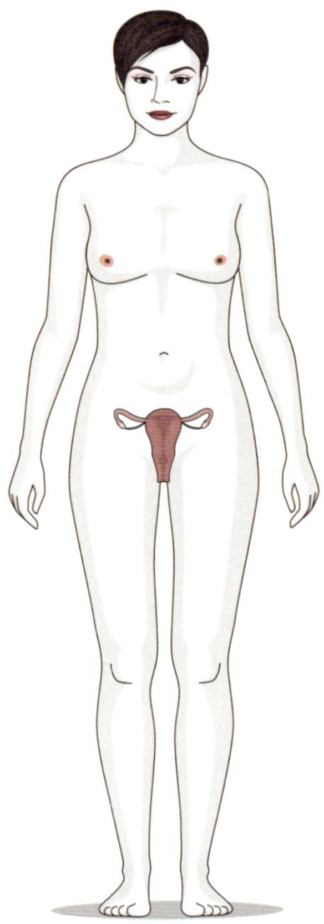

생식(여)계통

03. 항상성(Homeostasis)

1) 항상성이란?

생명 유지를 위해서 내적・외적 환경 변화에 대하여 일정한 수준을 유지하려는 생리적 과정을 말한다. 생존이란 항상성을 유지하려는 인체의 능력에 의존하므로 항상성을 유지하는 것은 안정적인 내적 환경을 유지하려는 인체 기관들의 적응력과 관련된다. 예를 들어 실내온도가 너무 높아 신체온도가 덥게 되면 땀이 나서 온도를 낮추도록 하고 실내온도가 너무 낮아서 춥게되면 근육이 수축하여(떨리도록) 체열을 만들어 내서 체온을 올려준다.

우리 몸은 정상체온인 37도를 유지하기 위하여 지속적으로 적응하고 있다.

항상성은 잠시 또는 약간 벗어나게 되는 것은 자극(stress)라고 하며, 그 결과는 손상(injury)이나 질병(disease)으로 나타난다. 오랜 시간 또는 심한 정도로 항상성에서 벗어나면 죽음에 이를 수도 있다.

2) 항상성 조절

항상성의 조절체계는 신경계통(nervous system)과 내분비계통(endocrine system)으로 신경계통이 몸의 내부와 외부 상태를 감지한 후 몸의 작용기를 통해 신호를 보낸다. 신경계통을 빠르게 작용하며, 여기에 비해 내분비계통은 느리게 작용하는 장치이다.

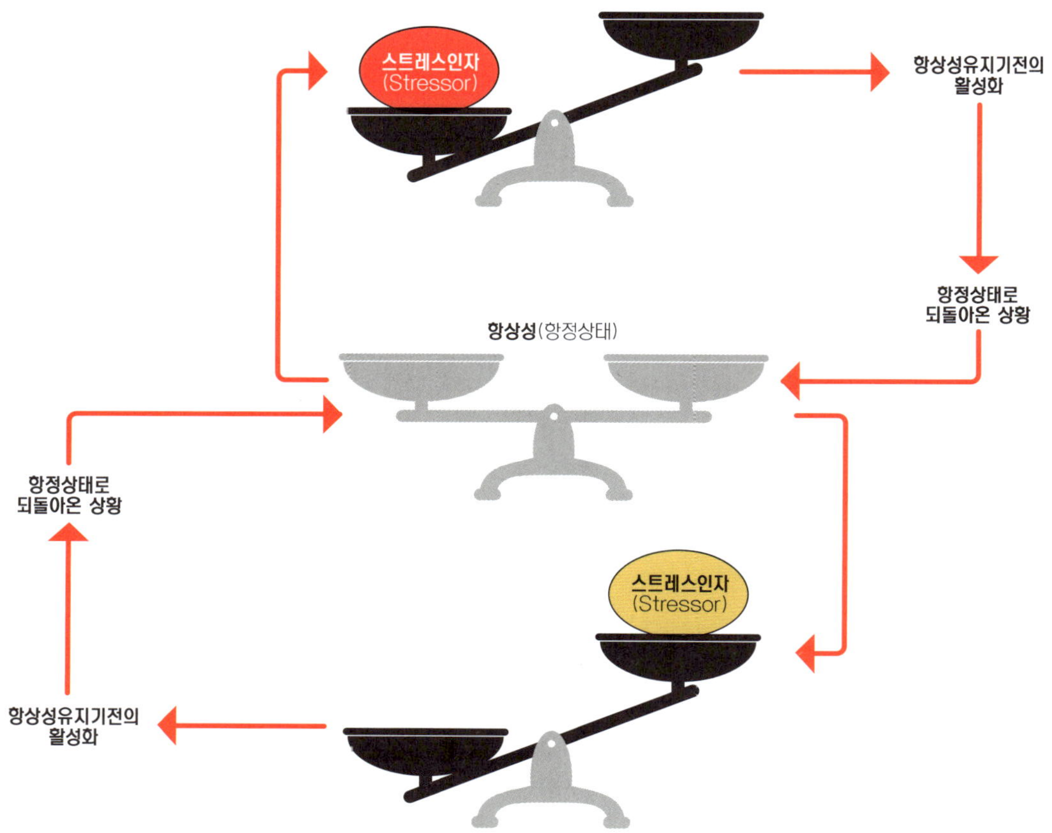

항상성

04. 인체의 해부학 용어

1) 해부학적 자세

두발은 모아 앞을 향하게 하고, 편안하게 선 상태에서 팔을 편하게 내리고 손바닥을 앞쪽으로 두고 있는 자세

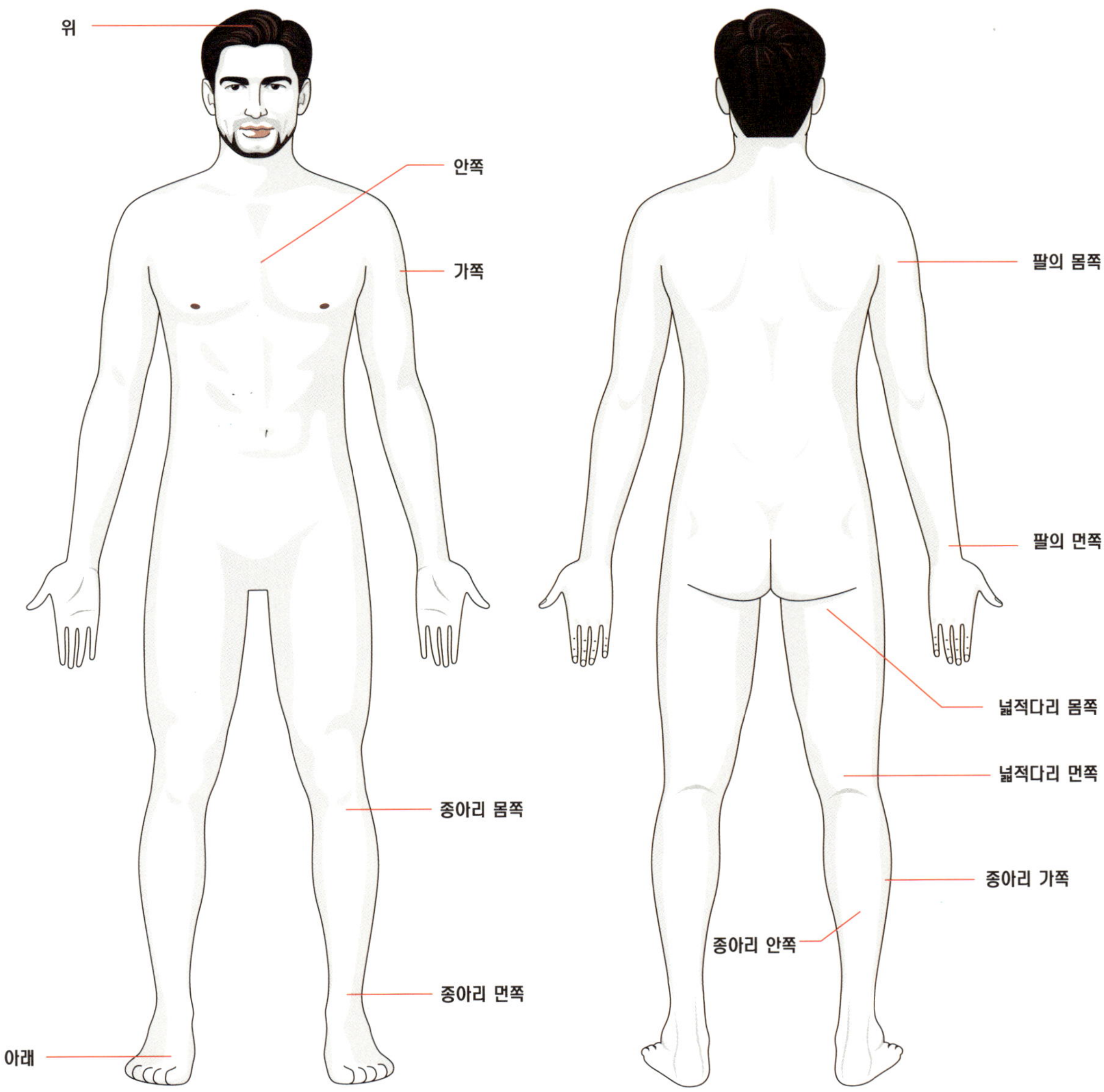

인체의 해부학적 자세

2) 신체의 절단면(몸의 단면)

① **시상면(sagittal plane)** : 신체를 수직으로 나누는 면으로 좌측과 우측으로 똑같이 나누면 정중시상면(midsagittal plane)이라고 한다.

② **관상면(coronal plane)** : 인체를 전후 방향으로 나누는 면으로 이마면(전두면, forntal plane)이라고도 한다.

③ **수평면(horizontal plane)** : 수평이 되게 나누는 면으로 인체를 위와 아래 부분으로 나누며 가로면(횡단면, transverse plane)이라고도 한다.

▷ 사람은 수직으로 서있는 형태로 수평면과 가로면이 같은 의미로 쓰임

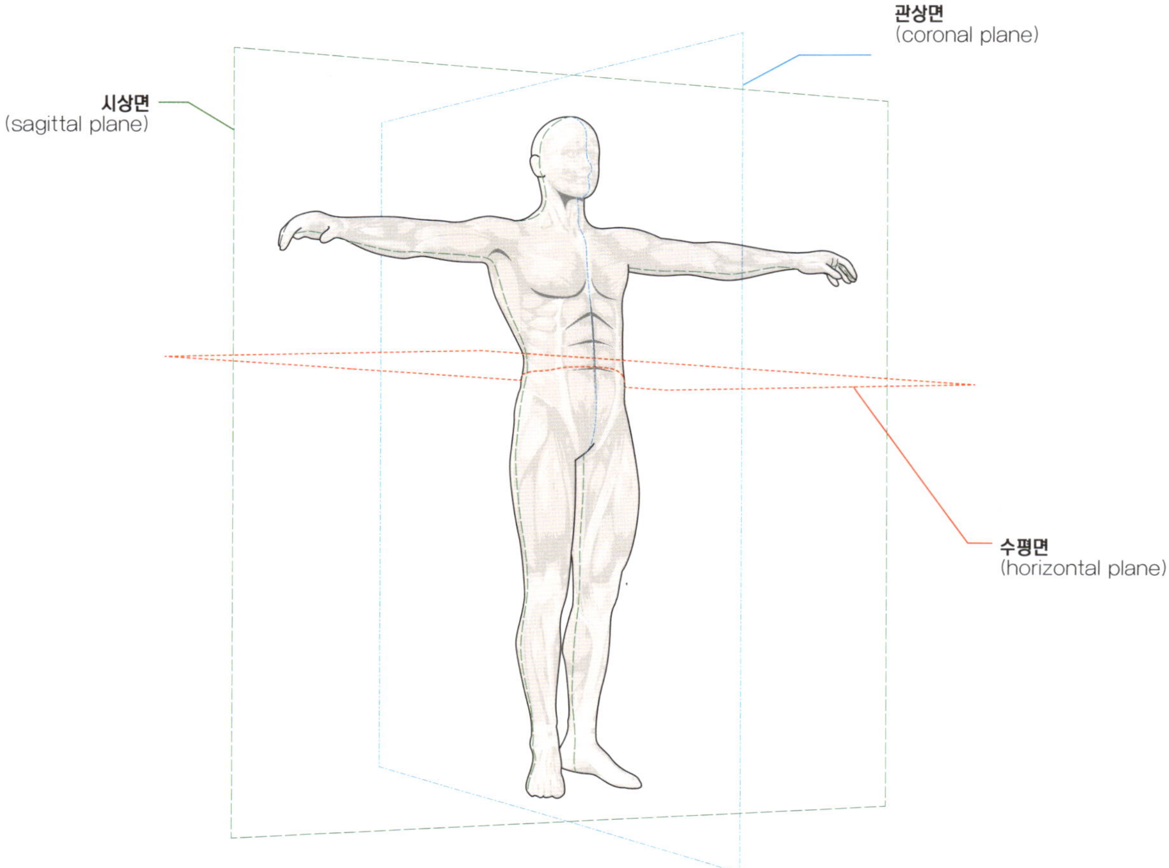

해부학적 자세의 절단면

3) 방향과 관련된 용어(상대적 위치 용어)

용어	정의	예
상(superior)=**위**	다른 구조보다 위의 있는 구조	코는 입보다 위에 위치한다
하(inferior)=**아래**	다른 구조보다 아래에 있는 구조	턱은 이마 아래에 위치한다.
안쪽(medial)=**내측**	인체의 중심선에 가까운 쪽	
가쪽(lateral)=**외측**	인체의 중심선에서 먼 쪽	
전(anterior)=**배쪽** (ventral)=**복측**	인체나 장기의 앞쪽	
후(posterior)=**등쪽** (dorsal)	인체나 장기의 뒤쪽	
몸쪽(poximal)=**근위**	상지나 하지에서 몸통에 붙어있는 뿌리 부분과 가까운 곳에 위치하는 것	
먼쪽(distal)=**원위**	상지와 하지에서 몸통쪽으로부터 멀리 떨어져 있는 것	
표면(superficial)	몸의 표면에 가까운 쪽	
깊은(deep)	몸의 표면에서 먼쪽	

4) 복골반부위

용어	의미
좌늑하부	- 복부의 위 왼쪽 부위 - 대장, 비장의 일부 위치
상위부	
우늑하부	
좌요부	
제부	
우요부	
좌장골부	
하복부	
우장골부	

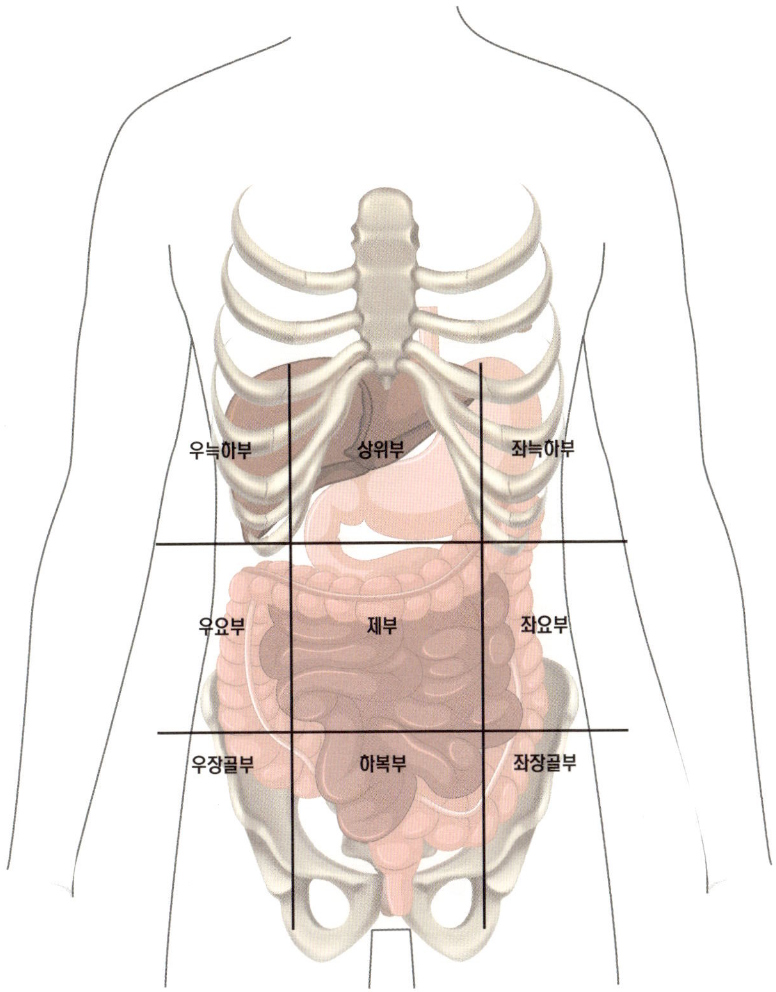
우늑하부
상위부
좌늑하부
우요부
제부
좌요부
우장골부
하복부
좌장골부

복부 부위

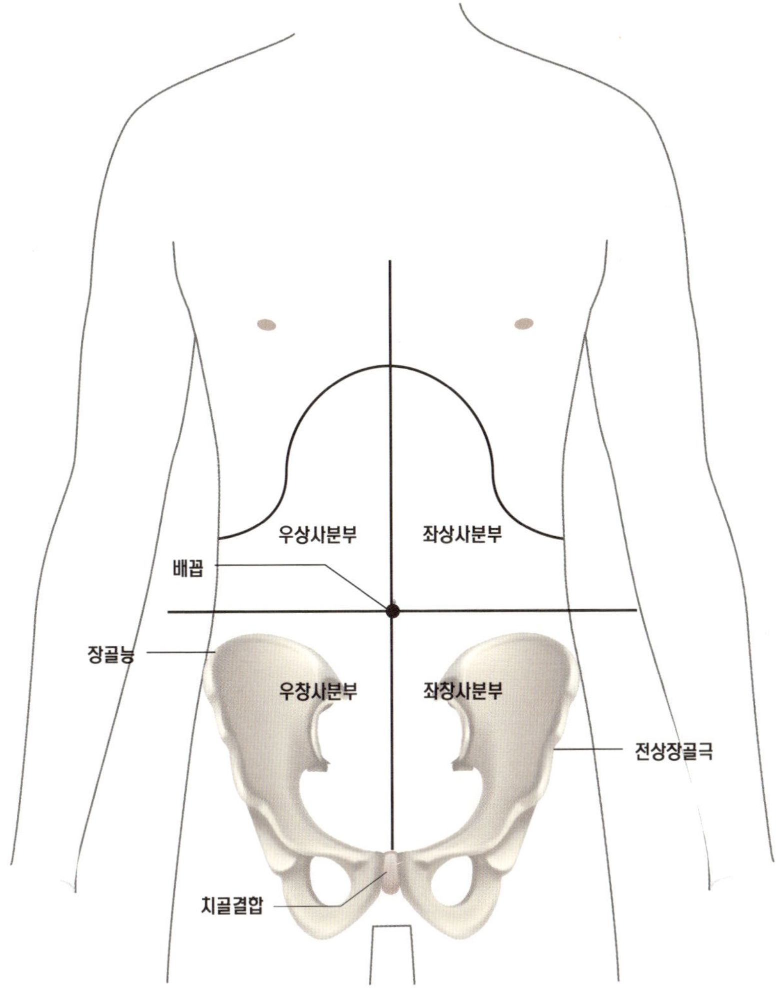
우상사분부
좌상사분부
배꼽
장골능
우창사분부
좌창사분부
전상장골극
치골결합

네 사분부

5) 신체 부위

용어	의미
견봉(acromial)	어깨점
전완(antebrachial)	아래팔
전주(antecubital)	
상완(brachial)	
협부(buccal)	
수근(carpal)	
복강(celiac)	
두부(cephalic)	
늑골(costal)	
각부(crual)	
주부(cubital)	
지부(digital)	
배부(dorsum)	
전두(frontal)	
이부(otic)	
천골부(sacral)	
족근(tarsal)	
제부(umbilical)	

6) 움직임을 나타내는 용어

- 굽힘(flexion)과 폄(extension), 젖힘(hyperextension)
- 벌림(abduction), 모음(adduction)
- 휘돌림(circumduction) : 한 관절에서 굽힘, 폄, 젖힘이 일어나는
- 돌림(rotation) :
  - 안쪽돌림(medial rotation)
  - 바깥돌림(lateral roation)
- 바닥쪽굽힘(발바닥 굽힘, plantar flextion), 등쪽굽힘(발등굽힘, dorsiflexion)
- 맞섬(opposition) : 손가락이 각각의 손가락과 만나는 움직임
- 앞쪽들림(안쪽번짐, inversion), 가쪽들림(가쪽번짐, eversion) : 발에서 일어나는 움직임
- 엎침(pronation), 뒤침(supination) : 아래팔, 손에서 일어나는 움직임
- 내밈(protrusion), 들임(retrusion) 예)턱
- 올림(elevation), 내림(depression) 예)어깨

05. 인체의 공동

인체는 축부(axial portion, 머리 목, 몸통 해당)와 부속부(appendicular portion, 상지, 하지)로 나뉜다. 축부에는 구강(입안 oral cavity), 비강(코안 masal cavity), 부비동(코곁굴 paransal sinus), 안와(orbital cavity), 중이강(middle ear cavity, 중이의 뼈들이 들어있음)이 있다. 부속부에 해당하는 몸통은 3개의 커다란 공간을 포함한다. 가슴안(흉강), 배안(복강), 골반안(골반강)이 그것이다.

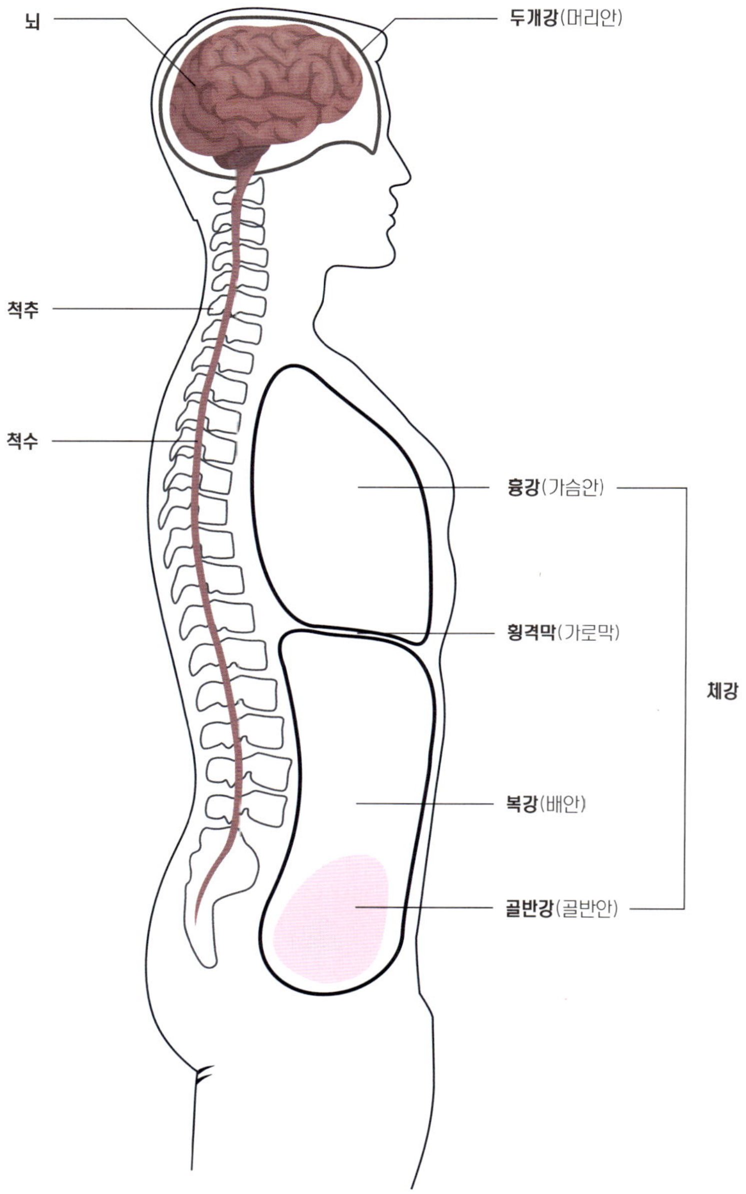

신체조직화 단계

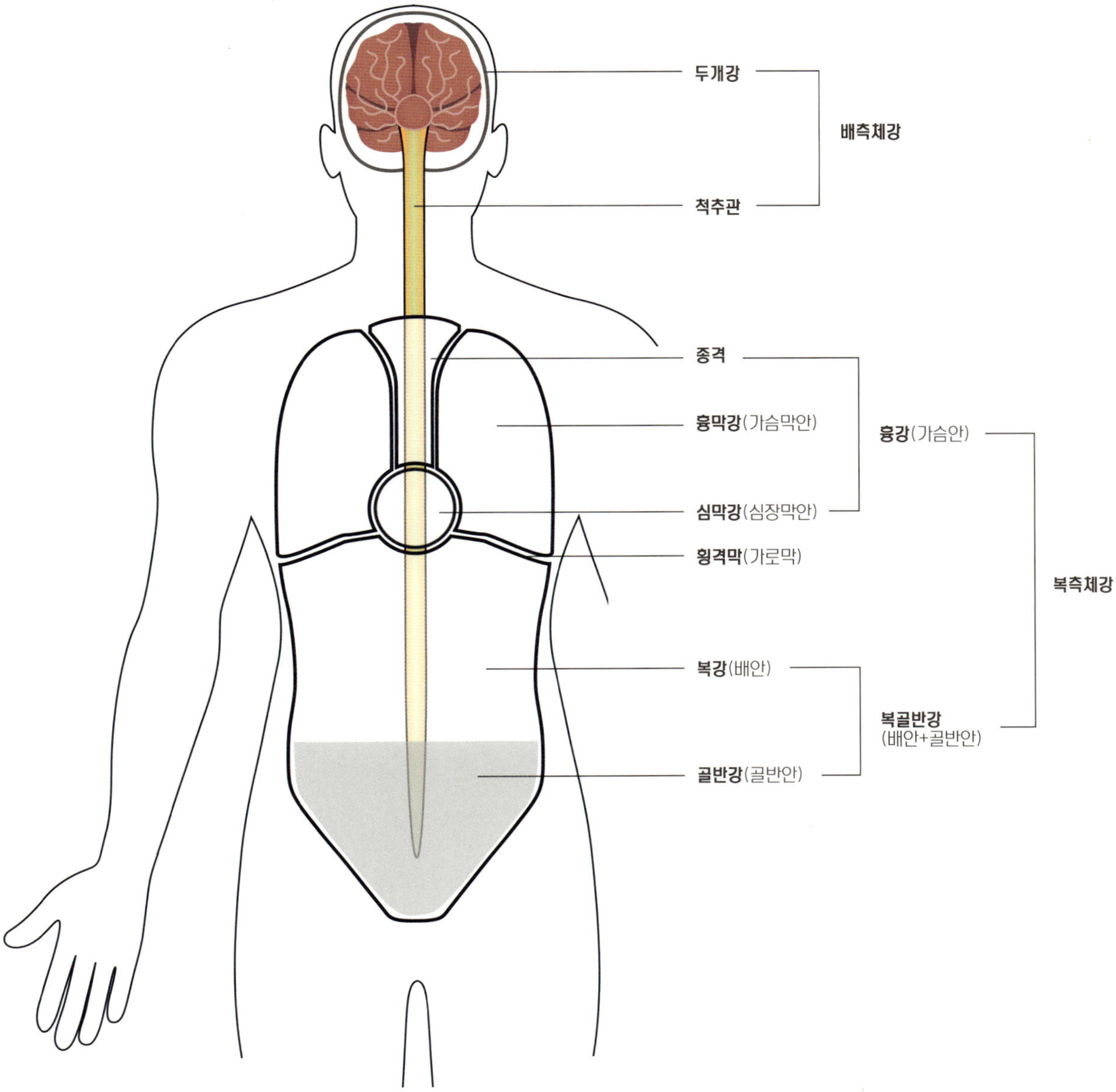
두개강
배측체강
척추관
종격
흉막강(가슴막안)
흉강(가슴안)
심막강(심장막안)
횡격막(가로막)
복측체강
복강(배안)
복골반강
(배안+골반안)
골반강(골반안)

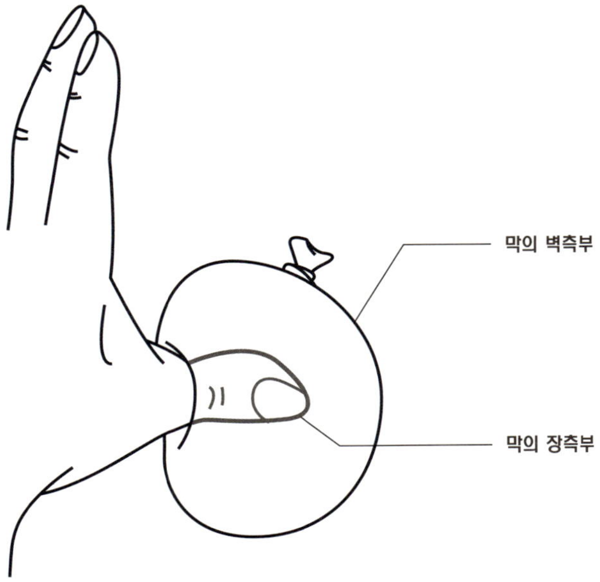
막의 벽측부
막의 장측부

해부생리학 서론

Anatomy Physiology

1. 해부학은 인체의 형태와 구조를 연구하는 학문이고 생리학은 신체의 기능을 연구하는 학문이다.

2. 항상성(homeostasis)이란 일정한 신체 내부환경의 일정함을 말하며 여기에는 영양분의 농도, 산소, 수분, 열 등이 일정하게 유지되어야 한다

3. 항상성을 벗어나게 하는 인자들을 자극(스트레스, stress)이라고 한다.

4. 항상성은 신경계통(nervous system)과 내분비계통(endocrine system)에 의해 조절된다.

5. 해부학적 자세는 바르게 서서 정면을 바라본 채 팔을 편하게 내리고 손바닥을 정면으로 향하게 한 후 발을 바닥에 붙인 자세를 말한다.

6. 주요 체강에는 두개강(cranial cavity), 흉강(가슴 내부), 복골반강(복부와 골반의 내부)이 있다.

7. 생명의 필수요소에는 음식, 수분과 같은 특정한 영양소와 산소, 압력, 열 등이 있다.

8. 방향용어에서 하(하방, 아래, infer or)란 한 신체부위가 다른 신체부위의 아래에 있는 경우(발쪽에 있는 경우)를 말하며 상(상방, 위, superior)이란 한 신체부위가 다른 신체부위의 위에 있는 경우(머리쪽에 있는 경우)를 말한다.

9. 인체의 기관계는 외피계, 골격계, 근육계, 신경계, 내분비계, 심혈관계, 림프계, 소화계, 비뇨계, 생식계 등이 있다.

10. 세포의 조직화 단계는 세포(cell)들이 모여 조직(tissue)을 이루고, 조직이 모여 기관(organ)을 형성한다. 기능이 유사한 기관들이 기관계(organ system)이 되고 이들이 합쳐져 유기체(organism)를 형성한다.

괄호넣기 및 연결하기

1. ________________는 신체부위 중 머리, 몸, 몸통이 속해있는 부분이다.

2. 신체의 정중앙을 통과하여 신체를 좌우로 나누는 단면을 ___________________이라 한다.

3. 세포의 조직화 단계는 ____________________들이 모여 ___________________을 이루고, 조직이 모여 _________________________을 형성한다. 기능이 유사한 기관들이 기관계(organ system)이 되고 이들이 합쳐져 유기체(organism)를 형성한다.

객관식

1. 유기체가 일정한 내부환경의 상태를 유지하려는 것을 무엇이라 하나?
   ① 항상성 ② 양성 피드백 ③ 음성 피드백 ④ 반응성

2. 다음 중 신체의 앞쪽을 가리키는 명칭은?
   ① 후방(posterior) ② 부속부(appendicular)
   ③ 축부(axial) ④ 복측(배쪽 ventral)

3. 다음 중 어느 구조가 코의 외측에 있나?
   ① 이마 ② 눈 ③ 가슴 ④ 귀

4. (　　　　)은(는) 아래팔을 의미하며, (　　　　)은(는) 갈비뼈를 의미하며, (　　　　)은(는) 손가락과 발가락을 의미한다.
   ① 위팔-늑골-지부 ② 전완-늑골-지부
   ③ 전완-늑골-주부 ④ 전완-둔부-주부

5. 좌요부의 위치의 설명으로 옳은 것은?
   ① 복부의 위 왼쪽 부위로 늑골각과 횡경막 아래에 있다.
   ② 복부의 중간 왼쪽 부위로 좌늑하부의 아래쪽에 있다.
   ③ 복부의 중간 왼쪽 부위로 좌늑하부의 위에 있다.
   ④ 복부의 위 왼쪽 부위로 늑골각과 횡경막 위에 있다.

6. 심장과 혈액, 동맥, 정맥, 모세혈관은 어느 계통에 속하는가?
① 심혈관계 ② 호흡계
③ 내분비계 ④ 림프계

7. 인체가 일정한 내부환경을 유지하려는 것을 무엇이라 하는가?
① 음성피드백 ② 양성피드백
③ 수용기 ④ 항상성

8. 항상성 기전을 바르게 나열한 것은?
① 자극-수용기-통제중추-효과기-반응
② 자극-효과기-수용기-통제중추-반응
③ 자극-효과기-통제중추-수용기-반응
④ 자극-수용기-통제중추-반응-효과기

9. 신체를 위와 아래로 나누는 단면을 (   )이라 하고, 신체를 앞과 뒤로 나누는 단면을 (   )이라 한다.
① 관상면, 수평면 ② 수평면, 관상면
③ 수평면, 시상면 ④ 수평면, 수평면

10. 콩팥(신장), 요관, 방광, 요도가 있는 계통은?
① 소화계 ② 생식계 ③ 비뇨계 ④ 신경계

워크북으로 쉽게 배우는 미용해부생리학
Coloring book

외피계통
Integumentary System

02

Integumentary System

Chapter 02 외피계통

Integumentary System

학습목표	피부의 구조와 기능을 익히고, 손톱, 발톱, 머리카락등의 부속기관의 기능을 익혀서 외피계통을 이해하여 피부미용 고객상담을 원활하게 할 수 있도록 한다.

1. 외피계통 기능을 이해할 수 있다.
2. 표피, 진피, 피하지방층의 구조와 기능을 설명할 수 있다.
3. 피부의 생리적 기능을 이해하여 설명할 수 있다.
4. 손톱, 발톱, 머리카락의 구조와 기능을 설명할 수 있다.

01. 피부의 개요

피부(skin)는 신체를 덮고 있는 막으로 신체를 보호하는 최전방의 역할을 한다. 또한 체온조절, 물질의 배설, 피부감각의 감수, 비타민 D의 저장 등의 기능을 한다.

02. 피부의 구조

피부는 표피(epidermis), 진피(dermis), 피하지방층(subcutaneous tissue)으로 3개의 층으로 이루어져 있다.

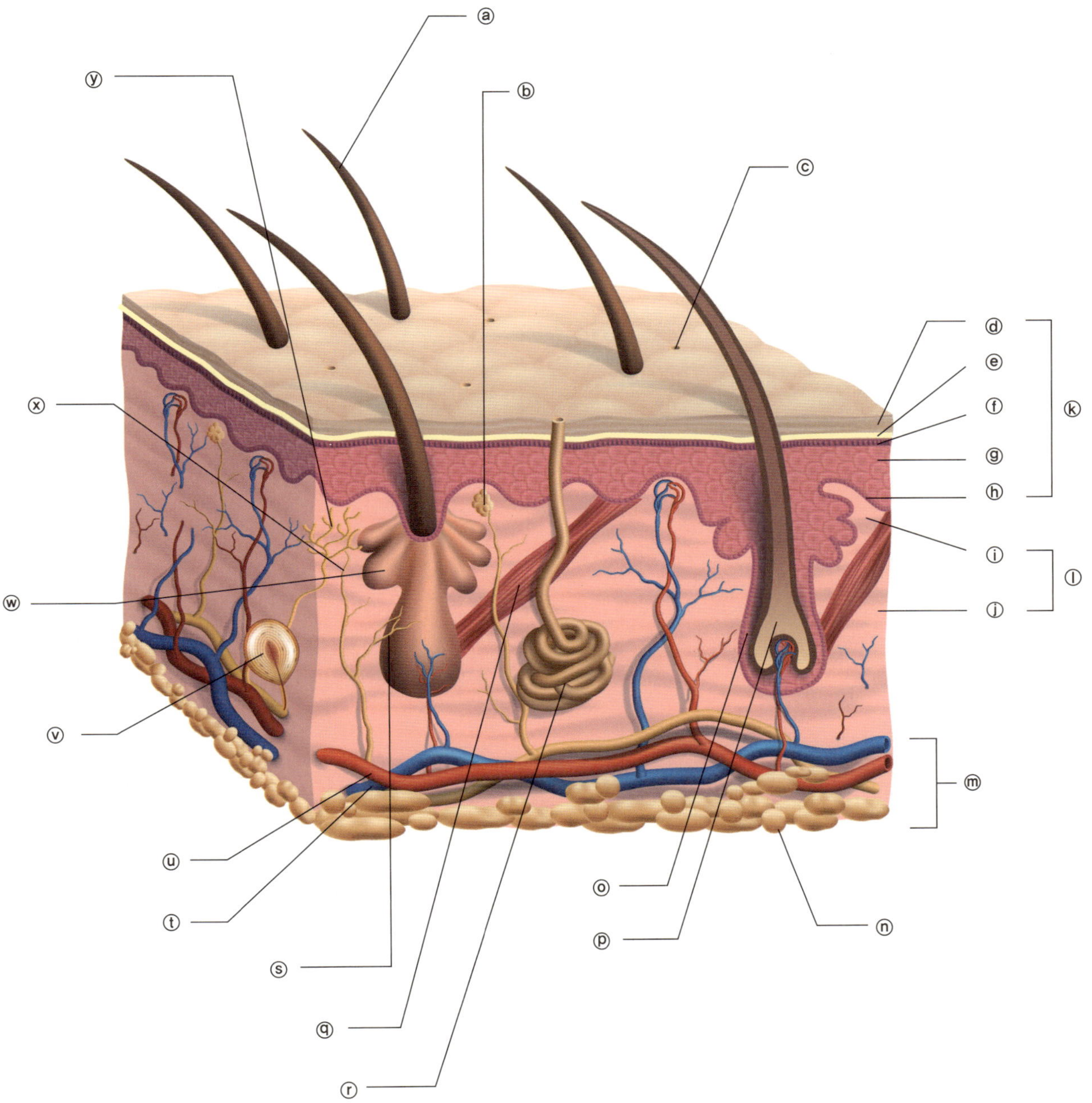

피부의 구조

1) 표피(Epidermis)

피부의 가장 바깥쪽에 있는 층으로 피부를 보호하는 가장 큰 역할을 하는 층이다. 바깥쪽부터 각질층, 투명층, 과립층, 유극층, 기저층으로 5개의 층으로 구분된다. 피부의 두께는 평균적으로 0.1~0.3mm로 진피와 피하지방층에 비해 얇은 편이다.

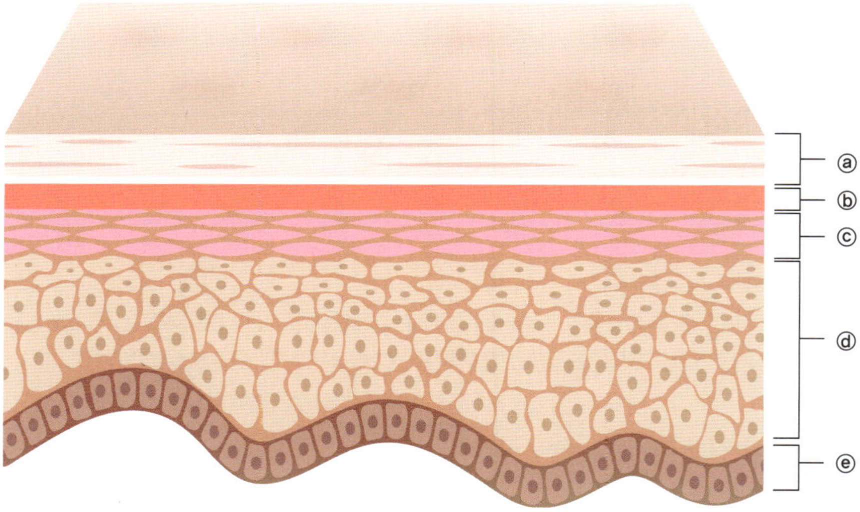

피부의 표피층의 구조

(1) 각질층(Stratum corneum, Horny layer)

각질층(stratum corneum)은 10~20개의 층으로 각질형성세포가 기저층에서부터 순차적으로 올라와 편평세포로 구성되는 층으로 구성된다. 각질층의 구성성분은 케라틴(keratin) 약 58%, 각질세포 간 지질(lipid) 약 11%, 천연보습인자(natural mosturizing factor) 약 31%로 이루어져 있다.

케라틴은 연각질과 경각질로 구분된다.

각질세포 간 지질은 각질 간 접착제 같은 역할로 수분증발 억제, 유해물질 침투억제 등의 기능을 하여 피부를 보호해 주는 역할을 한다.

천연보습인자는 각질층의 수분량을 결정하며 10% 이하가 되면 피부가 건조해 진다.

(2) 투명층(Stratum lucidum, Clear layer)

투명층은 손바닥과 발바닥에만 존재하는 층으로 2~3층으로 구성된 무핵세포로 구성되어 있다. 투명층은 수분을 흡수하지 않아 수분침투를 방지하고, 엘라이딘(반유동성 물질)을 함유하고 있고 빛을 굴절시켜 차단하는 특성이 있다.

투명층은 손바닥과 발바닥에서만 존재하며 흑인의 손과 발이 다른 피부에 비해 하얀 이유이기도 하다.

(3) 과립층(Stratum granulosum, Granular layer)

과립층은 유극층에서 밀려올라온 세포가 존재하며 핵이 없어지는 단계의 층으로 2~5층으로 이루어져 있다. 각질화과정의 첫번째단계에 해당된다. 각질유리과립(keratohyalin)이 형성된다.

(4) 유극층(Stratum spinosum, Priekle cell layer)

유극층은 표피 중 가장 두꺼운 층으로 5~10층으로 이루어져 있고 가시모양로 연결되어 가시층이라고도 한다. 기저층으로부터 분열된 세포들이 존재하며 핵이 존재한다.

유극층에서 랑게르한스세포가 존재하는데 랑게르한스세포는 면역기능을 담당하는 세포이다.

(5) 기저층(Stratum basale, Basal cell layer)

기저층은 표피의 가장 아래쪽에 존재하여 핵이 존재하며 유사분열에 의해 세포분열이 일어나는 층으로 바닥층이라고도 한다. 케라티노사이트와 멜라노사이트가 10:1의 비율로 존재하여 활발한 세포분열을 한다. 세포분열은 밤 10시~2시 사이에 가장 활발하다.

기저층의 수분함량은 약 70~72%이다.

기저층은 진피와 맞닿는 부분은 물결모양을 이루고 있는데 이 물결모양이 많을수록 젊은 피부고, 물결모양이 적으면 노화된 피부로 보면 된다. 이는 영양공급과 노폐물배출이 원활하지 않기 때문이다.

지문

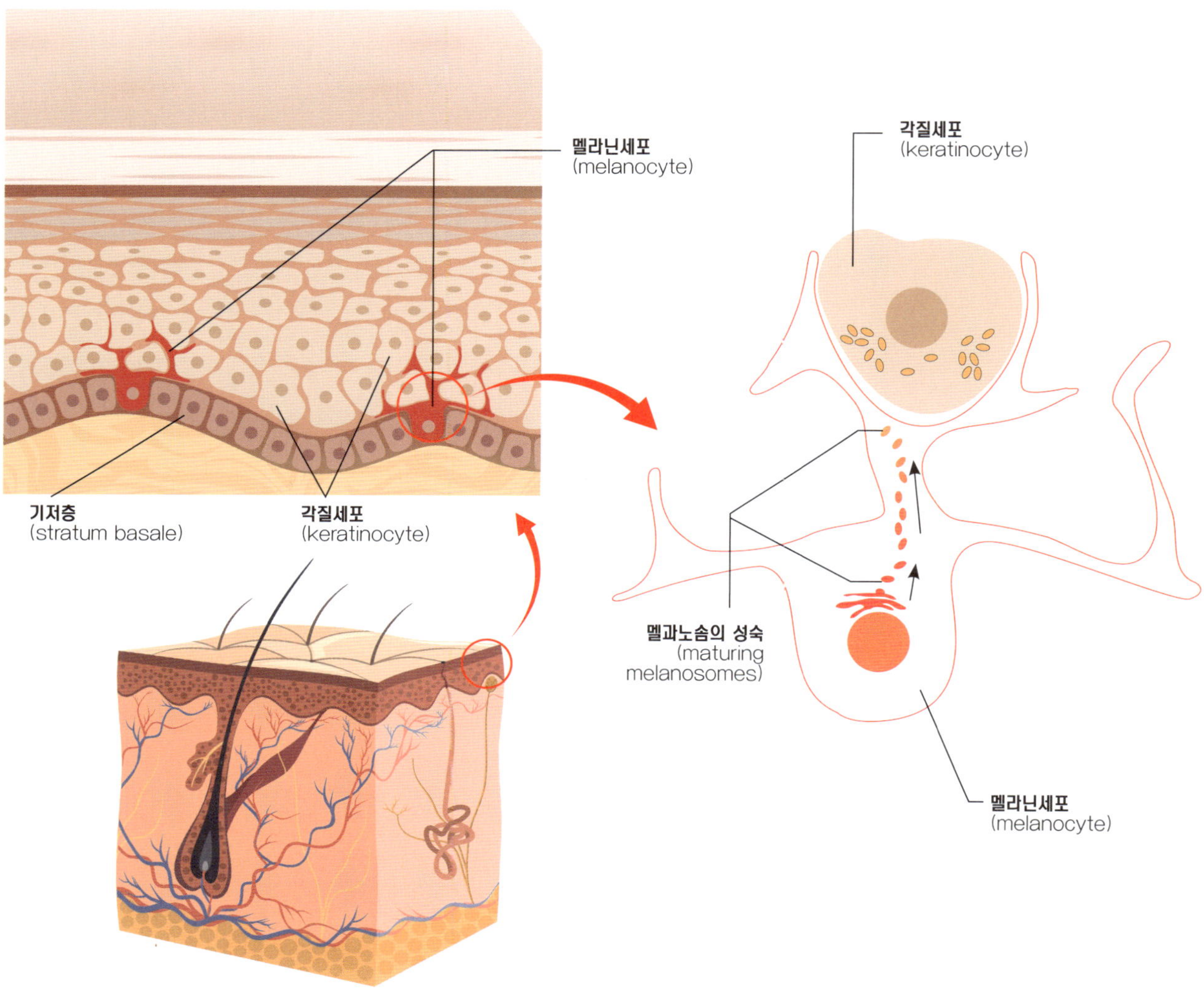
멜라닌세포
(melanocyte)
기저층
(stratum basale)
각질세포
(keratinocyte)
각질세포
(keratinocyte)
멜과노솜의 성숙
(maturing
melanosomes)
멜라닌세포
(melanocyte)

멜라닌 세포

[표피(epidermis)]

구분	층	핵 존재 여부	존재하는 세포	주요 기능
각질층	10~20층	없음	핵이 존재하지 않음	-각질형성세포가 기저층에서부터 순차적으로 올라와 편평세포로 구성되는 층으로 구성됨 -구성성분은 케라틴(keratin) 약 58%, 각질세포 간 지질(lipid) 약 11%, 천연보습인자(natural mosturizing factor)의 약 31%로 이루어짐 -각질세포 간 지질은 각질 간 접착제 같은 역할로 수분증발 억제, 유해물질 침투억제 등의 기능을 하여 피부를 보호해 주는 역할을 함
투명층				
과립층				
유극층				
기저층				

[표피의 주요 세포]

세포명	존재하는 층	주요 기능
각질형성세포	기저층	-표피를 구성하는 세포로 표피의 90~90% 차지 -각질을 만드는 역할 -기저층, 유극층, 과립층, 투명층, 각질층으로 이동하면서 죽은 세포가 피부표면에서 탈락하는데 이를 각질화과정(keratinization)이라함
멜라닌세포		
랑게르한스세포		
머켈세포		

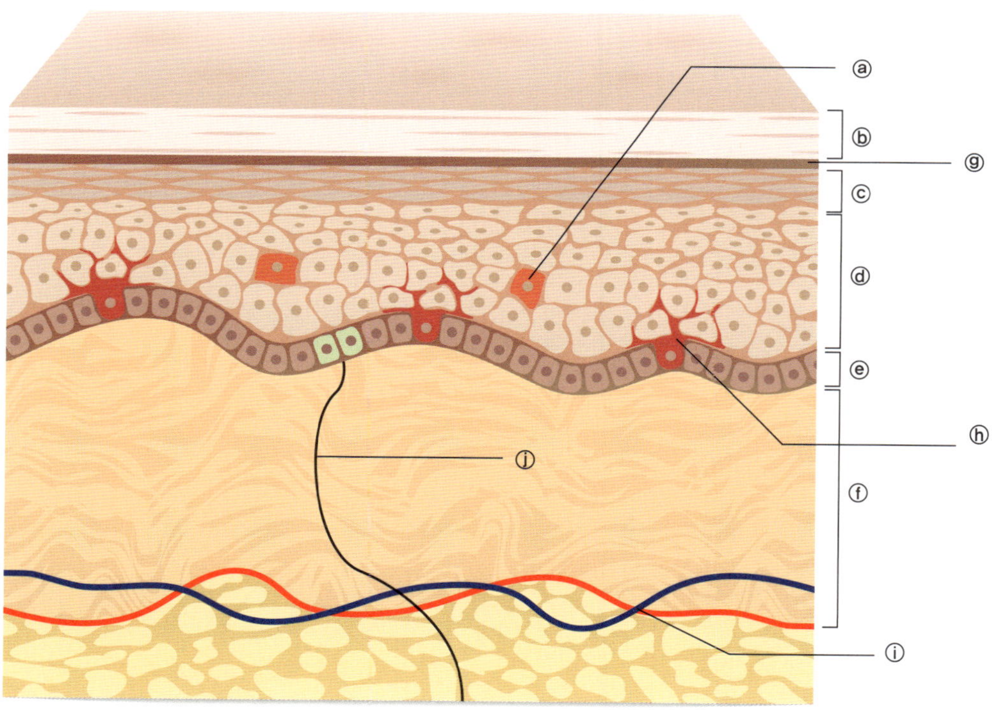

표피의 주요세포

2) 진피(Dermis)

진피는 표피 아래의 결합조직으로 교원섬유와 탄력섬유가 존재하며, 유두층(papillary layer)과 망상층(reticular layer)으로 구성된다.
두께는 표피의 10~40배로 0.5~4mm 정도로 표피에 비해 두껍다.

(1) 유두층(Papillary layer)

유두층은 표피와 접합되어 있는 부분으로 물결무늬를 하고 있으며 진피층의 10~20%를 차지한다. 표피층에서 살펴본 바와 같이 물결무늬가 느슨해지면 피부조직도 느슨하게 되어 노화된 피부로 보면 된다.
유두(papilla)에 있는 모세혈관은 표피로 영양분과 산소를 운반해주고 림프관은 표피의 노폐물을 배설해준다.

(2) 망상층(Reticular layer)

망상층은 진피의 대부분을 차지하며 교원섬유와 탄력섬유가 촘촘하게 채워져 피부의 탄력을 유지시켜준다. 모세혈관은 거의 없지만 혈관, 피지선, 한선 등이 존재한다. 압각, 냉각, 온각 등의 감각기관이 존재한다.
랑게르선(langer line)이 존재한다.

(3) 진피의 구성물질

- **교원섬유(collagen fiber)**
  섬유단백질인 교원질(collagen)로 구성되며 백섬유(white fiber)라 불린다. 교원섬유는 1,000개의 나선형 아미노산이 3중 결합되어 있고 피부의 탄력성을 준다. 젊은 피부일수록 수분보유력이 좋은 용해성 교원질(soluble collagen)이 존재하고 노화된 피부일수록 불용해성 교원질(unsoluble collagen)로 변한다.

- **탄력섬유(elastin fiber)**
  짧고 가는 섬유로 탄력(elastin)소로 구성되어 탄력섬유라고 한다. 교원섬유처럼 섬유아세포에서 생성되며 황섬유라 불린다.
  탄력섬유는 화학물질에 대해서 저항력이 강하며 피부를 잡아당기면 1.5배까지 늘어나는 성질을 가지고 있다. 노화될수록 탄력섬유의 기능이 저하되어 주름이 발생된다.

- **기질(grund substance)**
  기질은 진피내 섬유성분과 세포 사이를 채우고 있는 물질을 말한다. 점다당질(무코다당질, mucopolysaccharide)이 주성분이며 점다당질의 대표적인 성분은 히아루론산(hyaluronic acid)이다. 히알루론산은 자체 질량의 약 80배 수분함유가 가능한 뛰어난 보습작용을 하는 성분이다.

[진피(dermis)]

	주요 구성물질	주요 기능
유두층	-모세혈관, 신경종말, 림프관	
망상층	-교원섬유, 탄력섬유 -혈관, 피지선, 한선 -감각기관(압각, 냉각, 온각)	

3) 피하지방층(Subcutaneous fat tissue)

피하지방층은 외부로부터 내부를 보호하는 기능과 열이 외부온도에 좌우되지 않도록 해준다.

피하지방층의 두께는 복부와 둔부에서는 3cm 이상으로 두껍고 귀와 눈꺼풀 등에서는 얇으며 나이와 성별 등에 따라서도 다르다.

피하지방층은 체온 손실을 막아주는 체온 보호기능, 외부로부터의 물리적 보호기능, 에너지를 저장하는 저장기능을 한다. 특히 여성과 밀접한 관계를 갖는다.

03. 피부의 부속기관

피부는 한선(sweat gland), 피지선(sebaceous gland), 털, 손톱, 발톱의 부속기관을 가지고 있다.

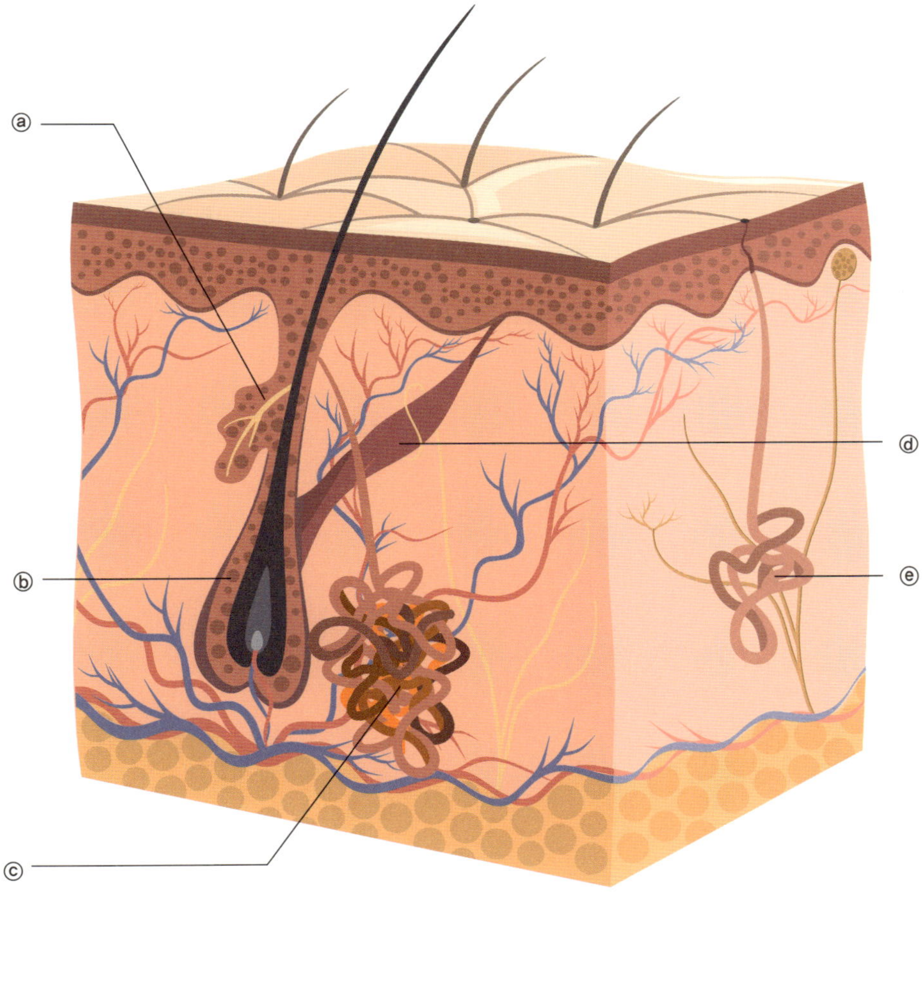

피부 부속기관의 구조

1) 한선(Sweat gland)

한선이란 일반적으로 땀샘을 말하며 진피의 망상층에 존재한다. 땀의 성분은 99%가 수분이고 약 1%만이 염분, 요소 등으로 이루어져 있다.

한선은 아포크린선(대한선, apocrine sweat gland), 에크린선(소한선, ecrine sweat gland)

(1) 아포크린선(대한선, Apocrine sweat gland)

아포크린선은 모낭의 윗부분과 연결되어 모공위로 연결되어 있으며, 주로 액와, 유륜, 외이도, 음부, 항문 주위에 존재한다. 특히 겨드랑이의 아포크린선의 활동성이 강한사람은 액취(osmidrosis)가 난다.

(2) 에크린선(소한선, Ecrine sweat gland)

에크린선은 온몸에 분포되어 있다. 에크린선은 신경종말이 있어서 외부 온도나 체온이 높으면 땀을 분비하도록 한다.

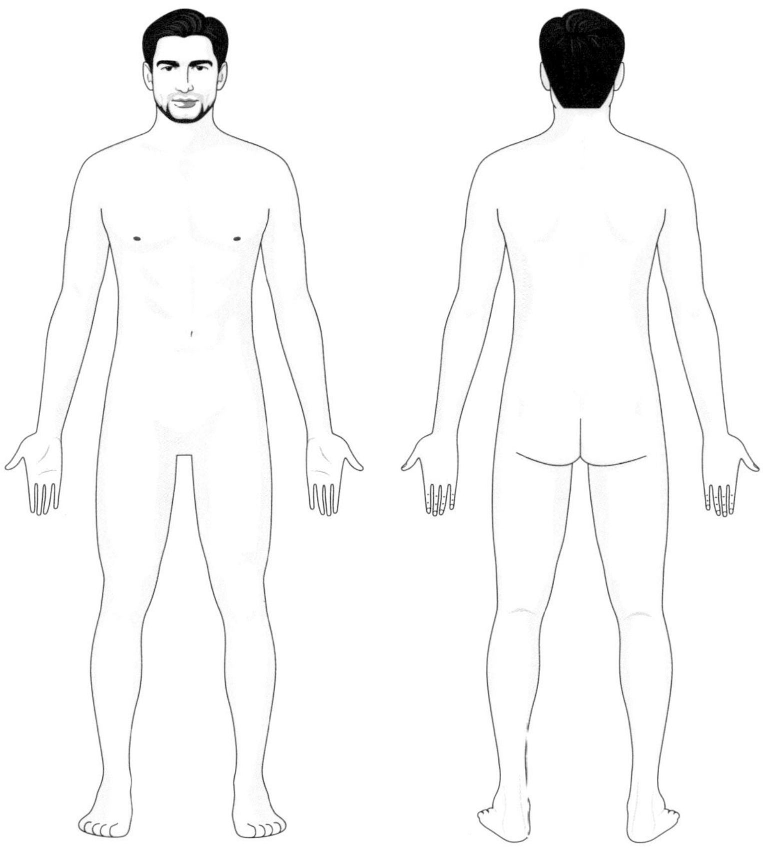

땀샘 위치

[한선]

	주요 분포부위	주요 기능
아포크린선		
에크린선		

2) 피지선(Sebaceous gland)

피지선(Sebaceous gland)은 대부분 털에 부속하여 존재하고 망상층에 위치하고 있으나 입술이나 외음부 등에는 털이 부속되지 않은 독립피지선으로 존재한다.

피지는 체표면에 나오면서 액체가 고형기름이 되어 털과 피부의 건조함을 막아주는 역할을 한다.

피지선의 측면에는 입모근(pioerector muscle)이 있어서 수축하면 털이 세워져서 세움근이라고도 한다.

3) 털(Hair)

피부 부속기관인 털은 온몸의 대부분에 존재한다. 털은 부위에 따라 머리털(capilli, hair), 눈썹(eyebrow), 수염(bead), 속눈썹(eyelashes), 콧털(vibrissae), 액모(hair or the armpit), 음모(pubic hair) 등으로 나뉜다.

털은 모간, 모근으로 나뉘는데 피부 밖으로 나와 우리 눈에 보이는 부분을 모간이고 하며 피부속에 있어 우리 눈에 보이지 않는 뿌리부분을 모근이라고 한다.

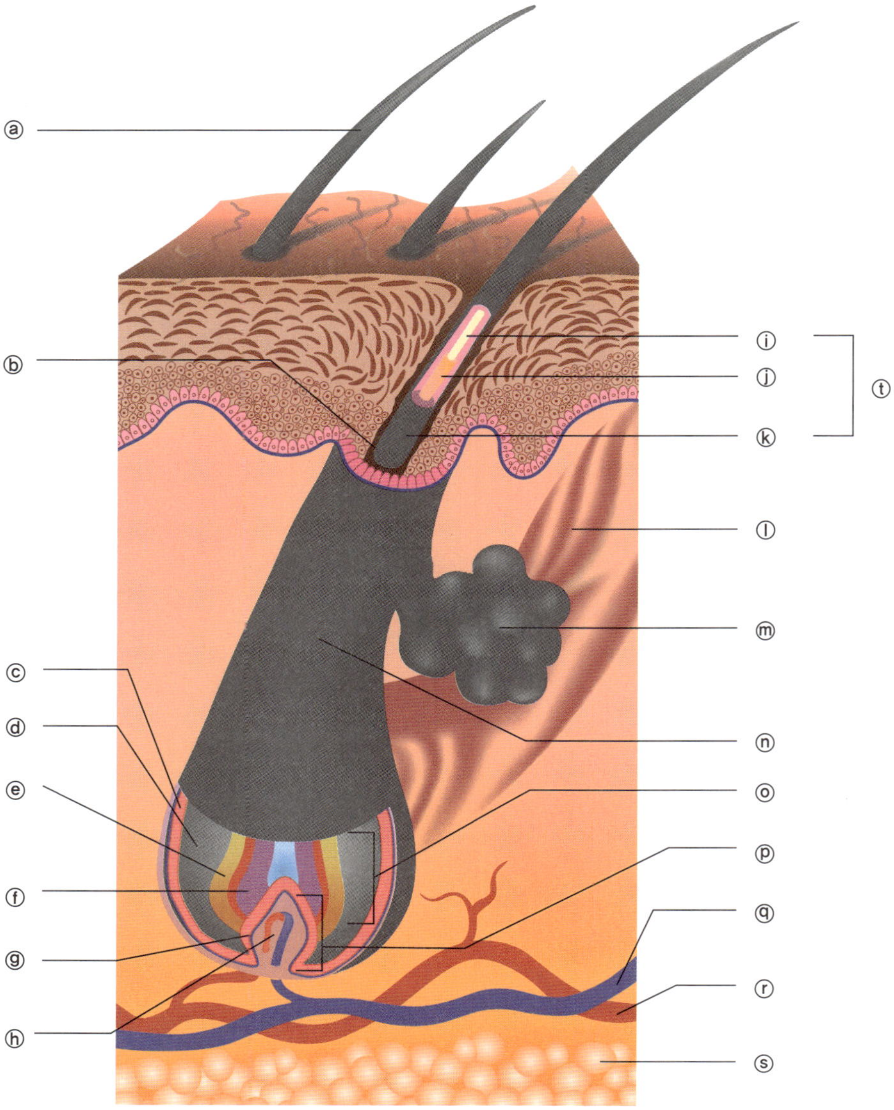

털의 구조

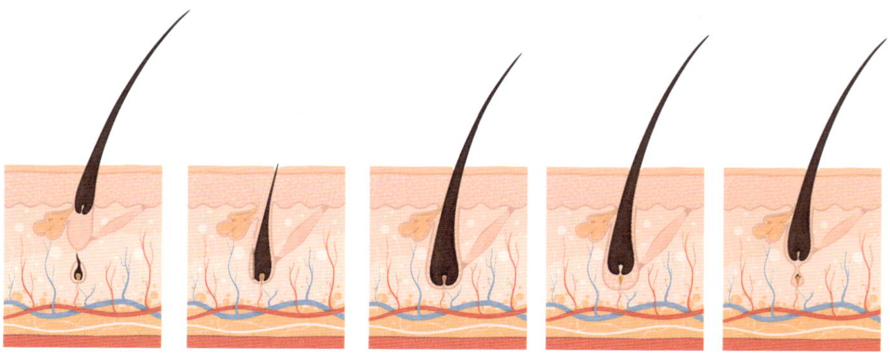

모발의 성장과정

4) 손톱, 발톱

손톱과 발톱은 모발과 같이 경단백질인 케라틴과 아미노산으로 주로 구성되어 있으며, 지질(0.1~1%), 유황(3%), 칼슘, 마그네슘, 구리, 망간 등의 미네랄과 미량원소로 구성되어 있다. 조체와 조반월은 각질층이 변한 각질판이다.

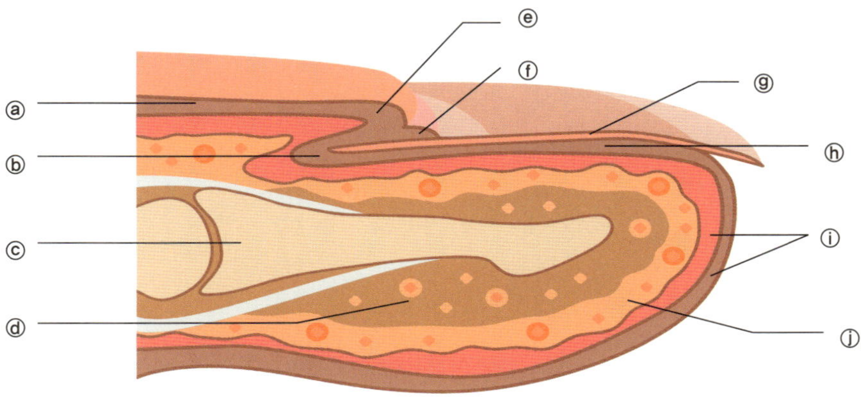

손톱과 발톱의 구조

[손톱, 발톱]

	위치	주요 기능
조근 (nail root)	피부 밑에 묻혀 있는 손, 발톱 부분	손톱과 발톱의 성장시 작장소로 이 부위가 다치면 손톱과 발톱의 장애가 생김
반월 (lunula)		
조체 (nail body)		
자유연 (free edge)		
조상 (nail bed)		
조소피 (cuticle)		
조구 (nail grooves)		
조벽 (nail wall)		

04. 피부의 기능

	내 용
보호기능	외피계통은 신체를 보호하는 역할이 매우 크다. 외부로부터 마찰이나 충격에 대해 보호해주고, 피부표면은 외부 알칼리 물질을 중화시키는 능력을 가지고 있다. 또한 피지막은 세균발육을 억제하여 보호 작용을 해주고, 멜라닌은 자외선을 흡수하여 피부를 보호해준다. 기타 털은 절연체 역할과 이물질로부터 보호해주는 역할을 한다.
온도조절 작용	
비타민D 생산	
감각작용	
기타 작용	

외피계통

Integumentary System

1. 피부는 인체를 보호하고 항상성 유지에 관여한다.

2. 표피는 기저층, 유극층, 과립층, 투명층, 각질층으로 5개의 층으로 구성되어 있다.

3. 에크린선은 입술과 음부를 제외한 전신에 분포되어 있으며, 손바닥과 발바닥에 가장 많이 분포하고 있다.

4. 아포크린선은 주로 사춘기에 발달하여 액와, 서혜부 등에 주로 분비하는 땀샘으로 모낭의 윗부분과 연결되며 모공에 개구된다.

5. 멜라닌세포와 각질형성세포는 표피의 기저층에서 존재한다.

6. 각질층의 구성성분은 케라틴(keratin) 약 58%, 천연보습인자(natual mosturizing factor) 약 31%, 각질세포 간 지질(lipid) 약 11%가 함유되어 있다.

7. 기저층은 수분함량이 약 70~72%이고 표피의 가장 어린세포층이다.

8. 털은 모간, 모근으로 나뉘는데 피부밖으로 나와 우리 눈에 보이는 부분을 모간이고 하며 피부속에 있어 우리 눈에 보이지 않는 뿌리부분을 모근이라고 한다.

9. 피지선의 측면에는 입모근(pioerector muscle)이 있어서 수축하면 털이 세워져서 세움근이라고도 한다.

10. 망상층은 진피의 대부분을 차지하며 교원섬유와 탄력섬유가 촘촘하게 채워져 피부의 탄력을 유지시켜준다.

11. 교원섬유는 진피성분의 90%를 차지하고 있고 백색을 띠어 백섬유(whie fiber)라 한다.

12. 피하지방층은 체온 보호기능, 물리적 보호기능, 저장기능 등이 있다.

13. 땀의 성분은 99%가 수분, 약 1%는 염분, 요소, 요산 휘발성 지방산, 아미노산 등으로 이루어져 있다.

14. 피지선은 진피의 망상층에 존재하고 있고 하루평균 1~2g 정도의 피지가 배출된다.

15. 털의 구조는 피부 표면 밖으로 나와 있는 모간(hair shaft), 피부 속 모낭 안에 있는 부분인 모근(hair root), 털을 만들어 내는 기관으로 모근을 싸고 있는 모낭(hollicle)으로 크게 나눌 수 있다.

16. 랑게르선은 진피층의 망상층에 존재하며, 수술 시 이 선을 따라 절개하면 상처의 흔적이 적다.

괄호넣기 및 연결하기

1. 피부의 구조는 ____________, ____________, ____________으로 3개의 층으로 이루어져 있다.

2. 피지선의 측면에는 ____________이 있어서 수축하면 털이 세워져서 세움근이라고도 한다.

3. 기저층의 케라티노사이트와 멜라노사이트는 (　　:　　)의 비율로 존재하여 세포분열을 하고 밤 (　　시 ~　　시) 사이에 가장 활발하다.

객관식

1. 다음 중 피부의 기능이 아닌 것은?
   ① 비타민D 생산　　② 보호 작용
   ③ 온도 조절작용　　④ 물질 분해작용

2. 손톱과 발톱은 어느부위에서 생성이 되는가?
   ① 조상(bed)　　② 조체(body)
   ③ 조근(root)　　④ 각피(cuticle)

3. 표피층에서 손바닥과 발바닥에만 존재하는 층은?
   ① 투명층(stratum lucidum)
   ② 유극층(stratum spinosum)
   ③ 기저층(stratum germinativum)
   ④ 각질층(stratum corneum)

4. 표피층에서 가장 두꺼운 층으로 면역기능을 담당하는 랑게르한스세포가 존재하는 층은?
   ① 투명층(stratum lucidum)　　② 유극층(stratum spinosum)
   ③ 기저층(stratum basale)　　④ 각질층(stratum corneum)

5. 다음 중 핵이 없는 무핵층에 해당되지 않는 층은?
   ① 투명층(stratum lucidum)　　② 과립층(stratum granulosum)
   ③ 기저층(stratum basale)　　④ 각질층(stratum corneum)

6. 다음 중 피부의 두께 중 가장 두꺼운 피부는?

① 발바닥 ② 눈꺼풀 ③ 볼 ④ 손등

7. 다음 중 피부의 각화과정이 처음으로 시작되는 층은?

① 투명층(stratum lucidum) ② 과립층(stratum granulosum)

③ 기저층(stratum germinativum) ④ 각질층(stratum corneum)

8. 다음 중 각질층에 대한 설명으로 올바른 것은?

① 손바닥과 발바닥에 존재하는 층이다.

② 세포에 물질교환 등이 이루어진다.

③ 피부를 최대 바깥(최외각)에서 피부를 보호하는 위치에 있다.

④ 표피 중 가장 두꺼운 층으로 면역기능을 담당하는 세포가 존재한다.

9. 다음 중 모발의 성장주기로 올바른 것은?

① 휴지기-성장기-퇴화기-탈모 ② 성장기-퇴화기-휴지기-탈모

③ 성장기-퇴화기-탈모-휴지기 ④ 성장기-휴지기-퇴화기-탈모

10. 아포크린선의 설명으로 틀린것은?

① 에크린선보다 크다.

② 보통 암내라고 하는 냄새가 난다.

③ 손바닥, 발바닥, 겨드랑이, 이마에 많이 분포한다.

④ 겨드랑이, 대음순, 항문주위, 유두 등에 분포

11. 조체는 다음 중 무엇을 덮고 있는가?

① 조근(nail root) ② 조상(nail bed)

③ 반월(lunula) ④ 각피(cuticle)

12. 기저층에서 keratinocyte와 melanocyte는 : 으로 분포되어 있는가?

① 약 3:1 ② 약 1:1 ③ 약 2:1 ④ 약 10:1

13. 다음 중 면역세포와 촉각세포로 올바르게 나열한 것은?

① 랑게르한스세포-머켈세포 ② 머켈세포-랑게르한스세포

③ 랑게르한스세포-각질세포 ④ 각질세포-랑게르한스세포

뼈대계통
Skeletal System

03

Skeletal System

01. 뼈에 대한 이해
02. 뼈대 알아보기
03. 신체 각 부분의 골격

Chapter 03

뼈대계통

Skeletal System

학습목표	인체를 구성하는 뼈의 구조와 기능을 이해하고 설명할 수 있다.
	1. 뼈(bone)의 발생과 성장에 관여하는 세포를 이해하고 각 기능을 설명할 수 있다. 2. 인체를 구성하는 뼈대(Skeletal System)를 이해하고 설명할 수 있다 3. 인체 각 부위를 형성하고 있는 뼈의 구조와 기능을 이해하고 설명할 수 있다.

01. 뼈에 대한 이해(Learning Bone)

1) 뼈(Bone)

뼈는 결합조직으로서 세포와 세포간질로 구성되어 있으며, 성장과 파괴 등의 활동성을 가지고 있는 살아있는 조직이다.

2) 뼈 구성 성분(Composition of bone)

① 뼈생성촉진세포(osteoprogenitor)

- 뼈막, 뼈내막, 치밀뼈의 중앙관에서 위치하고 있으며, 아직 분화되지 않은 세포이다.

② 골모세포(osteoblast; 뼈모세포)

- 뼈 형성에 관여하는 세포로서 뼈생성촉진세포로부터 형성된다.
- 칼슘과 기타 미네랄 등의 (골)기질을 생산・분비 함으로써 뼈 본래의 형태를 가지게 한다.
- 새롭게 형성되는 뼈의 표면에서 발견된다.

② 골세포(osteocyte; 뼈세포)

- 골모세포가 성숙되어 골세포가 된다.
- 골모세포에 의해 생산된 (골)기질에 사이에 존재하면서 성숙한 골세포가 된다.
- 골세포는 골층판 사이의 골소강(lacunae)속에 위치하고 있다.

③ 파골세포(osteoclast; 뼈파괴세포)

- 살아있는 뼈조직 안에서 뼈의 생성과 파괴의 과정이 반복적으로 일어나는데, 이러한 뼈의 파괴를 파골세포가 담당한다.
- 파골세포는 적골수에 존재하는 백혈구 일종으로 크기가 큰 다핵세포이다.
- 파골세포는 칼슘과 인등의 골조직이 혈액 속으로 흡수 되도록 도와줌으로서 골수강 및 혈관과 신경의 통로를 만드는 역할을 하는 세포이다.
- 파골세포는 노화된 뼈조직을 파괴함으로써 성장한 뼈세포의 공간을 마련하는 역할을 한다. 따라서 뼈 성장과 재생에 아주 중요한 기능을 가지고 있다.

④ 세포간질(bon matrix ; 골기질)

- 교원섬유가 주요 구성성분이며, 그 이외에 유기성분과 칼슘, 인 등의 무기성분으로 구성되어 있다.
- 세포간질의 구성성분인 교원섬유는 뼈에 탄력을 부여한다.
- 세포간질의 구성성분인 칼슘은 뼈의 65%를 구성하고 있으며 뼈가 쉽게 부서지는 것을 막는 역할을 한다.
- 뼈는 골기질이 석회화 되면서 뼈의 단단함을 유지시켜 준다.

3) 뼈의 구조(Structure of bone)

① 뼈의 외부 구조

- 인체를 구성하는 여러 모양의 뼈 중 장골(long bone)은 양측의 골단(epiphysis; 뼈끝)과 중간부위의 골간(diaphysis; 뼈몸통)으로 구성되어 있다.
- 골단 : 뼈 양측을 구성하고 있으며, 연골로 구성되어 있고 인근한 뼈와 관절로 연결되어 있다.
- 골간 : 뼈 중간을 구성하고 있으며, 골간의 표면은 이중막으로 구성된 골막(periosteum; 골외막)으로 덮혀 있다.
- 골막(periosteum; 골외막) : 섬유조직으로서 불규칙한 결합조직성 이중막으로 구성되어 있으며, 골간의 표면에 둘러싸고 존재하면서 뼈를 보호한다. 또한 골막에는 신경과 혈관이 풍부하게 존재하고 있어 뼈의 성장 및 재생에 관여한다.

② 뼈의 내부 구조

- 뼈의 골간부분 절단면은 외층의 치밀골, 내층의 해면골, 중앙의 골수강(medullary cavity)의 3개 부분의 구조로 구성되어 있다.
- 치밀골(compact bone) : 뼈의 외층을 구성하고 있으며, 매우 조밀하게 구성되어 있어 밀집도가 높다. 치밀골은 동심원상의 모양으로 층판상(lamella)으로 배열되어 있는데, 그 모양은 마치 나무의 나이테와 비슷한 원통모양이며 이를 골원(osteon; 뼈단위, 골단위)으로 구성되어 있다. 골원 중앙에는 혈관과 신경을 가지고 있는 중심관(haversian canal)이 자리잡고 있어 골원 주변에 존재하고 있는 성숙한 뼈세포(osteocytes)에 충분한 산소와 영양분을 공급하여 준다.
- 해면질(sponge bone) : 뼈의 내층을 구성하고 있으며, 불규칙하게 구성되어 있는 골조주(trabeculae; 뼈잔기둥)에 부착되어 스펀지 모양을 형성한다. 이러한 불규칙하게 형성된 구조는 압력이나 장력에 견딜 수 있도록 역학적 구조를 이루며, 뼈의 무게를 감소시켜 주는 기능을 한다.
- 골수강(bone marrow) : 뼈의 중심부에는 골수강이 존재하며, 골수강안에는 골수가 채워져 보관하고 있다. 골수는 적골수(red bone marrow)와 황골수(yellow bone marrow)의 두 가지가 존재하고 있다. 적골수는 혈구를 만드는 조혈작용의 기능을 가지고 있으며, 조혈작용이 왕성한 어린이의 골수에서 쉽게 확인할 수 있다. 성인의 경우는 장골 골단 및 단골과 편형골의 해면질 속에서 확인할 수 있다. 황골수는 지방을 많이 포함하고 있다. 성인이 됨에 따라 골수는 조혈작용의 기능이 약화되면서 지방조직이 대체되어 노란색의 황골수로 변하게 된다. 이에 따라, 성인의 경우 사지의 장골은 노화와 함께 황골수로 채워지게 된다.
- 골막 : 관절면을 제외한 모든 뼈의 외벽을 감싸고 있는 결합조직의 막으로서 뼈에 단단하게 부착되어 있다. 골막에는 골모세포와 파골세포가 있어 뼈의 형성에 관여하고 뼈를 보호하고 뼈의 둘레성장 및 재생에 도움을 주고 있다.

4) 뼈의 발생과 성장

뼈의 발생과 성장은 인체를 구성하고 있는 뼈가 생성되는 과정을 말한다. 뼈 성장에 관여하는 세포는 뼈를 구성하는 성분으로서 뼈생성촉진세포, 골모세포, 골세포, 파골세포가 있다. 뼈는 뼈생성촉진세포에 의해 형성되어 골모세포가 된 후, 골모세포에 의해 생산된 골기질 사이에 존재하면서 성숙한 뼈세포로 형성된다. 이러한 뼈의 발생과 성장과정에서 뼈는 계속적으로 생성될 뿐만 아니라 파괴되어야 하는데, 이러한 파괴과정에 파골세포가 관여한다. 뼈파괴세포는 뼈를 파괴하여 뼈를 구성하고 있던 칼슘과 인을 혈액 속으로 흡수시키는 일을 하는데 이러한 일은 뼈의 발생과 성장에 매우 중요하다.

(1) 뼈 발생 과정

① 결합조직의 세포로부터 분리된 골모세포에 의해 골기질 형성한다.
② 골모세포는 점차 골기질 속에 묻혀 골세포로 변한다.
③ 골이 형성되는 동시에 골수강쪽에 파골세포가 나타나 기존의 골기질을 파괴, 흡수하여서 골수강을 확대시킨다.

(2) 뼈성장에 관여하는 인자

① 호르몬 : 성장호르몬, 부갑상선호르몬, 갑상선호르몬, 에스트로겐, 안드로겐
② 영양분 : 비타민-D, 비타민-C, 비타민-A, 칼슘, 인 등
③ 자극 : 체중과 운동으로 인한 적절한 자극(stimulus)과 스트레스
④ 부갑상선호르몬(parathormone, PTH) 경우 혈중의 칼슘농로를 조절하여 뼈의 성장에 관여한다.
⑤ 성장기 때에 성장 호르몬이 부족하거나 갑상선 호르몬이 부족하면 키가 정상적으로 자라지 못 할 수 있으며, 부갑상선 호르몬 높거나 비타민-D가 부족하였을 경우 뼈가 단단해지지 못하여 구루병이 발생할 수 있다.

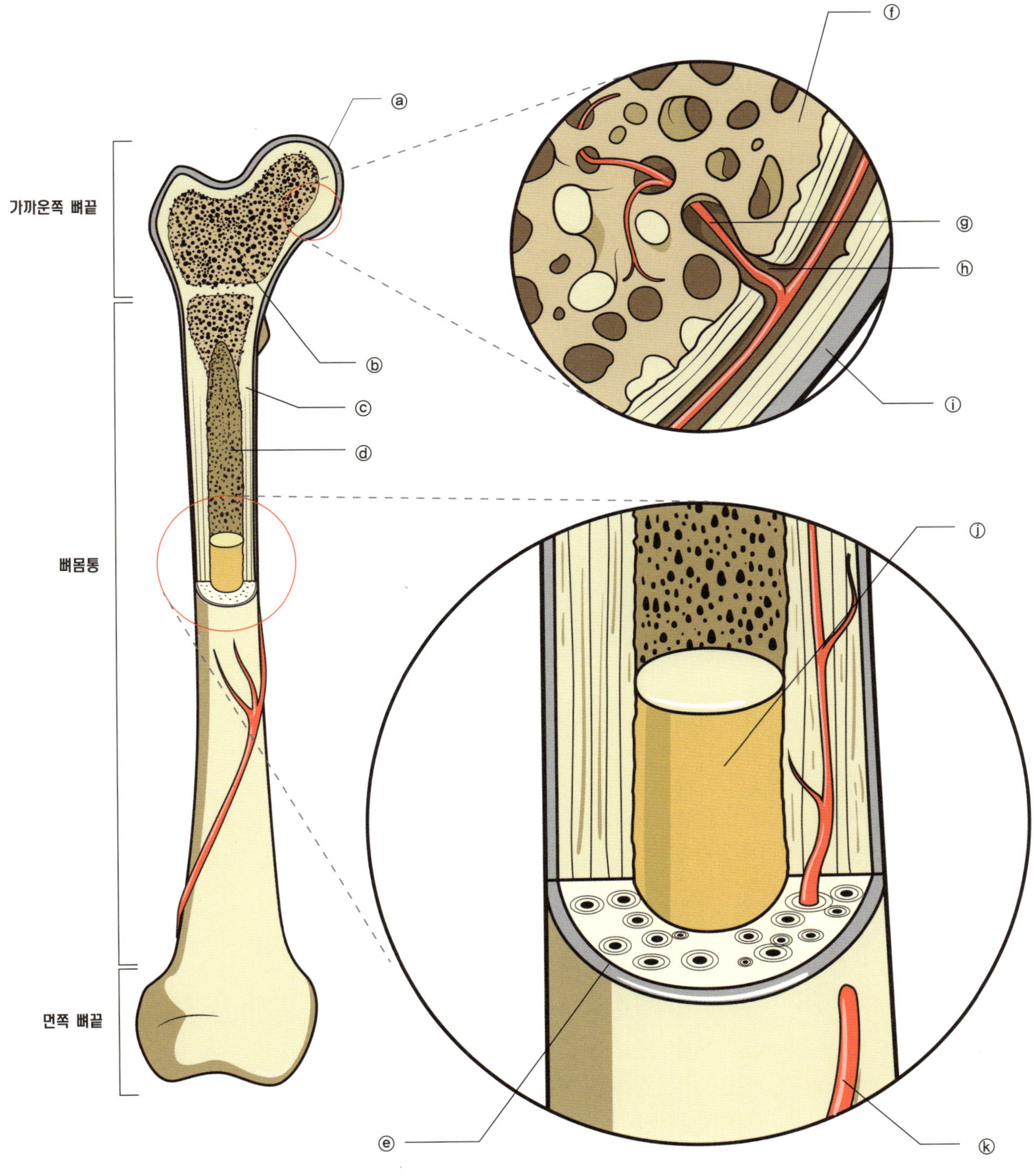

뼈의 기본구조

02. 뼈대 알아보기(Learning skeleton)

일반적으로 뼈를 골(bone)이라고 하지만 두개 이상의 뼈가 하나의 기능적 단위를 이루고 있는 형태를 골격(skeleton; 뼈대)라고 한다. 뼈대(skeleton)는 인체를 구성하는 골격으로서 뼈의 구조와 관절의 형태에 따라 인체의 외형을 형성한다. 뼈는 출생시 약 270 여개로 구성되어 있으나 유아기 때부터 골화가 활발하게 진행되면서 뼈 수가 약 300여개로 까지 증가하였다가 그 이후 뼈들이 유합과정을 통해 성인이 되어서는 인체의 골격은 총 206개의 뼈로 구성되게 된다. 이러한 뼈들은 각각의 개별적 존재가 아닌, 인대(ligament) 등의 결합조직으로 서로 연결되어 계통을 이루어 골격계(skeletal system)라고 불리운다.

1) 뼈대(skeleton)의 기능

① 지지기능(supporting)

② 보호기능(protection)

③ 운동기능(leverage)

④ 조혈기능(hemopoisis)

⑤ 저장기능(storage of mineral salts)

⑥ 함기강으로서의 역할 기능

2) 뼈의 분류

(1) 위치에 따른 분류

인체의 뼈대(skeleton)는 인체를 구성하고 있는 위치에 따라 머리(head), 목(neck), 몸통(trunk)의 추축(체간)골격과 팔과 다리 등의 사지(limb)의 부대(체지)골격으로 구분한다.

① 주축(체간)골격(axial skeleton)
- 인체의 몸통 중심에서 축을 형성하여 신체를 지지하는 역할을 한다.
- 인체의 중심에서 장기를 수용할 수 있는 공간을 만들어 보호하는 역할을 한다.
- 두개골, 척추, 흉골, 늑골 등이 추축(체간) 골격에 속한다.

② 부대(체지)골격(appendicular skeleton)
- 팔과 다리를 구성하는 뼈들로서 몸통과 연결되어 있다.
- 주축 골격에 비하여 많은 뼈들이 연결되어 있음에 따라 운동기능을 가지고 있다.
- 상지골과 하지골이 부대골격에 속한다.

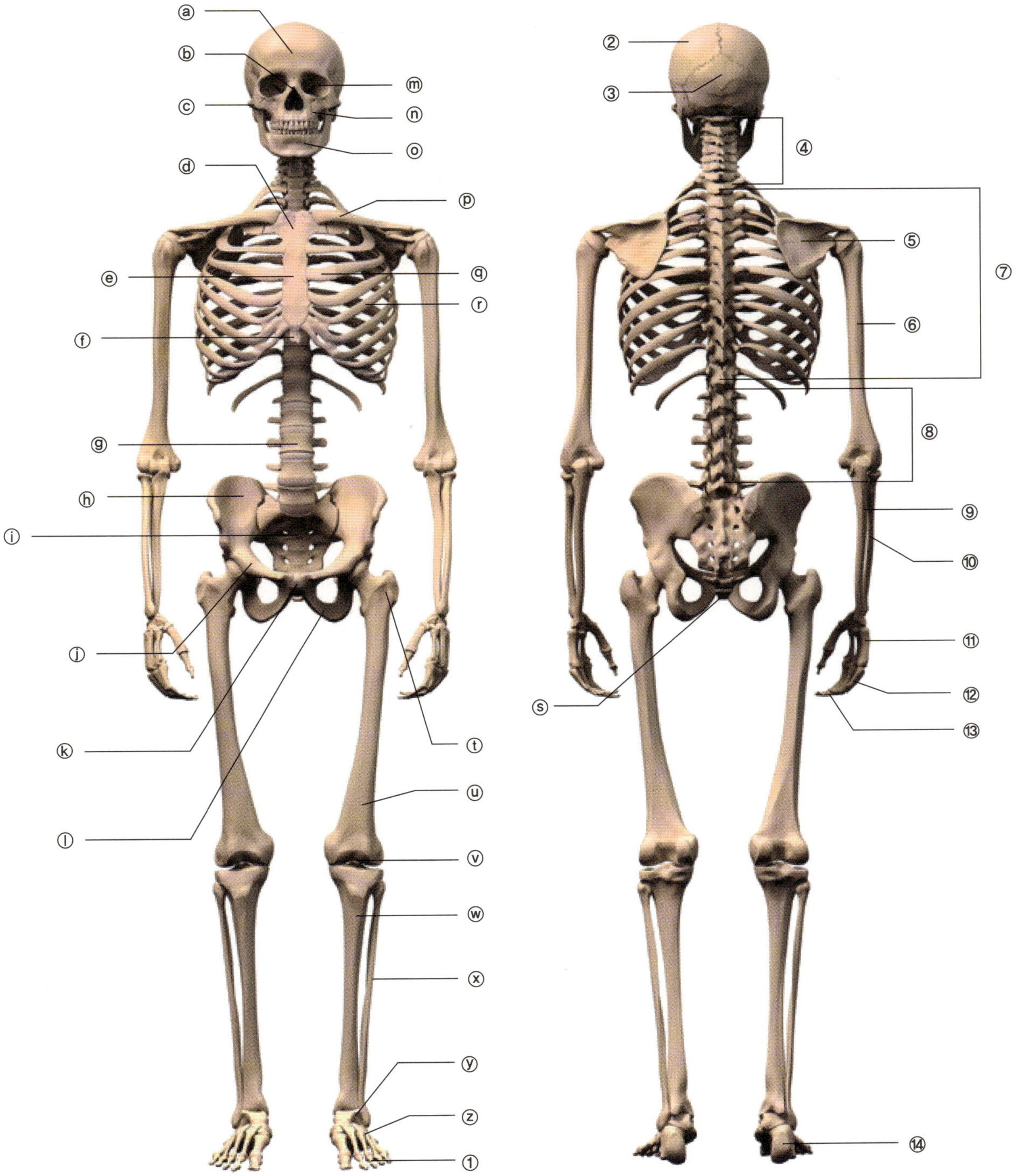

사람 뼈대의 앞면과 뒷면

[성인의 골 분류]

체간골격(axial Skeleton)		체지골격(appendicular Skeleton)	
두개골(skull)		**상지대**(shoulder girdles)	
뇌두개골(crainal bones)	8개	쇄골(clavicle)	2개
안면골(facial bones)	14개	견갑골(scapula)	2개
설골(hyold)	1개	**상지**(upper limb)	
이소골(auditory ossicle)	6개	상완골(humerus)	2개
척추(vertebral column; 추골 Vertebrae)	26개	척골(ulna)	2개
흉곽(thorax)		요골(radius)	2개
흉골(sternum)	1개	수근골(carpals)	16개
늑골(ribs)	24개	중수골(metacarpals)	10개
		수지골(phalanges)	28개
		하지대(pelvic gridles)	
		관골(hip or Coxa)	2개
		하지(lower limb)	
		대퇴골	2개
		비골	2개
		경골	2개
		슬개골	2개
		족근골(tarsals)	14개
		중족골(metatarsals)	10개
		족지골(phalanges)	28개
합	80개	**합**	126개
골격 총수(성인)		**206개**	

(2) 형태에 따른 분류

① 장골(long bone)

- 팔과 다리를 이루는 뼈처럼 길고 굵은 뼈(관상골;tubular bone)이라고 한다.
- 전형적인 관상장골로서 양쪽 끝부분의 골단(epiphysis)과 가운데의 골간(diaphysis)를 구성하고 있다.
- 장골의 내면에는 골수강을 형성하고 있다.
- 상완골, 요골, 척골, 대퇴골, 경골, 비골이 여기에 속한다.

② 단골(short bone)

- 골수강이 존재하고 있지 않은 짧은 뼈이다.
- 넓이와 길이가 비슷하고 입방체 모양을 형성하고 있다.
- 수근골, 족근골 등이 여기에 속한다.

③ 편평골(flat bone)

- 넓은 판모양의 표면 면적을 가지고 있는 납작한 뼈이다.
- 골수강은 존재하고 있지 않으며, 외판(outer layer)과 내판(inner layer)은 치밀골로 구성되어 있다.
- 중간의 판간층(diploe)은 해면골로 구성되어 있으며, 해면골 안에는 적골수가 있다.
- 두개골 일부(전두골, 두정골, 후두골), 견갑골, 늑골, 흉골 등이 여기에 속한다.

④ 불규칙골(irregular bone)

- 다양한 모양을 가지고 있는 뼈이다.
- 여러 개의 뼈가 연결되어 있는 불규칙한 뼈라고 불리운다.
- 척추뼈, 관골 등이 여기에 속한다.

⑤ 함기골(air bone)

- 뼈 안에 공간이 존재하고 있으며, 공간 안에 공기를 함유하고 있는 뼈이다.
- 두개골 일부(전두골, 상악골, 접형골, 사골, 측두골)가 여기에 속한다.

⑥ 종자골(sesamoid bone)

- 건(tendon)이나 관절낭속에 존재하는 종자모양의 작은 뼈이다.
- 종자골은 주로 손과 발에 존재하며, 인체를 구성하는 가장 큰 종자골은 무릎을 구성하는 슬개골이다.
- 슬개골 등이 여기에 속한다.

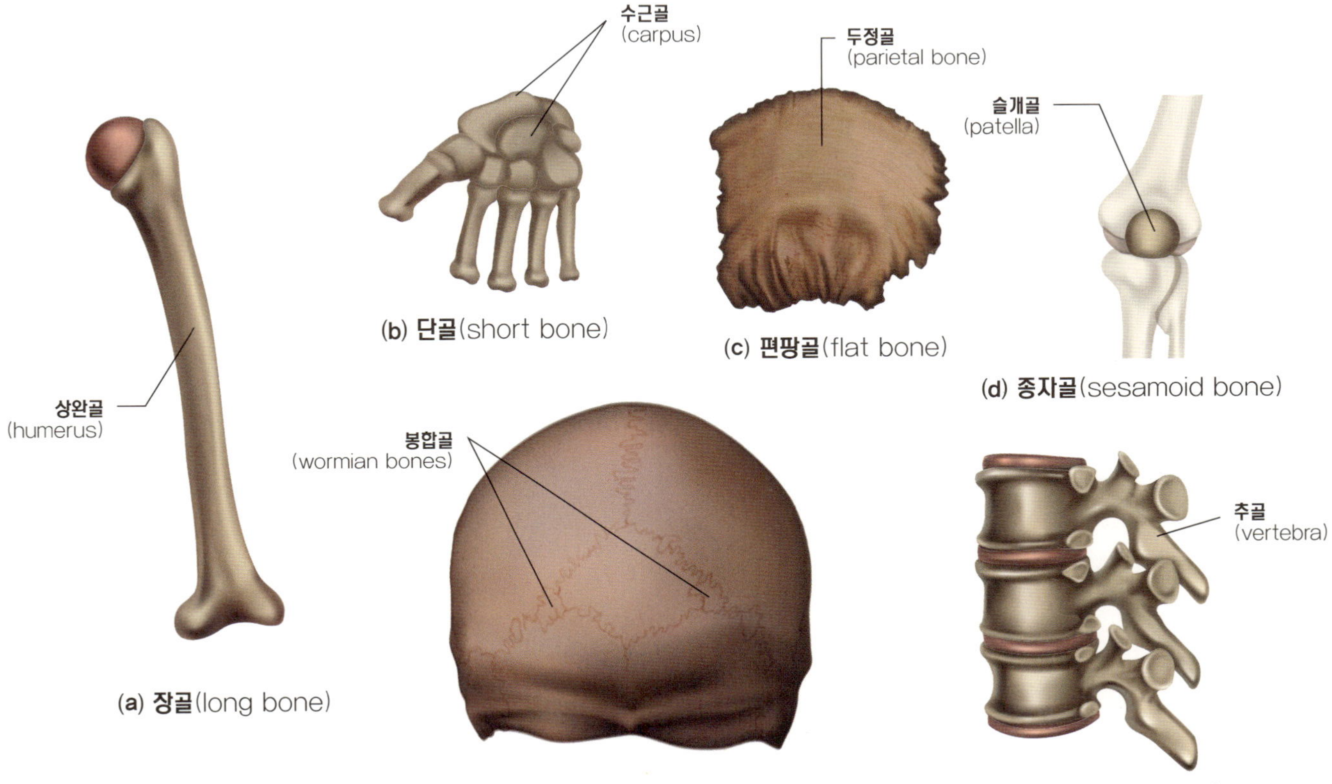

(a) 장골(long bone)
(b) 단골(short bone)
(c) 편평골(flat bone)
(d) 종자골(sesamoid bone)
(e) 봉합골(sutural bone)
(f) 불규칙골(Irregular bone)

뼈의 분류

03. 신체 각 부분의 골격(Types of skeleton)

체간골격(axial skeleton) : 머리(head), 목(neck), 몸통(trunk)

1) 두개골(Skull)

두개골은 15종 23개의 뼈로 구성되어 있으며, 23개의 뼈는 뇌두개골(cranium)과 안면골(facial bone)로 나누어 구성되어져 있다. 뇌두개골안에 구성되어진 뼈들은 뇌를 감싸고 보호하는 기능을 가지고 있으며, 안면골안에 구성되어진 뼈들은 안구를 담고 있으면서 안면근육이 미소짓거나 찡그리도록 하는 등의 감정을 나타내도록 하는 기능을 가지고 있다.

두개골은 하악골을 제외하고도 모두 봉합(sutures)으로 연결 및 결합되어 있어, 움직이지 않는 섬유성 관절을 이루고 있다. 이중 하악골(mandible)만이 움직일 수 있으며, 뇌두개골인 측두골과 연결되어 있다.

(1) 뇌두개골(Crinial bones; 슬개골) : 6종 8개

① 전두골(frontal bone; 이마뼈) 1개

전두골은 함기골로서 안쪽에 공간이 존재하며 공기를 함유하고 있는 1개 쌍의 전두동(frontal sinus)을 가지고 있다. 전두동은 비강과 연결된다.

위치	두 개강 앞부위에 위치
구성	눈썹 아래 돌기, 안와(oribit) 및 비강 위벽
기능 및 특징	함기골로서 안쪽에 공간이 존재하여 공기를 함유하고 있음

② 두정골(parietal bone; 마루뼈) 2개

한쌍을 이루는 편평골로서 두 개가 시상봉합(sagittal suture)으로 연결되어 있다.

위치	
구성	
기능 및 특징	

③ 후두골(occipital; 뒤통수뼈) 1개

두개골의 후저부를 구성하는 마름모 모양의 주걱형태의 뼈이며, 후두골 중앙에 두 개강과 척수관을 연결하는 대공(foramen magnum)이 존재한다.

위치	
구성	
기능 및 특징	

④ 측두골(temporal bone; 관자뼈) 2개

두개골 옆면 아래의 일부를 구성하고 있는 한 쌍의 뼈이다.

위치	
구성	
기능 및 특징	

⑤ 접형골(sphenoid bone; 나비뼈) 1개

두개골 아래부분 중앙으로 두 개강 바닥 부분의 일부를 형성하며, 나비모양의 형태를 가지고 있다.

위치	
구성	
기능 및 특징	

⑥ 사골(ethmoid bone; 벌집뼈) 1개

입방형의 함기골로서 불규칙한 모양의 스폰지와 같은 구멍이 존재하는 가벼운 뼈이다.

위치	
구성	
기능 및 특징	

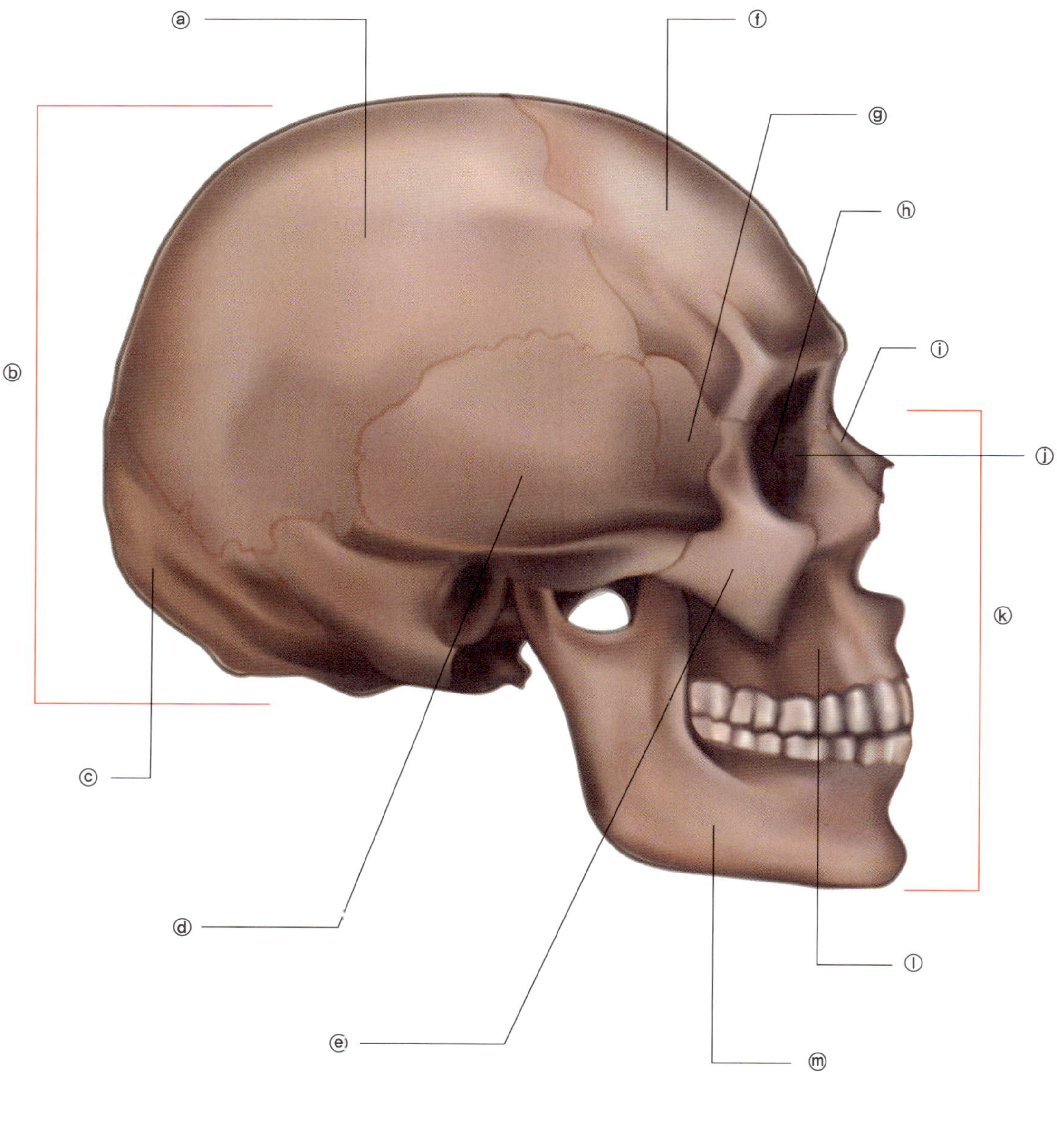

뇌두개골 안면골

(2) 안면골(Facial bones) : 9종 14개

① 상악골(maxilla; 위턱뼈) 2개

얼굴 중앙의 좌・우 한쌍의 뼈로서 위턱을 형성하고 안면골을 구성하는 대부분의 뼈와 접하고 있다.

위치	
구성	
기능 및 특징	

② 하악골(mandible; 아래턱뼈) 1개

안면골을 구성하는 뼈 중 가장 크고 단단한 단일뼈로서 말굽모양의 형태를 보이고 있으며 아래턱을 형성하고 있다.

위치	
구성	
기능 및 특징	

③ 관골(zygomatic bone; 광대뼈) 2개

안면의 가장 튀어나온 부분인 볼의 일부를 이루며, 일명 광대뼈라고도 한다.

위치	
구성	
기능 및 특징	

④ 비골(nasal bone; 코뼈) 2개

코 부위의 윗부분을 구성하고 있는 안면골로서 아래 부분은 연골로 구성되어 있다.

위치	
구성	
기능 및 특징	

⑤ 누골(laccrimal bone; 눈물뼈) 2개

안와 안쪽에 존재하는 안면골로서 1쌍의 손톱모양의 얇은 골판이다.

위치	
구성	
기능 및 특징	

⑥ 구개골(palatine bone; 입천장뼈) 2개

입천장을 형성하고 있는 한쌍의 뼈로서 L자 모양을 이루고 있다.

위치	
구성	
기능 및 특징	

⑦ 비갑개골(inferior nasal concha; 아래코선반뼈) 2개

비강의 외측면을 구성하고 있는 1쌍의 뼈로서, 조개껍질 모양을 이루고 있다.

위치	
구성	
기능 및 특징	

⑧ 서골(vomer; 보습뼈) 1개

정중시상선에 위치하는 단 하나의 뼈로서 쟁기(vomer)모양의 얇은 뼈이다.

위치	
구성	
기능 및 특징	

⑨ 설골(hyoid bone)

U자형의 작은 뼈로서 다른뼈와 관절되어 있지 않고 인대, 근육과 연결되어 있어 혀 동작의 기반이 된다.

위치	
구성	
기능 및 특징	

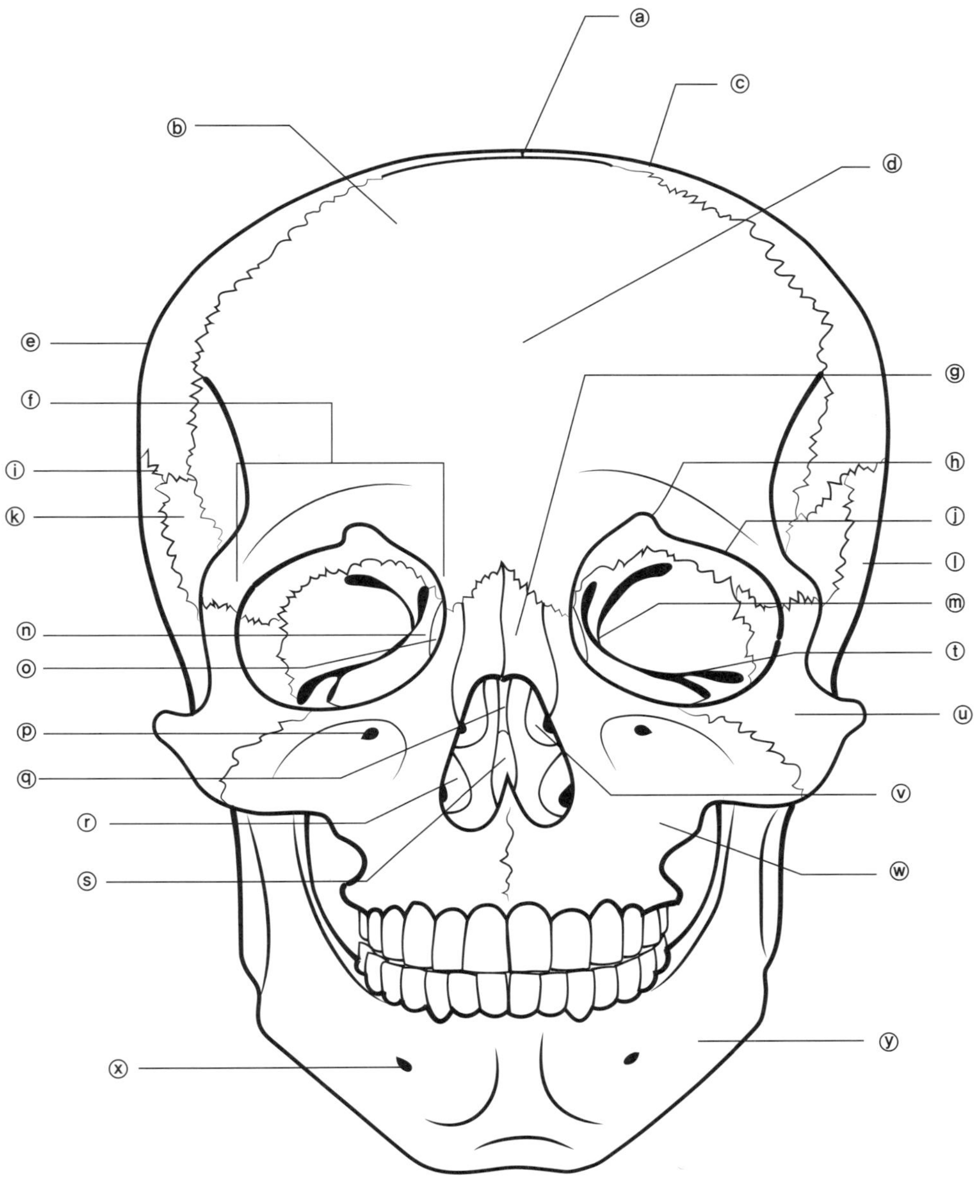

머리의 앞면

2) 척추(Vertebral column; 척추뼈) 26개

척추는 체간골격의 지주를 이루고 있으며, 두개골과 골반을 연결하는 척주는 26개(신생아의 경우 32~35개)의 추골과 각 추골 사이에 형성된 23개의 섬유연골인 추간원판(intervertebral)으로 구성되어 있다.

척주는 신생아의 경우 32~35개의 추골(vertebrae)을 가지고 태어나지만 성인이 되면서 천추와 미추가 각각 1개씩의 뼈로 융합되면서 26개의 척주의 뼈가 형성된다. 추골은 그 위치에 따라서 가장 위쪽의 목을 형성하는 경추(cervical vertebra)는 7개, 몸과 허리부위 중간의 흉곽을 형성하는 흉추(thoracic vertebra)는 12개, 허리부위의 요추(lumbar vertebra)는 5개, 골반부위에 존재하는 천골(sacrum)은 1개, 그리고 척주의 끝부위에 위치한 미골(coccyx)는 1개로서 총 26개의 추골이 척추를 형성하고 있다.

① 경추(cervical vertebrae; 목뼈) 7개

척추의 처음 시작으로 목부위를 형성한다.

위치	
구성	
기능 및 특징	

② 흉추(thoracic vertebrae; 등뼈) 12개

척추의 등부위를 형성하는 뼈로서 12개의 모든 뼈가 추골의 일반적 구조를 갖춘 전형적인 추골의 모양을 형성하고 있다.

위치	
구성	
기능 및 특징	

③ 요추(lumbar vertebrae; 허리뼈) 5개

척추의 허리부위를 형성하는 척추의 중심역할을 하는 뼈로서 다른 추골들에 비하여 크고 무겁다.

위치	
구성	
기능 및 특징	

④ 천골(sacrum; 엉치뼈) 1개

5개의 추골이 융합되어 역삼각형 모양의 1개의 추골을 형성하고 있다.

위치	
구성	
기능 및 특징	

⑤ 미골(coccyx; 꼬리뼈) 1개

3~5개의 추골이 유합되어 삼각형 구조의 1개의 추골을 형성하고 있다.

위치	
구성	
기능 및 특징	

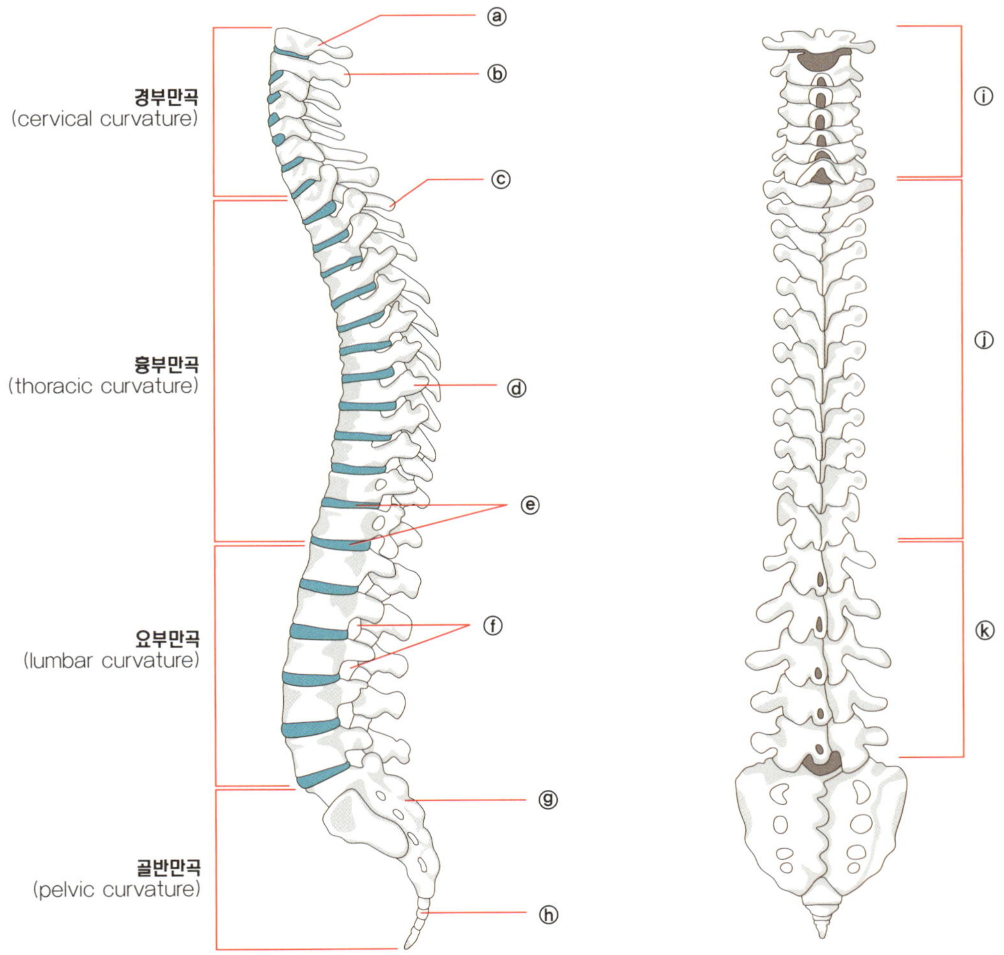

척추

3) 흉곽(Thoracic cage; 가슴뼈) 25개

흉곽은 척추의 12개의 흉추와 연결된 12쌍의 늑골과 1개의 흉골로 구성되어 있으며, 깔대기 모양을 이루고 있다. 늑골과 흉골 안쪽의 내부공간에는 흉강(thoracic cavity)이 있으며, 흉강안에는 심장 · 폐 · 식도 · 기관 등의 주요 장기들을 수용하고 보호해 주고 있다.

흉곽의 윗부분인 흉곽상구는 제1흉추와 제1늑골 및 흉골병이 연결되어 있으며, 흉곽의 아래 부분인 흉곽하구는 제12흉추와 제12늑골 및 흉골의 검상들기가 연결되어 구성되어 있다. 특히, 흉곽하구에는 횡격막(diaphragm)이 부착되어 흉강과 복강의 경계가 된다.

① 늑골(rib; 갈비뼈) 24개

늑골은 12쌍의 편평골로서 앞에서는 흉골과, 뒤에서는 흉추와 연결되어 있다.

위치	
구성	
기능 및 특징	

② 흉골(sterunm; 복장뼈) 1개

가슴중앙에 위치한 14~16cm의 편평골로서 흉곽의 앞쪽 중앙에서 늑골과 연결되어 있다.

위치	
구성	
기능 및 특징	

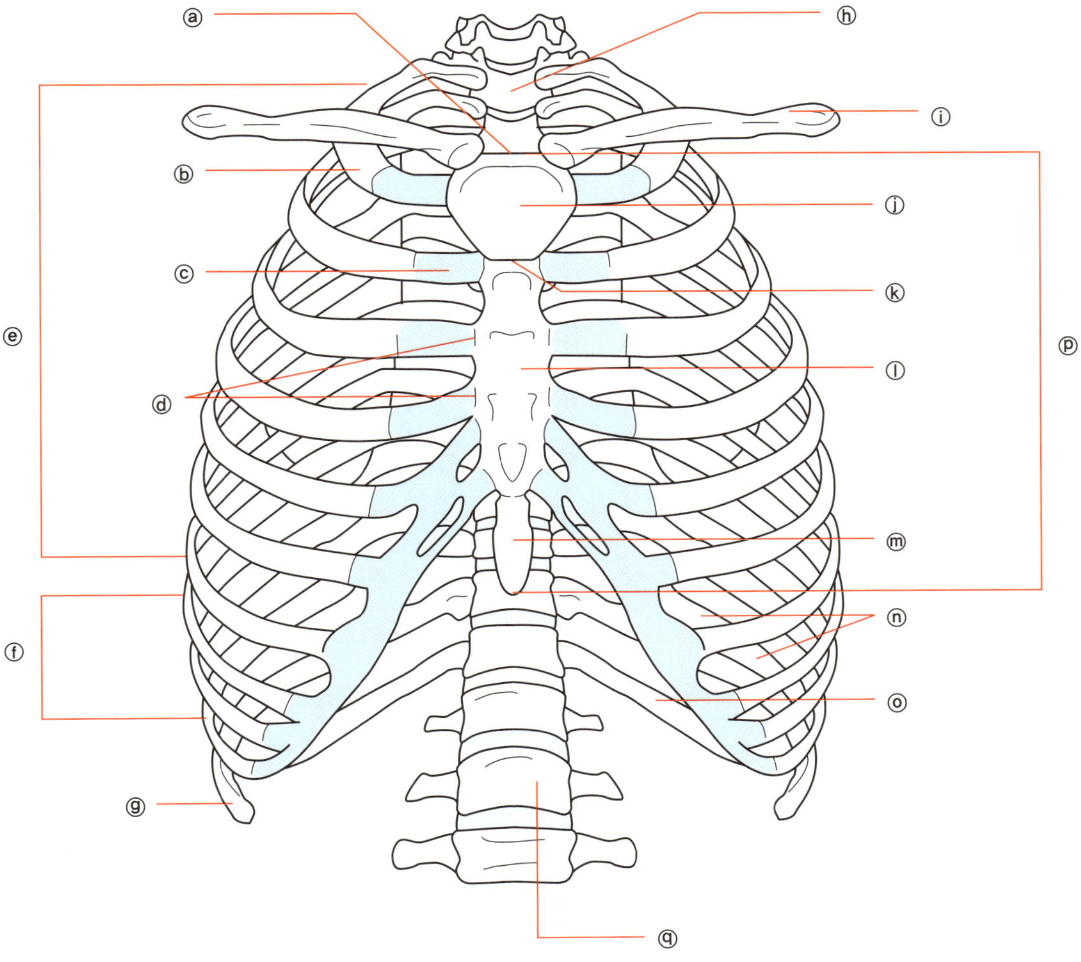

흉곽

4) 체지골격(Appendicular skeleton; 팔다리 뼈대)

체지골격은 팔다리 뼈대로서 팔이음대 역할을 하는 상지대골(견갑대, shoulder girdle or pectoral girdle)와 자유상지대(free upper limbs)의 팔뼈, 그리고 다리이음대 역할을 하는 하지대골(골반대, pelvic girdle)와 다리뼈인 자유하지대(free lower limbs)로 구성되어 있다.

(1) 상지대골(Shoulder girdles; 팔이음뼈) 4개

상지대골은 팔을 몸통과 이어주는 팔이음대 역할을 하는 뼈를 말하며, 쇄골(clavicle)과 견갑골(scapula)이 속한다. 상지대 골에 속하는 쇄골과 견갑골은 팔이음대 역할을 하는 연결부위로서 위팔이 자유롭게 움직이도록 하는 기능을 가지고 있다. 반면, 관절와에서 쉽게 탈구할 수 있는 가능성을 가지고 있다.

① 쇄골(clavicle; 빗장뼈) 2개

흉골과 견갑골을 연결하는 13~15cm의 긴 뼈로서 완만한 S자 모양을 이룬다.

위치	
구성	
기능 및 특징	

② 견갑골(scapula: 어깨뼈) 2개

역삼각형 모양의 편평골로서 인체 후면의 제 2~7 늑골 옆부분에 위치한다.

위치	
구성	
기능 및 특징	

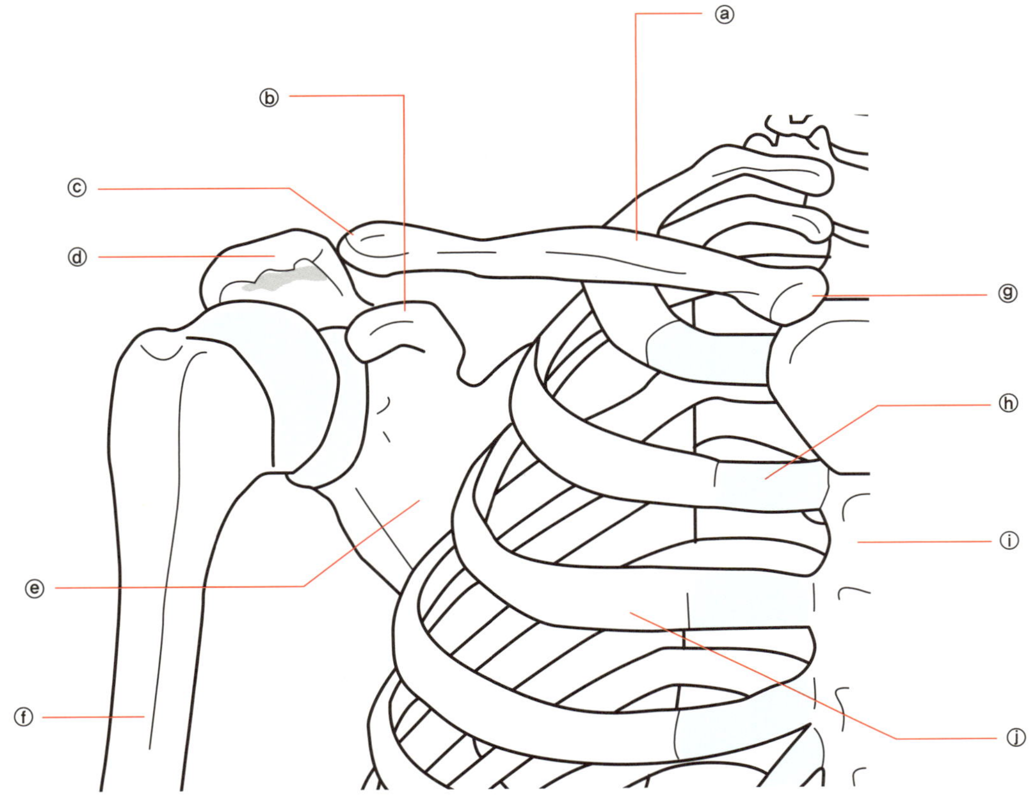

상지대

(2) (자유)상지골(Upper limb; 상지뼈) 60개

팔의 골격을 구성하는 뼈로서 상완, 전완, 그리고 손이 이에 속하며, 오른쪽, 왼쪽으로 각 30개씩으로 이루어져 있다.

① 상완골(humerus; 위팔뼈) 2개

상지골 중 가장 위쪽에 위치하고 있는 뼈로서 약 28cm 내외의 길의 장골이다.

위치	견갑골와 전완 사다에 위치
구성	
기능 및 특징	

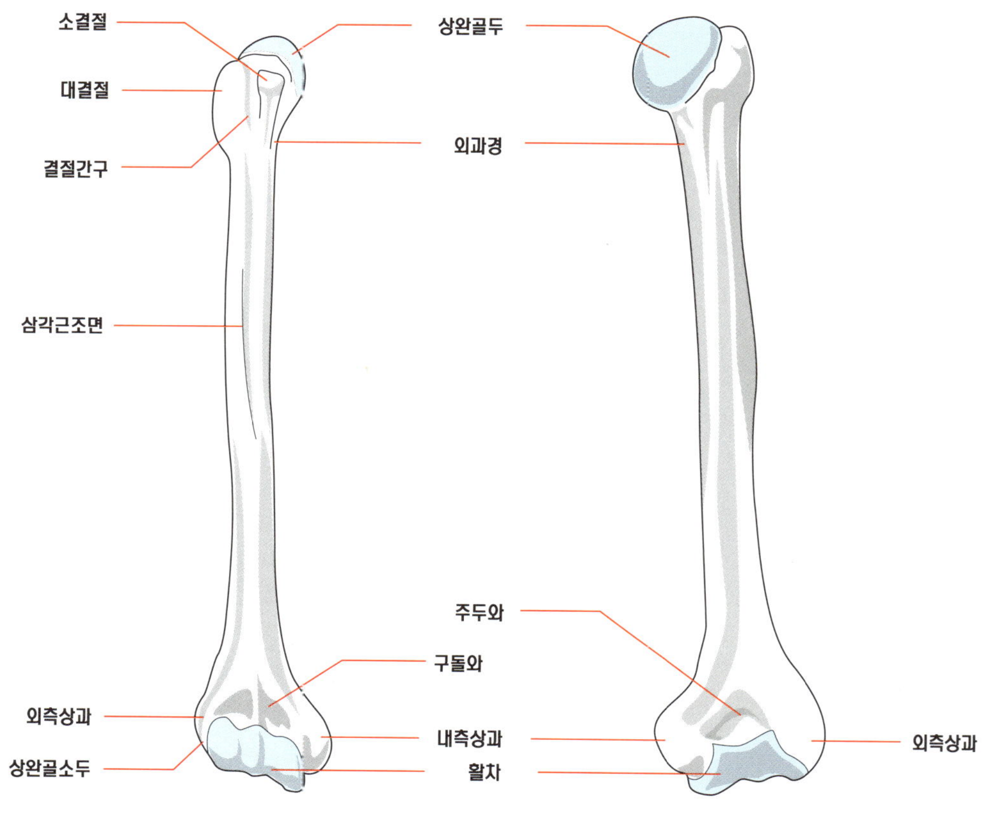

(a) 전면

(b) 후면

상완골

② 척골(ulna; 자뼈) 2개×2

전완을 형성하고 있으며 새끼손가락 쪽의 안쪽 부위에 위치하고 있는 뼈로서 약 22cm 내외 길이의 장골이다.	
위치	
구성	
기능 및 특징	

③ 요골(radius; 노뼈) 2개×2

전완을 형성하고 있으며 엄지손가락 쪽의 바깥 부위에 위치하고 있는 뼈로서 약 20cm 내외 길이의 장골이다.	
위치	
구성	
기능 및 특징	

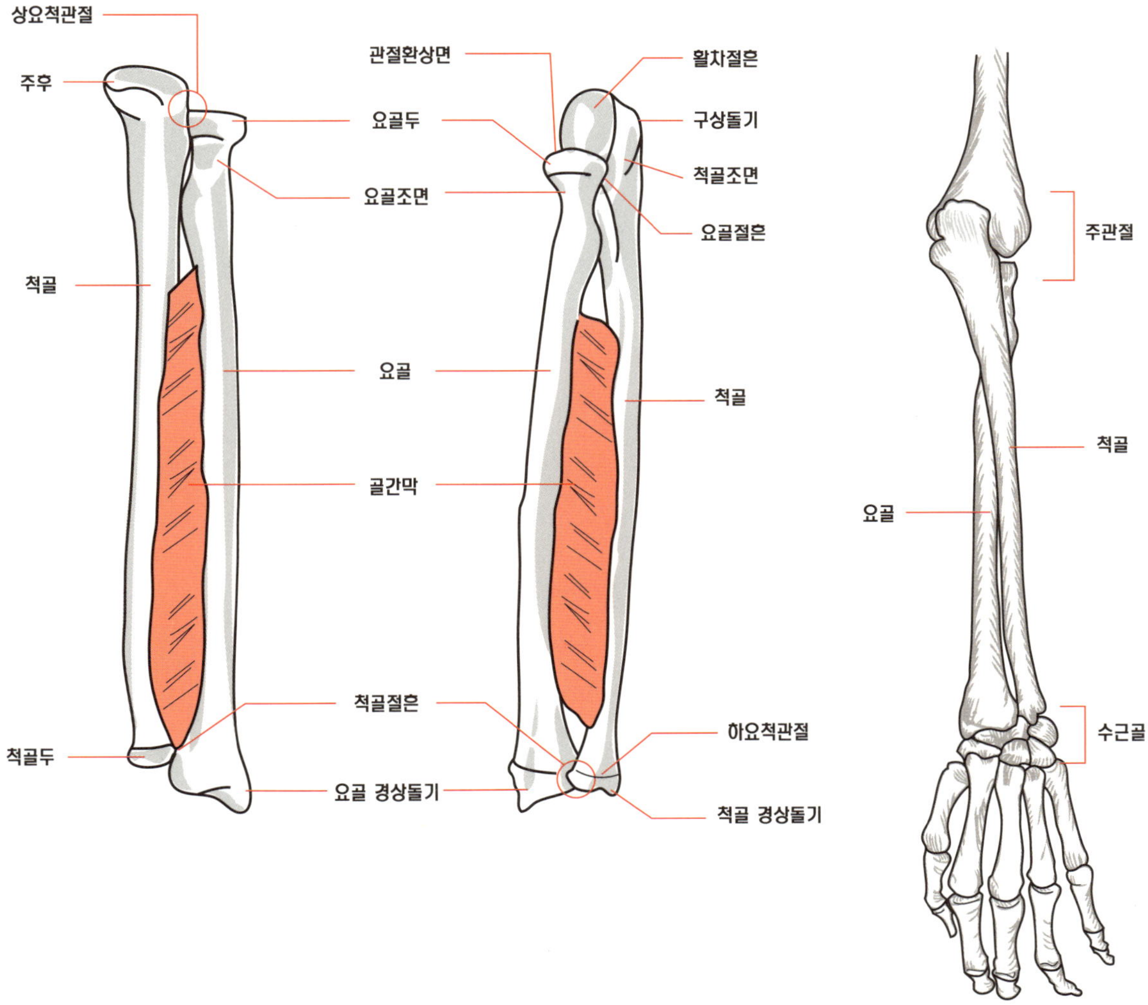

요골과 척골

④ 수근골(carpal; 손목뼈) 8개×2=16개

손목을 형성하고 있는 8개의 짧은 단골이다.

위치	
구성	
기능 및 특징	

⑤ 중수골(metacarpal; 손허리뼈) 5개×2=10개

손바닥을 형성하고 있는 5개 뼈이다.

위치	
구성	
기능 및 특징	

⑥ 지골(phalanx; 손가락뼈) 14개×2

손가락을 형성하고 있는 14개의 뼈이다.

위치	
구성	
기능 및 특징	

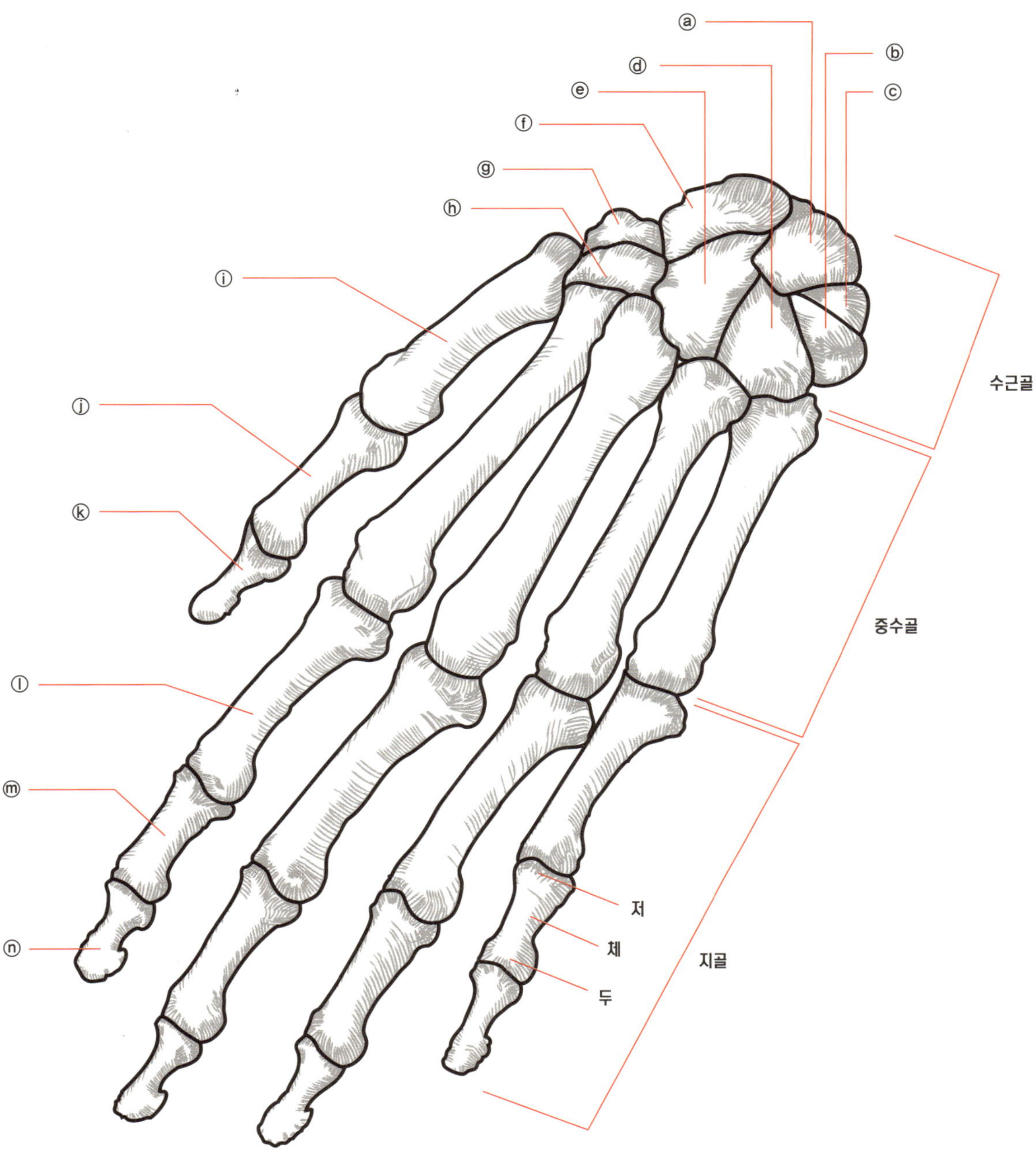
ⓐ
ⓑ
ⓒ
ⓓ
ⓔ
ⓕ
ⓖ
ⓗ
ⓘ
ⓙ
ⓚ
ⓛ
ⓜ
ⓝ
수근골
중수골
지골
저
체
두

(3) 하지대골(Pelvic girdle; 다리이음뼈) 2개

하지대골은 엉덩이 부분의 뼈로서 관골(hip bones, coxal bones)이라고도 하며, 다리이음대 역할을 하여 하지를 체간에 연결시킨다. 이러한 관골은 장골, 좌골, 치골이라는 3가지 뼈가 융합되어 있으며, 척추의 천골.미골과 관절하여 골성골반(bony pelvis)을 형성한다. 관골의 중요한 역할은 체중을 지탱해주며, 내부생식기와 비뇨기계(방광 및 대장의 일부)를 보호하여 준다.

① 장골(ilium; 엉덩이뼈)

관골의 대부분을 형성하고 있는 나팔꽃 모양의 뼈이다.

위치	
구성	
기능 및 특징	

② 좌골(ischium; 궁둥뼈)

관골의 뒤쪽 아래부분을 형성하고 있는 갈고리 모양의 단단한 뼈이다.

위치	
구성	
기능 및 특징	

③ 치골(pubis; 두덩뼈)

관골의 가장 앞쪽부분을 형성하고 있는 뼈이다.

위치	
구성	
기능 및 특징	

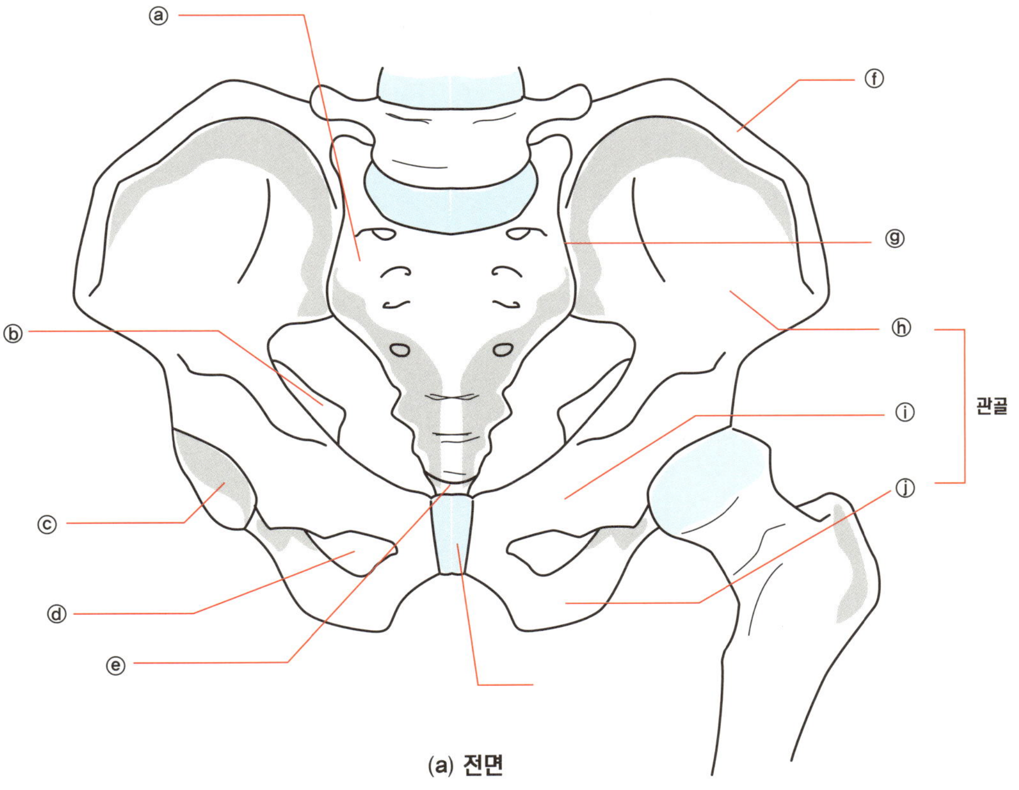

(a) 전면

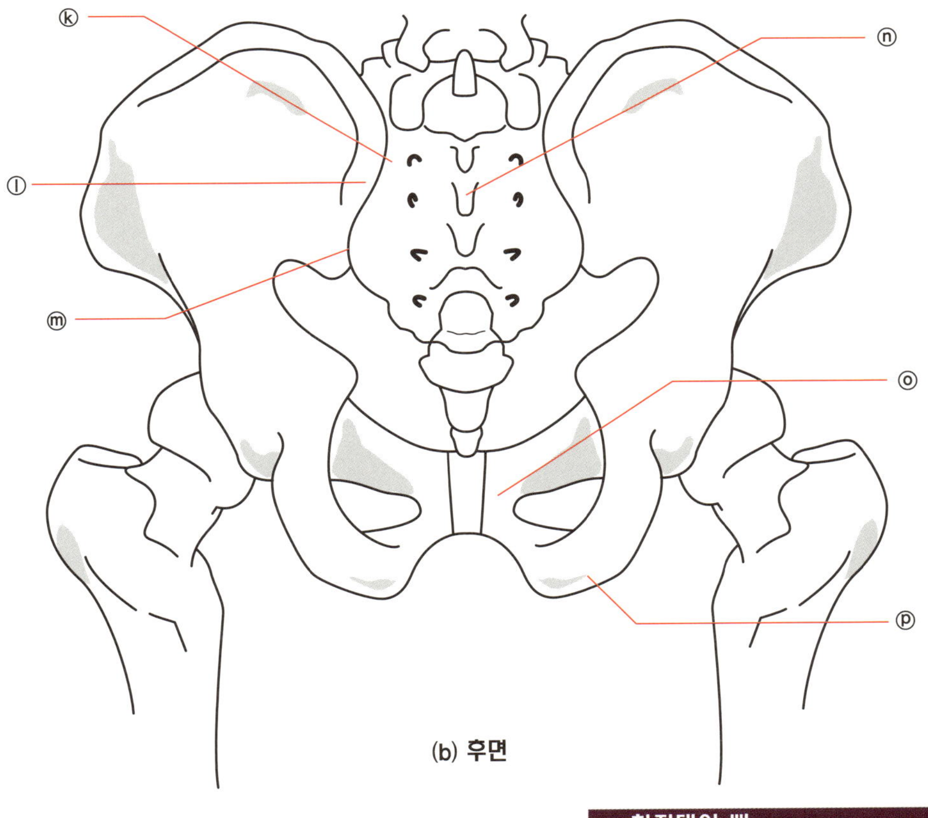

(b) 후면

하지대의 뼈

(4) (자유)하지골(Lower limb; 하지뼈) 60개

다리의 골격을 구성하는 뼈로서 대퇴골, 슬개골, 경골, 비골, 족근골, 지절골이 이에 속하며, 오른쪽, 왼쪽으로 각 30개씩으로 이루어져 있다.

① 대퇴골(femur; 넙다리뼈) 2개

허벅지를 구성하고 있는 뼈로서 인체에서 가장 강하고 긴 장골이다. 길이는 신장의 1/4정도로서, 평균 약 40cm 내외 이다.

위치	
구성	
기능 및 특징	

② 슬개골(patella; 무릎뼈) 2개

인체를 구성하는 가장 큰 종자골로서 역삼형 모양의 편평골이다.

위치	
구성	
기능 및 특징	

③ 경골(tibia; 정강뼈) 2개

종아리를 구성하는 뼈이며 엄지발가락 방향의 안쪽 부위에 위치하고 있는 약 31cm 내외의 장골이다.

위치	
구성	
기능 및 특징	

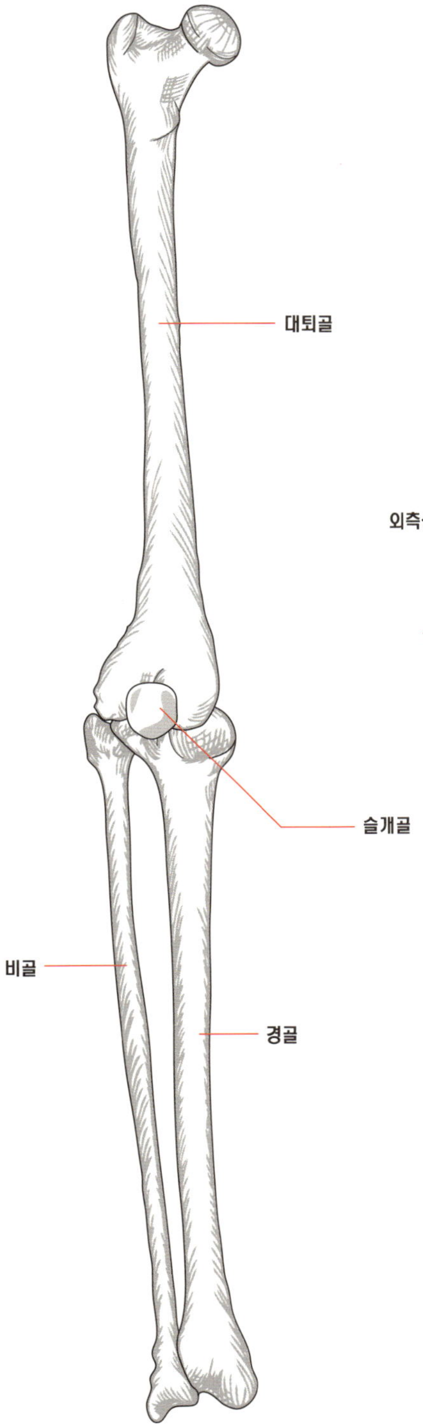
대퇴골
슬개골
비골
경골

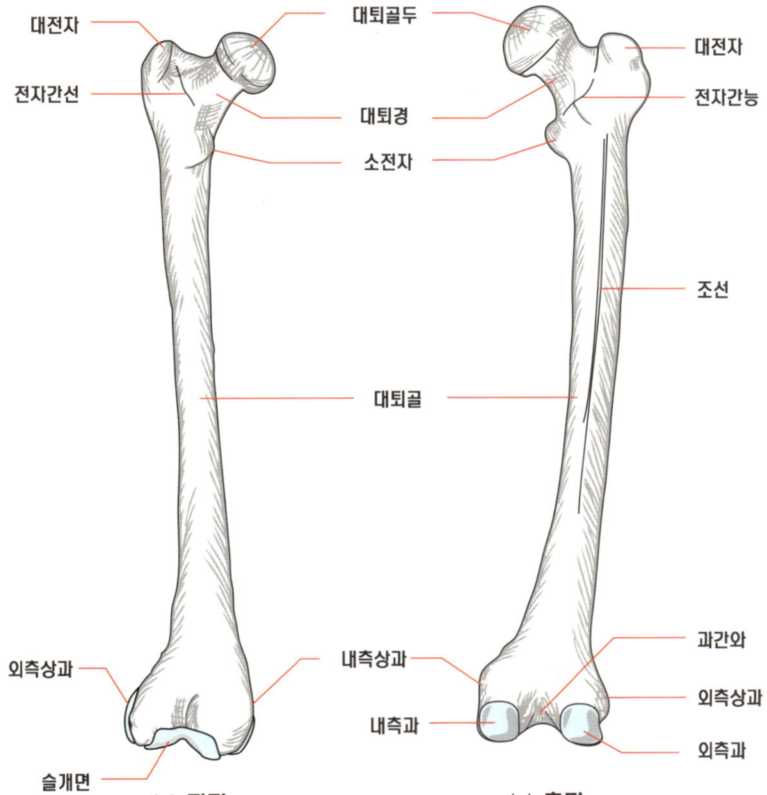
대전자
전자간선
대퇴골두
대퇴경
소전자
대퇴골
외측상과
슬개면
내측상과
내측과
대전자
전자간능
조선
과간와
외측상과
외측과

(a) 전면 (b) 후면

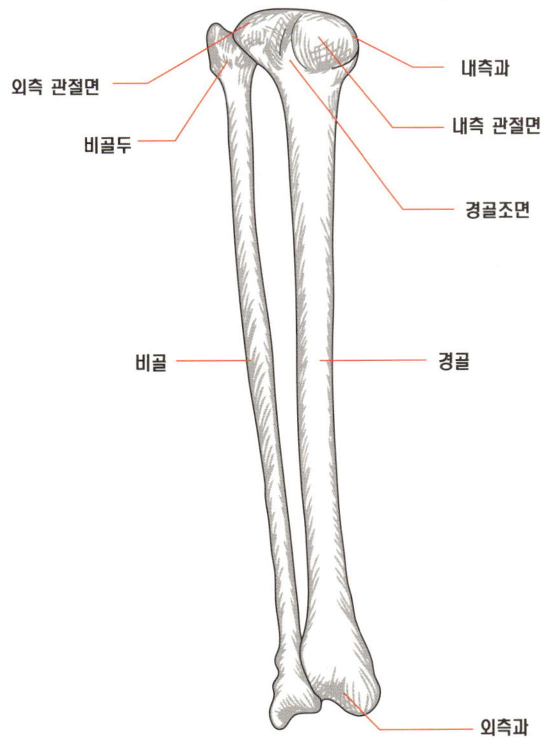
외측 관절면
비골두
내측과
내측 관절면
경골조면
비골
경골
외측과

하지골

④ 비골(fibula; 종아리뼈) 2개

경골과 함께 종아리를 구성하는 뼈이며 새끼발가락 방향의 외측 부위에 위치하고 있는 약 31cm 내외의 가는 장골이다.

위치	
구성	
기능 및 특징	

⑤ 족근골(tarsal; 발목뼈) 14개

발목을 형성하고 있는 7개의 짧은 단골이다.

위치	
구성	
기능 및 특징	

⑥ 중족골(metatarsal; 발허리뼈) 10개

발바닥을 형성하고 있는 5개 뼈이다.

위치	
구성	
기능 및 특징	

⑦ 지골(phalanx; 발가락뼈) 28개

발가락을 형성하고 있는 14개의 뼈이다.

위치	
구성	
기능 및 특징	

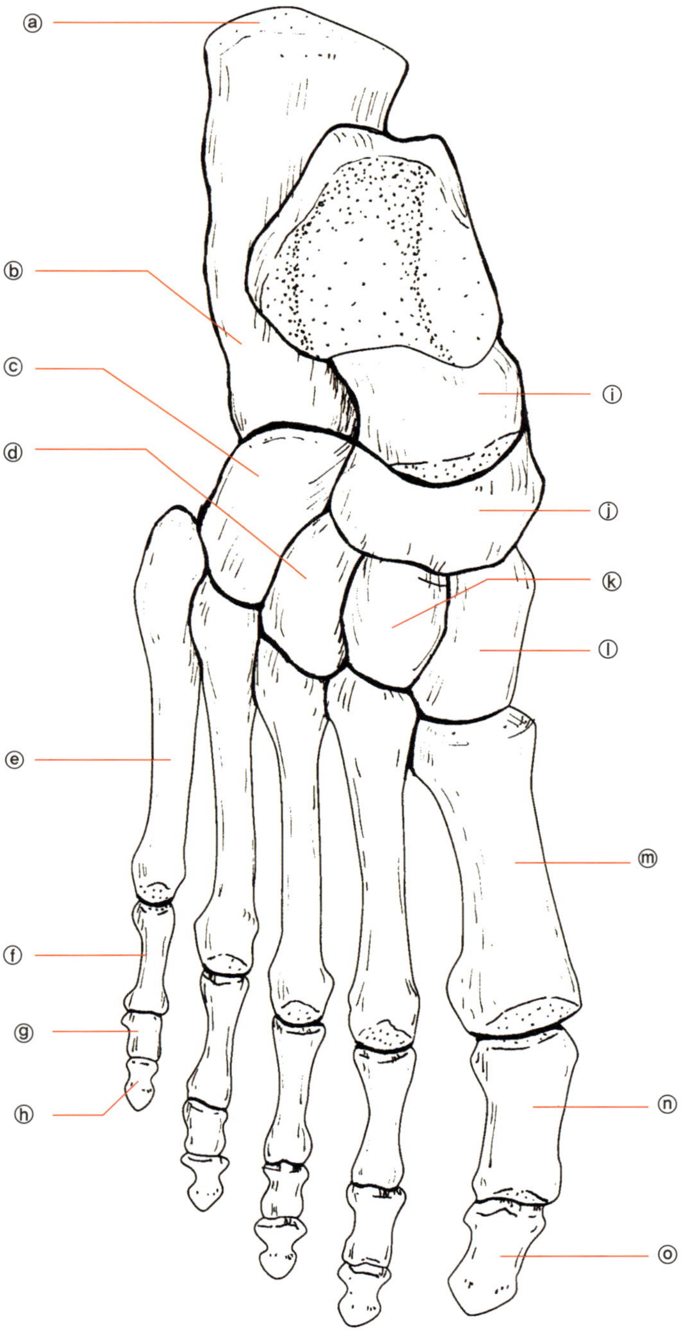

발

뼈대계통

Skeletal System

1. 뼈는 결합조직으로서 세포와 세포간질로 구성되어 있으며, 성장과 파괴 등의 활동성을 가지고 있는 살아있는 조직이다.

2. 뼈의 구성성분 : 뼈생성촉진세포(osteoprogenitor), 골모세포(osteoblast; 뼈모세포), 골세포(osteocyte; 뼈세포), 파골세포(osteoclast; 뼈파괴세포), 세포간질(bon matrix; 골기질)

3. 뼈의 외부구조 : 양측의 골단(Epiphysis; 뼈끝)과 중간부위의 골간(Diaphysis; 뼈몸통)으로 구성되어 있다.

4. 뼈의 내부구조 : 외층의 치밀골, 내층의 해면골, 중앙의 골수강(Medullary cavity)의 3개 부분의 구조로 구성되어 있다.

5. 뼈의 발생과정
   ① 결합조직의 세포로부터 분리된 골모세포에 의해 골기질 형성한다.
   ② 골모세포는 점차 골기질 속에 묻혀 골세포로 변한다.
   ③ 골이 형성되는 동시에 골수강쪽에 파골세포가 나타나 기존의 골기질을 파괴, 흡수하여서 골수강을 확대시킨다.

6. 뼈대 기능
   ① 지지기능(supporting)
   ② 보호기능(protection)
   ③ 운동기능(leverage)
   ④ 조혈기능(hemopoisis)
   ⑤ 저장기능(storage of mineral salts)
   ⑥ 함기강으로서의 역할 기능

7. 인체를 구성하는 뼈의 개수 : 206개

8. 척추를 형성하고 있는 뼈의 명칭과 개수 : 추골은 그 위치에 따라서 가장 위쪽의 목을 형성하는 경추(cervical vertebra)는 7개, 몸과 허리부위 중간의 흉곽을 형성하는 흉추(thoracic vertebra)는 12개, 허리부위의 요추(lumbar vertebra)는 5개, 골반부위에 존재하는 천골(sacrum)은 1개, 그리고 척추의 끝 부위에 위치한 미골(coccyx)는 1개로서 초 26개의 추골이 척추를 형성하고 있다.

객관식

1. 인체의 골격은 몇 개의 뼈(골)로 구성되어 있는가?
   ① 약 206개 ② 약 216개 ③ 약 265개 ④ 약 365개

2. 골과 골 사이의 충격을 흡수하는 결합조직은?
   ① 섬유 ② 연골 ③ 관절 ④ 조직

3. 골격계에 대한 설명 중 옳지 않은 것은 ?
   ① 인체의 골격은 약 206개의 뼈로 구성된다.
   ② 체중의 약 20%를 차지하며, 골, 연결, 관절 및 인대를 총칭한다.
   ③ 기관을 둘러싸서 내부 장기를 외부의 충격으로부터 보호한다.
   ④ 골격에서는 혈액세포를 생성하지 않는다.

4. 다음 중 뼈의 기능이 아닌 것은?
   ① 지지기능 ② 조혈기능 ③ 운동기능 ④ 호흡기능

5. 다음 중 뼈의 기본 구조가 아닌 것은?
   ① 골막 ② 골외막 ③ 골내막 ④ 심막

6. 척주에 대한 설명이 아닌 것은?
   ① 머리와 몸통을 움직일 수 있게 함
   ② 성인의 척주를 옆에서 보면 4개의 만곡이 존재함
   ③ 경추 5개, 흉추 11개, 요추 7개, 천골 1개, 미골 2개로 구성됨
   ④ 척수를 뼈로 감싸면서 보호함

7. 다음 중 뇌, 척수를 보호하는 골이 아닌 것은?
   ① 두정골 ② 측두골 ③ 척추 ④ 흉골

8. 두개골(skull)을 구성하는 뼈로 알맞은 것은?
   ① 미골 ② 늑골 ③ 사골 ④ 흉골

9. 상지골에 포함되지 않는 것은?

① 상완골 ② 장골 ③ 척골 ④ 수근골

10. 골격계의 형태에 다른 분류로 옳은 것은?

① 장골 : 상완골, 요골, 척골, 대퇴골, 경골, 비골

② 단골 : 슬개골, 대퇴골, 두정골

③ 편평골 : 척주골, 관골

④ 종자골 : 전두골, 후두골, 두정골, 견갑골, 늑골

근육계

Muscular System

04

Muscular System

Chapter 04

근육계

Muscular System

학습목표

학습자들이 근육학의 학습을 통해 인체의 구조와 기능을 익히고, 고객 맞춤 관리 분야의 상담, 인체 분석과 피부관리를 할 수 있다.

1. 근육계의 주요 용어에 대해 서술할 수 있다.
2. 3가지 형태의 근육조직의 기능과 구조를 설명하고 신체 어느 부위에 위치해 있는 지를 설명할 수 있다.
3. 주요 근육의 작용을 설명할 수 있다.
4. 수기요법 적용시 근육의 꼬리부터 머리 방향으로 할 수 있다.

01. 근육 알아보기(Learning Muscles)

1) 전신 근육에 대한 개요

전신 근육

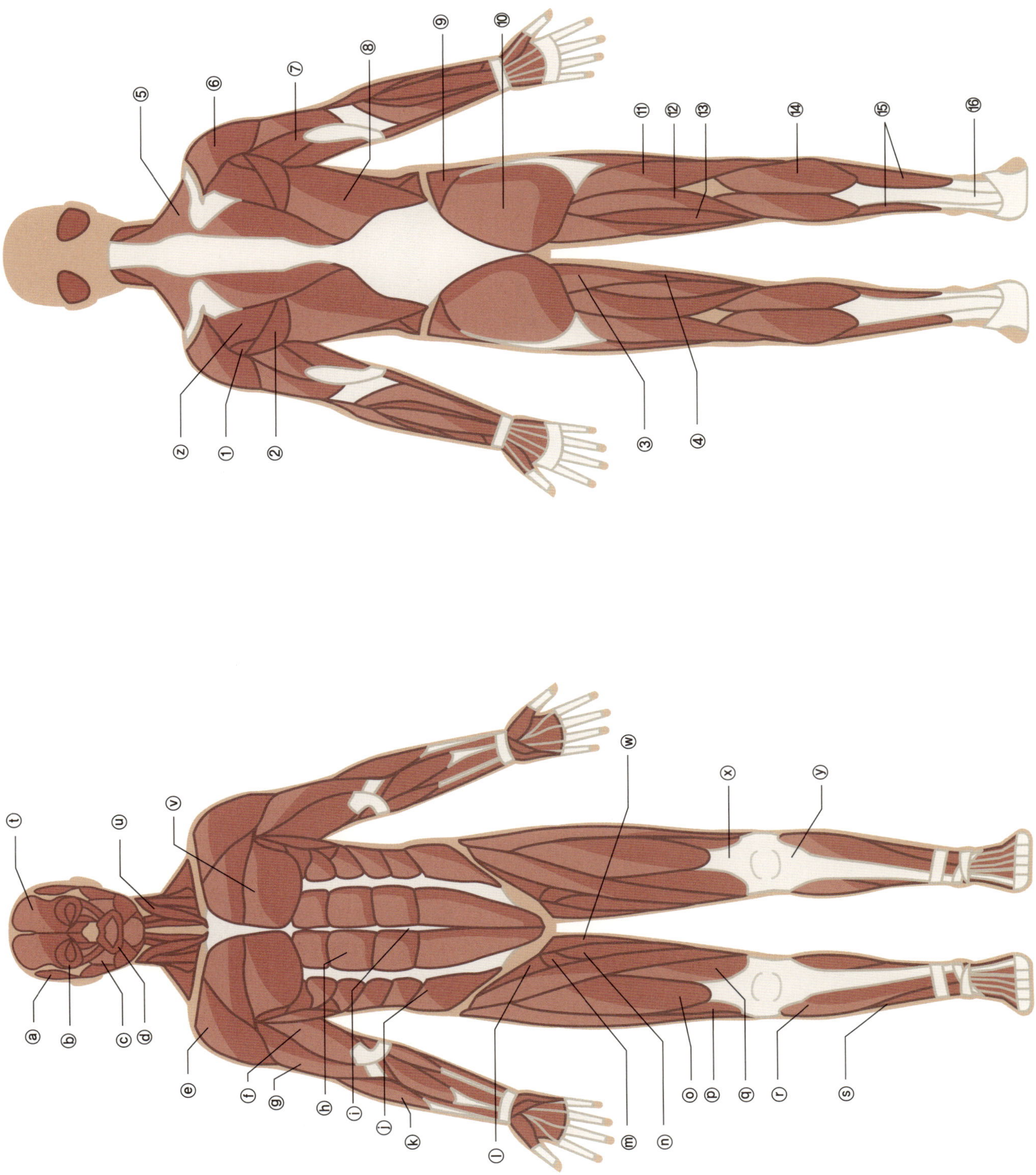

02. 골격근(Skeletal Muscle)

1) 골격근의 형태와 기능

근육의 3가지 형태는 골격근(skeletal muscle), 평활근(smooth muscle), 심근(cardiac muscle)이다(그림). 지렛대와 같은 원리로 관절에서 수축하는 수기요법의 효율성을 높여준다.

뼈대근(골격근)
skeletal muscle

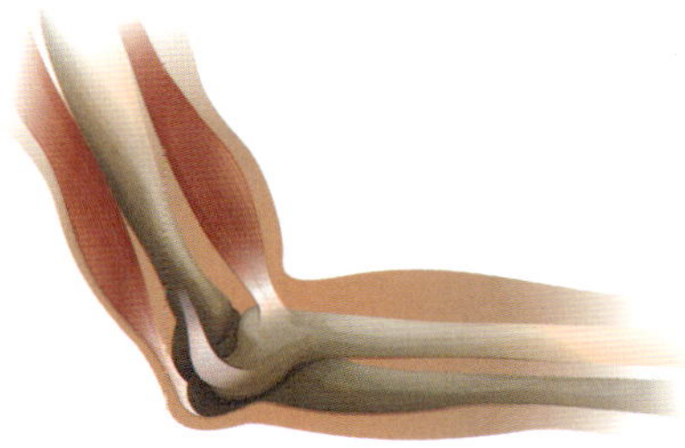

뼈대 위 근육

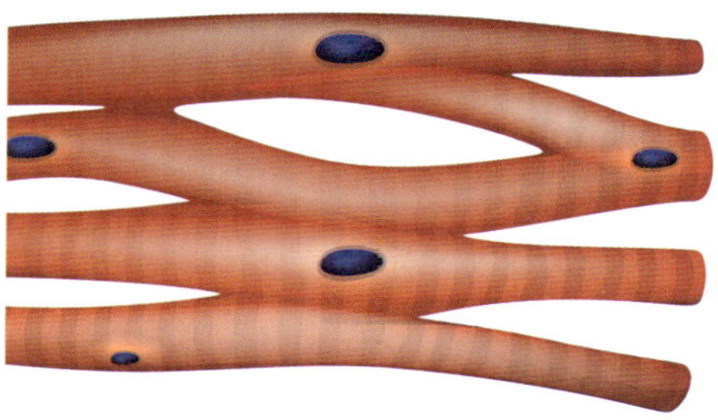

심장근(심근)
cardiac muscle

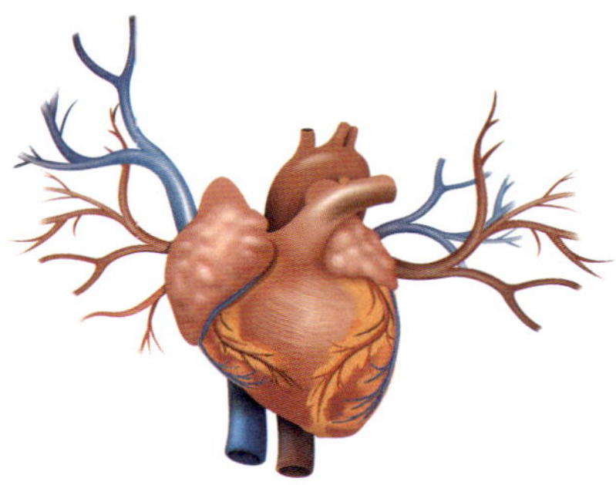

심장

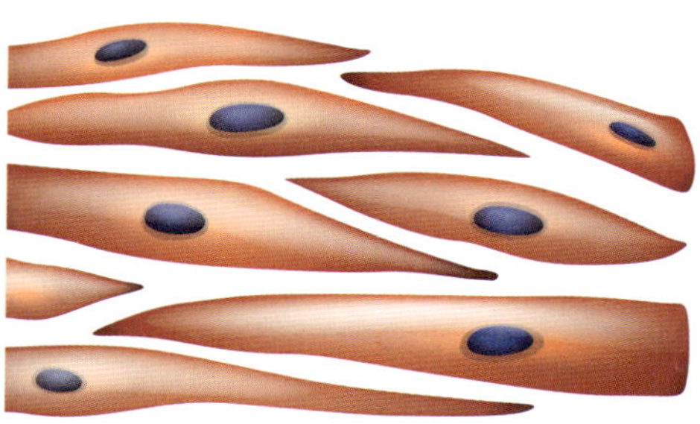

민무늬근(평활근)
smooth muscle

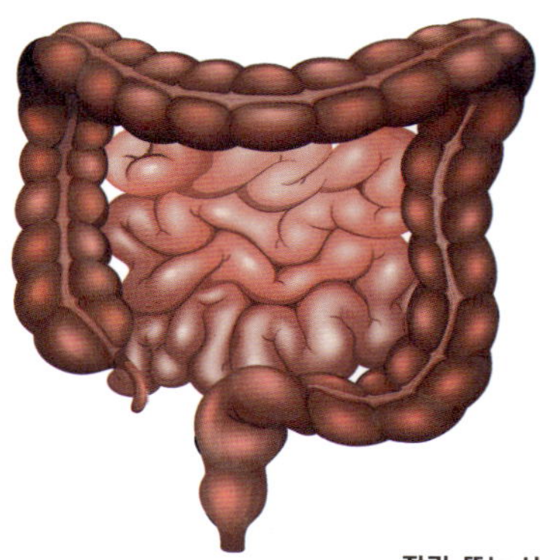

장기 또는 내장

3가지 근육 유형

2) 근육 작용

원하는 관절 사이 움직임에서의 주요 근육을 주작용근(primary mover, 작용근 agonist)이라고 한다. 잠재적으로 혹은 실질적으로 특정한 움직임에 저항하는 근육을 대항근(antagonist)이라고 한다. 고정근(fixator)은 더 멀리 위치한 관절이 무게를 지탱하는 기능을 수행하는 동안, 더 가까이에 있는 관절을 안정시켜주는 기능을 한다.

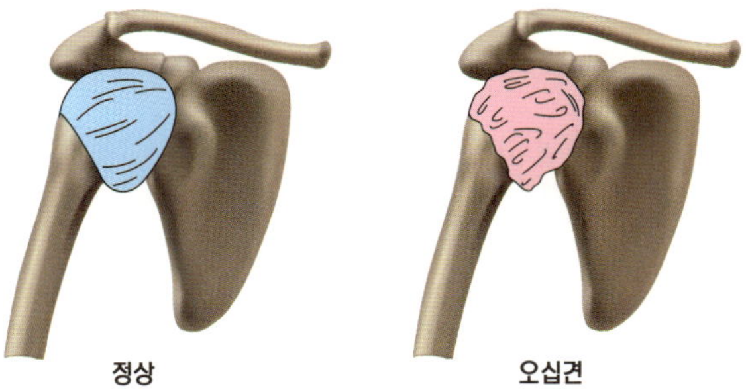

동결견

3) 골격근의 수축

골격근이 수축한다고 항상 운동을 하고 있는 것은 아니다. 근육이 수축하지 않고 운동을 만들어내지 않을 때의 수축을 등척수축이라고 한다. 등척수축을 하고 있는 동안과 이완하는 동안 근육의 길이가 같다는 뜻이다. 등척수축이 일어나는 동안 근육은 짧아지지 않지만 근육 내의 장력은 증가하게 된다.

4) 근전도

정상적인 근육은 휴식하는 동안 전기적 활성이 없지만, 수축하거나 자극되면 전기적 활성이 나타나고 전류가 발생한다. 그 결과로 활동전위가 오실로스코프 화면에 파동으로 나타나 기록되고 이런 기록을 근 전도라고 한다.

진단목적의 근 전도는 이완 상태, 의도적으로 근육 수축 시, 그 근육을 지배하는 신경을 자극함으로써 얻는다.

근육약화나 소모의 원인은 근육 지배 신경 이상(근위축성측삭경화증이나 소아마비와 같은 신경장애), 내인성 근육장애나 근육자체의 질환에 있다. 신경장애시 근 전도는 근육 이완 상태에서도 섬유성 연축이나 속상수축과 같은 활성이 나타나며, 동시에 정상적인 활동전위는 감소되거나 변형 또는 소멸된다.

근육 자체에 질환이 있을 때의 근 전도는 진폭이 줄어들거나 활동전위의 지속시간이 감소하며 파동의 모양이 더 복잡해진다.

5) 근육 운동

[3가지 근육]

	뼈대근(골격근)	심장근(심근)	민무늬근(평활근)
주요 위치	골격근 기관	심장벽	여러 장기의 내장벽
주요 기능	뼈의 움직임, 열생성과 체온 유지, 자세	혈액을 보내주는 기능	장기 내장벽에서의 움직임 (연동, 혼합)
자율성	수의근	불수의근	불수의근
구조적 특징			
줄무늬	무늬, 횡문근	무늬, 횡문근	민무늬, 비횡문근
근소포체	광범위함; 칼슘저장과 배출	골격근보다 광범위하지 않음	재생능력이 없음

03. 신체 각 부분의 근(Types of Muscle)

1) 머리의 근육(Muscles of the Head)

얼굴 표정 근(muscles of facial expression)

얼굴표정근은 같은 발달 기원의 근육군으로 구성되어 있다. 이 근육들은 머리를 싸고 있는 피부에 부착되어 웃음, 찡그림, 윙크와 같은 얼굴 표정을 규정하는 다양한 동작들을 만들어낸다. 얼굴표정근에는 모두 제7뇌신경(안면신경)이 분포되어 있다.

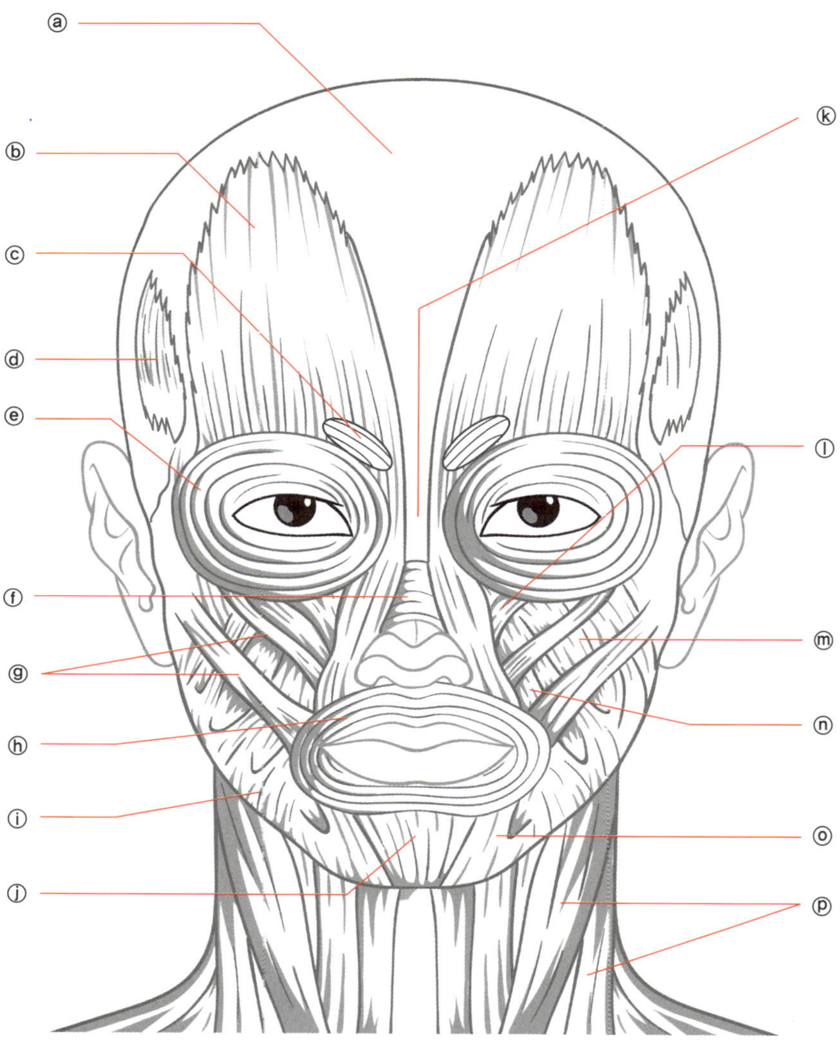

안면근육

① 전두근(frontalis)

이마근. 수축시 눈썹이 올라가게 하며, 앞이마의 주름살로 찡그리는 표정을 짓게 함

기시(origin)	머리뼈의 건막
정지점(insertion)	눈썹 위 피부
기능(function)	수축 시 눈썹을 위로 올려서 놀란 표정, 이마에 주름을 짓게 함
구조와 관계 (struction and Relationships)	두개부 전체를 덮는 근육임(frontal belly)

② 측두근(temporalis)

관자근, 하악골을 끌어 올림

기시	
정지점	
기능	
구조와 관계	

③ 안륜근(orbicularis oculi)

눈둘레근. 눈을 단단히 감을 때 사용됨

기시	
정지점	
기능	
구조와 관계	

④ 관골근(zygomaticus)

광대근. 미소짓는 근육

기시	
정지점	
기능	
구조와 관계	

⑤ 구륜근(orbicularis oris)

입둘레근. 키스근육임

기시	
정지점	
기능	
구조와 관계	

⑥ 협근(buccinator)

볼근. 수축하여 젖 빨기, 휘파람 불기, 트럼펫 불기

기시	
정지점	
기능	
구조와 관계	

⑦ 교근, 저작근(masseter)

깨물근. 입을 다물게 하고 씹는 움직임을 만들어낸다. 우리 몸 중에서 가장 강한 근육 중의 하나에 속함

기시	
정지점	
기능	
구조와 관계	

⑧ 광경근(platysma)

넓은 목근. 입을 쑥 내밀기, 치과 진료시 입을 크게 벌리도록 하는 근육임

기시	
정지점	
기능	
구조와 관계	

※ 턱관절 통증에 관여하는 주요 근육은 크게 4개로 구분됨: 측두근, 교근, 내익상근, 외익상근

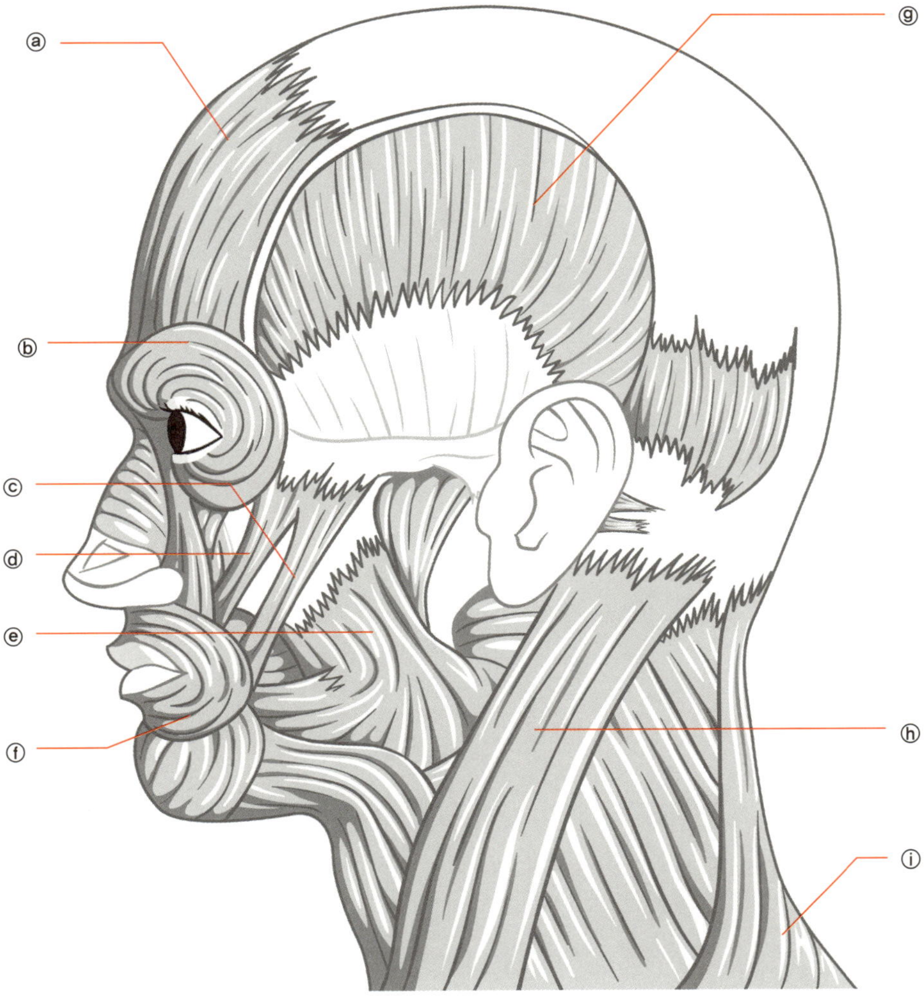

머리근육

2) 목 근육

① 흉쇄유돌근(sternocleidomastoid)

목빗근. 기도근육(praying muscle)이라고도 함

기시	
정지점	
기능	
구조와 관계	

② 승모근(trapezius)

등세모근. 머리의 외측 굴곡을 일으키고, 어깨를 움직이는 근육임

기시	
정지점	
기능	
구조와 관계	

③ 사각근(scalenes)

목갈비근. 목을 굽히는 데 협동근으로 쓰임

기시	
정지점	
기능	
구조와 관계	

※ 사각근 통증의 원인

- 무거운 물건을 밀고 당기는 동작, 허리높이 근처로 물건을 들어 올리는 동작들에 주로 관련됨
- 크고 무거운 물체의 운반
- 머리에 무거운 물건을 자주 이고 다니는 경우 지속적인 단축이 일어남
- 사각근의 과사용시 만성적인 기침 발작이 발생될 수 있음
- 낮은 베개 사용을 하거나 잠을 자는 것
- 장시간 운전이나 컴퓨터 작업처럼 목을 전후좌우로 많이 움직이지 않고 고정된 상태에서 장시간의 집중할 경우
- 하지 길이의 불일치나 팔걸이의자의 브적합 등의 구조적 문제가 있을 때
- 흉쇄유돌근 및 견갑거근의 영향
- 경추를 습관적으로 옆으로 기울인 자세
- 사고로 인한 손상

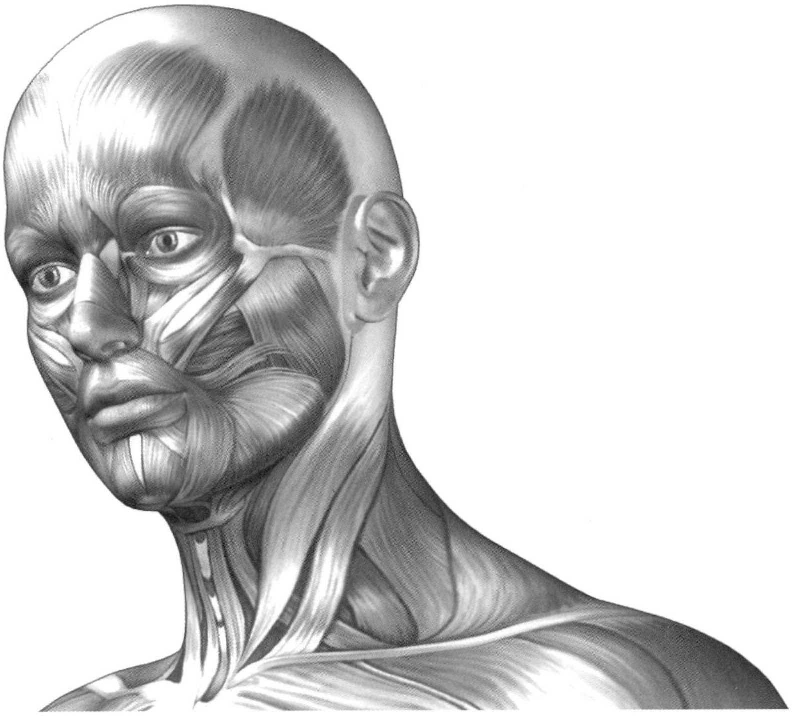

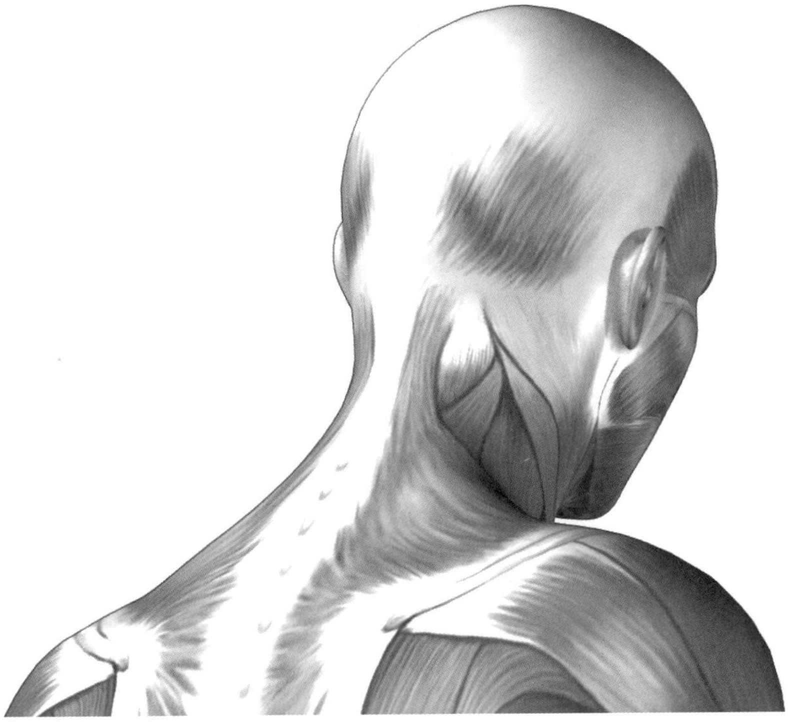

목근육

3) 등 근육

① 승모근(trapezius)

등세모근. 목의 뒤쪽과 등 윗부분의 표면에 있는 커다란 근육

기시	
정지점	
기능	
구조와 관계	

② 척주기립근(erector spinae)

척주의 양옆을 따라 길게 뻗은 강한 근육

기시	
정지점	
기능	
구조와 관계	

③ 흉쇄유돌근(sternocleido mastoid)

귀 옆에서 쇄골까지 이어지는 근육으로 흉골과 쇄골을 연결하는 근육

기시	
정지점	
기능	
구조와 관계	

④ 복근(abdominal muscles)

장골근와 대요근이라는 두 근육을 합쳐서 부르는 이름

기시	
정지점	
기능	
구조와 관계	

⑤ 장요근(Iliopsoas)

장골근과 대요근. 두 근육의 힘줄은 아래쪽에서 합쳐져서 넙다리뼈의 작은 돌기로 붙음

기시	
정지점	
기능	
구조와 관계	

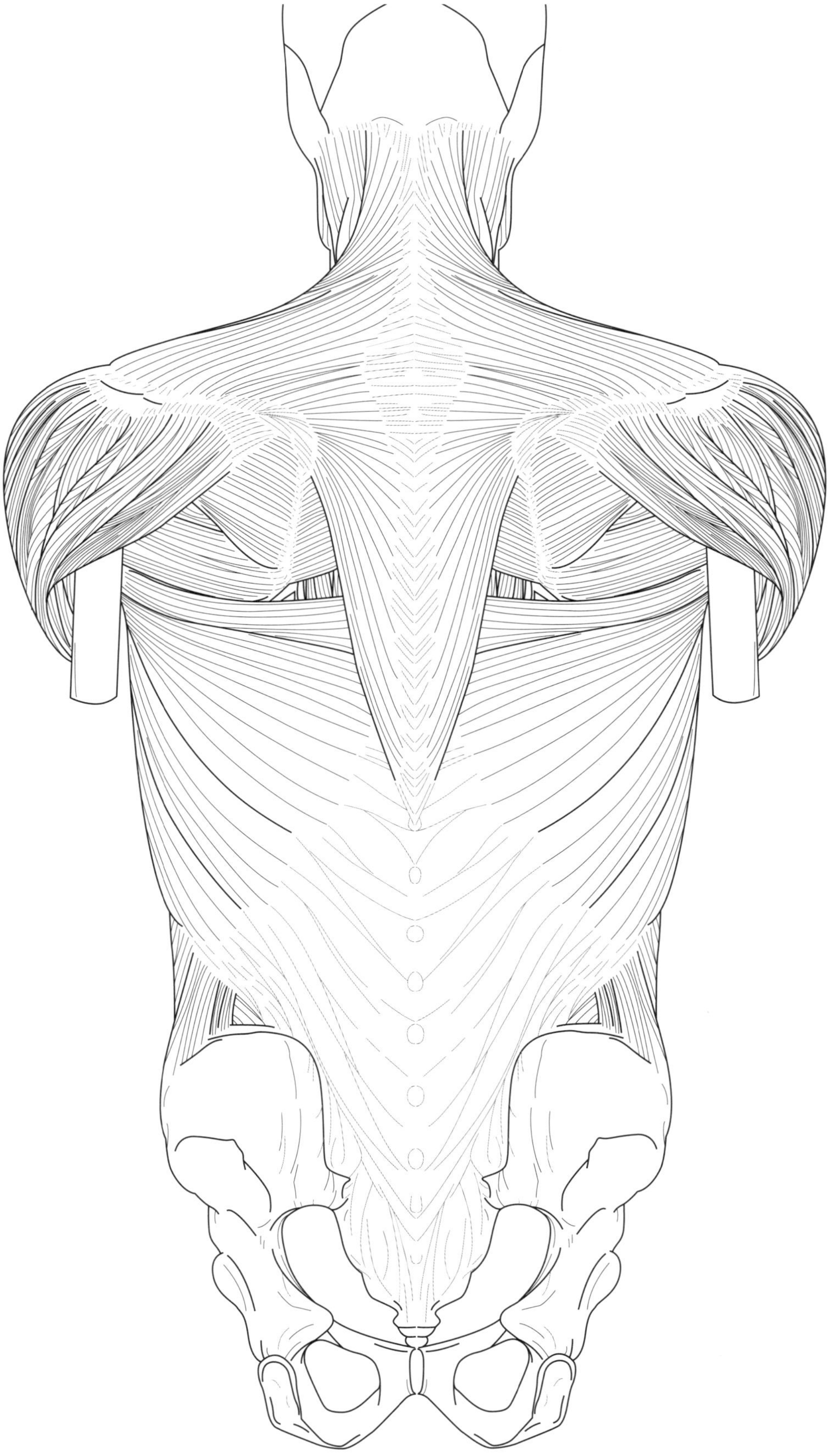

등 근육

4) 흉부 근육

① 외늑간근(external intercostals)

기시	
정지점	
기능	
구조와 관계	

② 내늑간근(internal intercostals)

기시	
정지점	
기능	
구조와 관계	

③ 횡경막(diaphragm)

흉부와 복부 경계에 있는 돔 모양의 근육막

기시	
정지점	
기능	
구조와 관계	

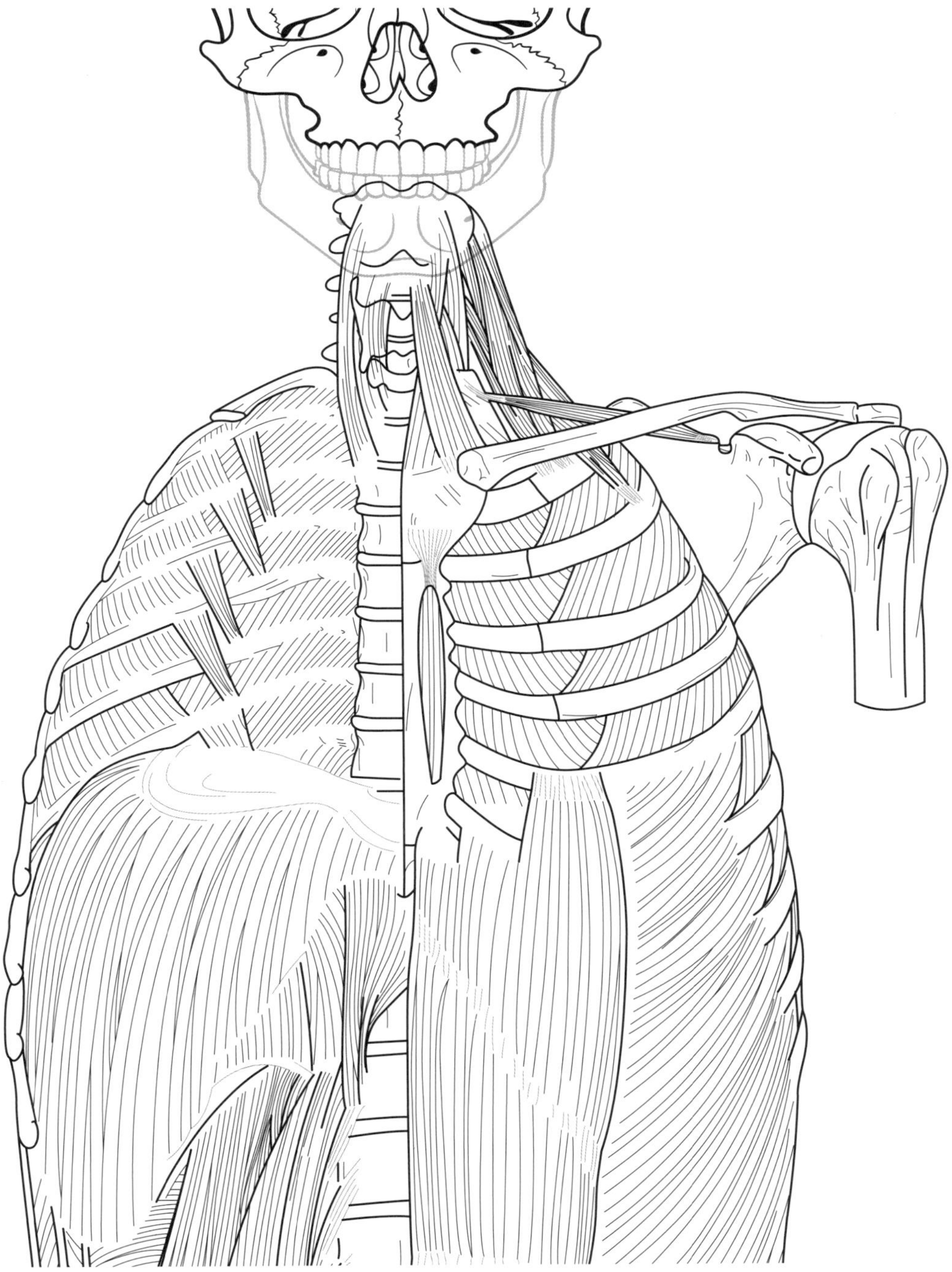

흉부 근육

5) 복부 근육

① 외복사근(external oblique)

앞 배벽의 가쪽 부분을 이루는 세 가의 근육 중 가장 표면 쪽의 근육

기시	
정지점	
기능	
구조와 관계	

② 내복사근(internal oblique)

외복사근의 아래층에 위치함

기시	
정지점	
기능	
구조와 관계	

③ 복직근(rectus abdominis)

배의 앞 좌우 나란히 위아래로 있는 근육으로 척추를 앞으로 굽힐 때 사용

기시	
정지점	
기능	
구조와 관계	

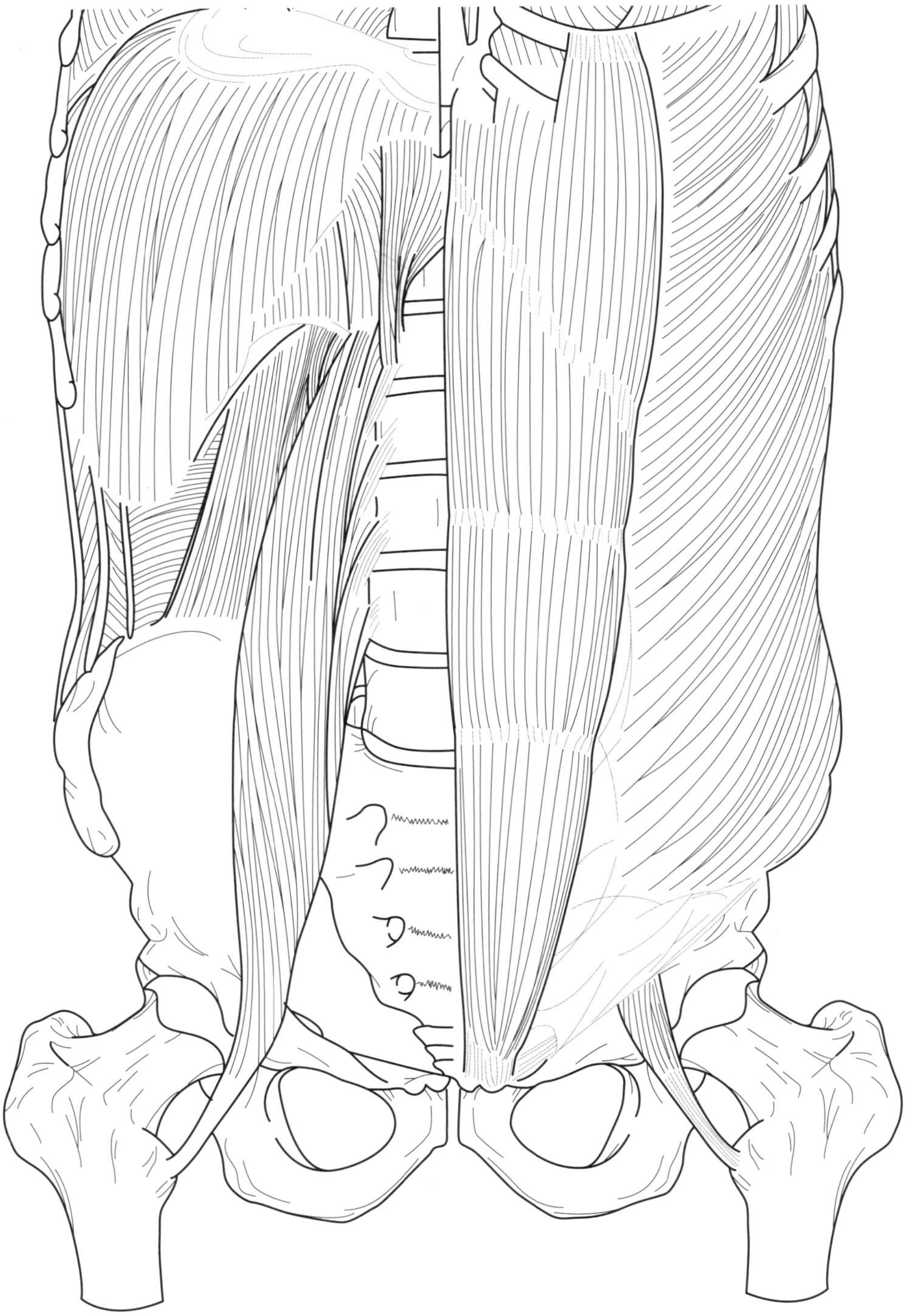

복부 근육

6) 상지 근육

(1) 상완근

① 승모근(trapezius)

등세모근. 목의 뒤쪽과 등 윗부분의 표면에 있는 커다란 근육

기시	
정지점	
기능	
구조와 관계	

② 전거근(serratus anterior)

견갑골을 몸에서 떨어지지 않게 고정해주고, 움직임을 조절해주는 근육

기시	
정지점	
기능	
구조와 관계	

③ 대흉근(pectoralis major)

가슴의 앞쪽, 위쪽을 광범위하게 덮고 있는 큰 부채꼴 모양의 근육

기시	
정지점	
기능	
구조와 관계	

④ 등배근(latissimus dorsi)

우리 몸에서 핵심이 되는 코어근육

기시	
정지점	
기능	
구조와 관계	

⑤ 삼각근(deltoid)

커다란 삼각형의 근육. 어깨를 덮고 있으며 주로 팔을 옆으로 들어올리는 일을 하는 근육

기시	
정지점	
기능	
구조와 관계	

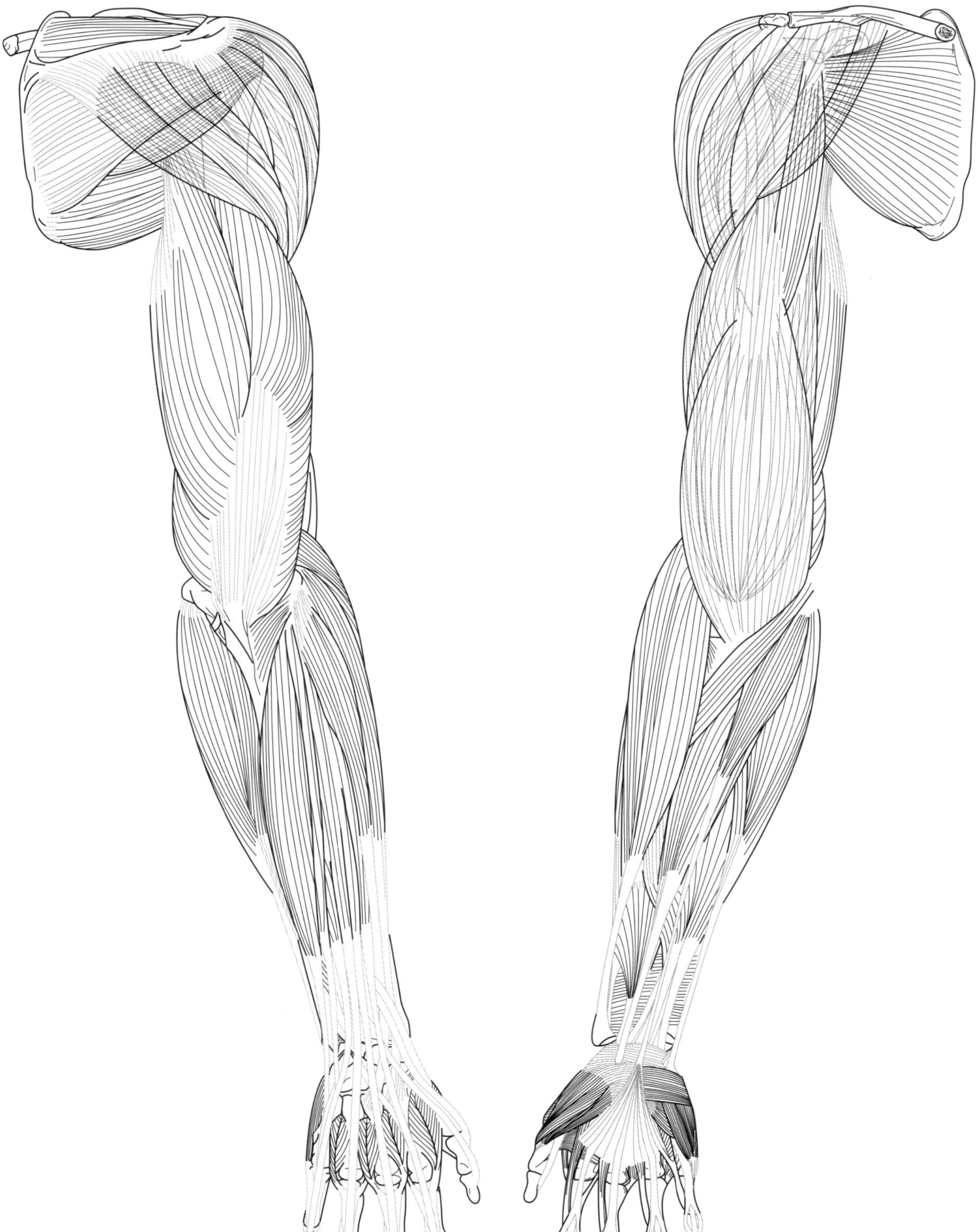

상지근육(상완근)

⑥ 회전근개(rotator cuff muscles)

정의 어깨 관절을 감싸고 있는 4개의 근육 및 힘줄로 팔을 들어올리거나 회전을 가능하게 하는 근육

기시	
정지점	
기능	
구조와 관계	

⑦ 대원근(teres major)

견갑골 아래에 위치한 근육

기시	
정지점	
기능	
구조와 관계	

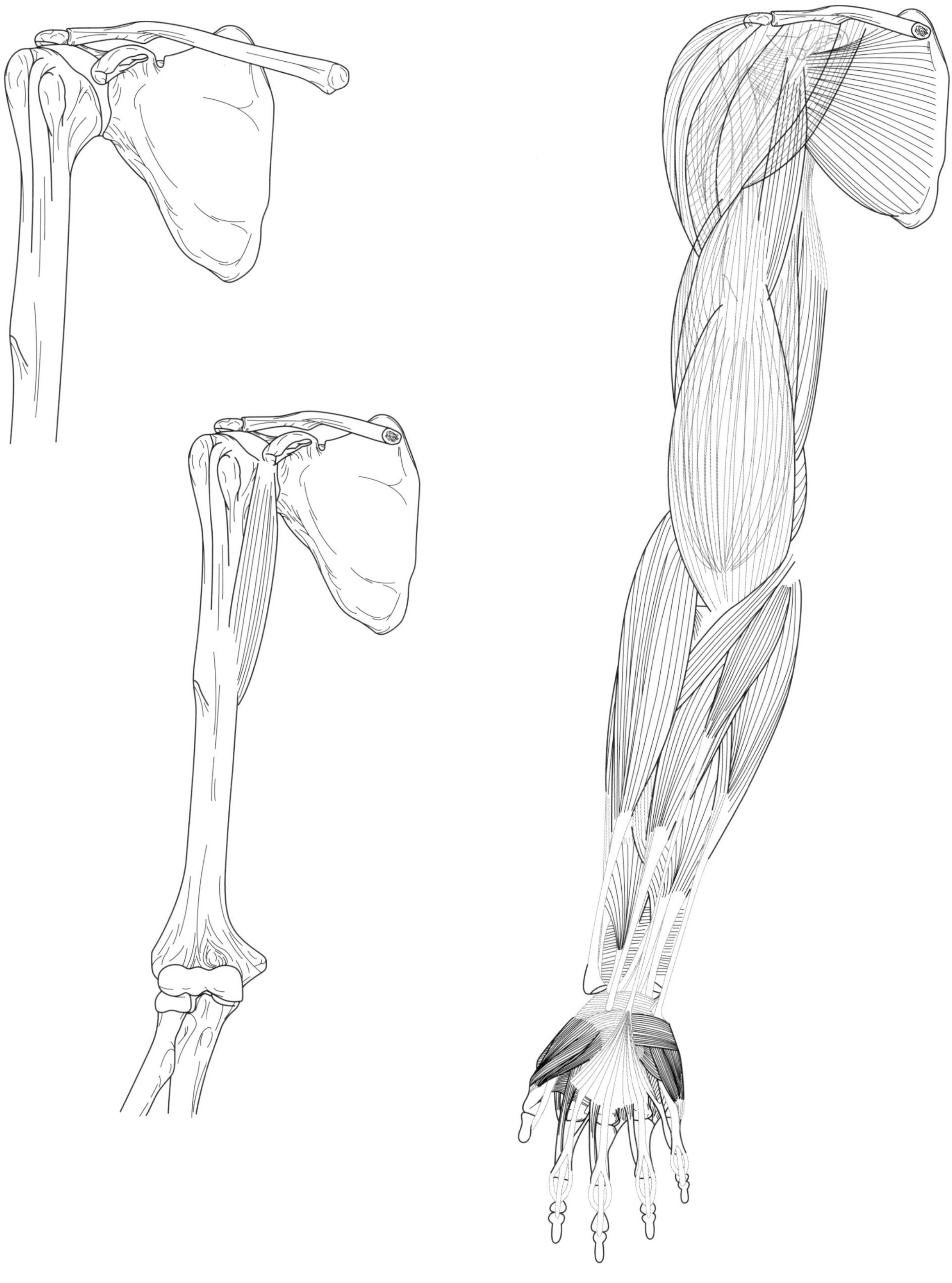

상지근육(상완근)

(2) 하완근

① 상완이두근(biceps brachii)

위팔두갈래근. 여러가지 기능을 하는 데 주로 팔을 돌리고, 팔꿈치를 굽히는 역할

기시	
정지점	
기능	
구조와 관계	

② 상완삼두근(triceps brachii)

위팔세갈래근. 팔 회전 팔꿈치 활동을 돕는 부분

기시	
정지점	
기능	
구조와 관계	

③ 상완요골근(brachioradialis)

위팔노근. 큰힘이나 속도가 요구되는 주관절 굴곡을 할때 사용됨

기시	
정지점	
기능	
구조와 관계	

④ 회외근(supinator)

손바닥을 앞쪽으로 돌리는 작용을 하는 근육

기시	
정지점	
기능	
구조와 관계	

⑤ 회내근(pronator teres)

손바닥을 뒤쪽으로 돌리는 데 작용을 하는 근육

기시	
정지점	
기능	
구조와 관계	

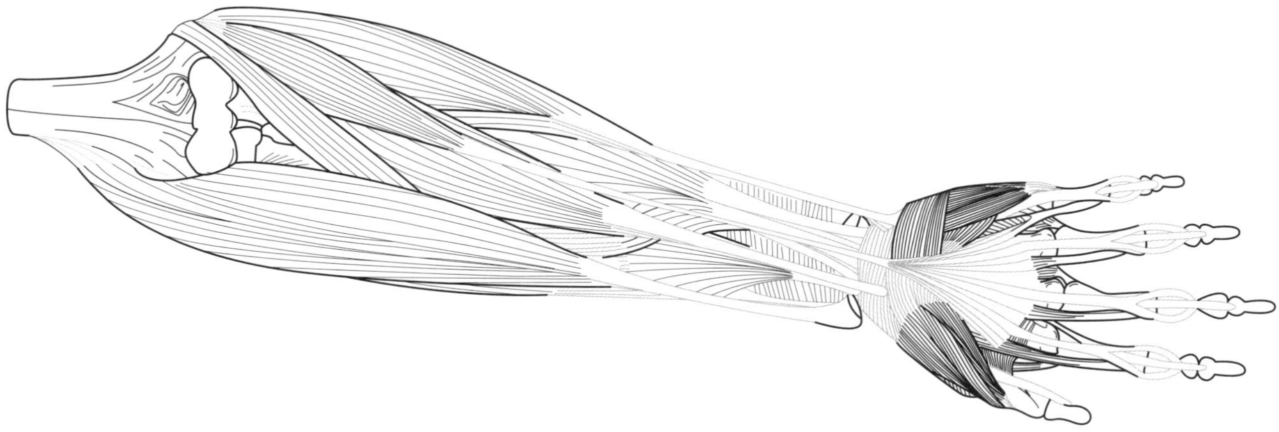

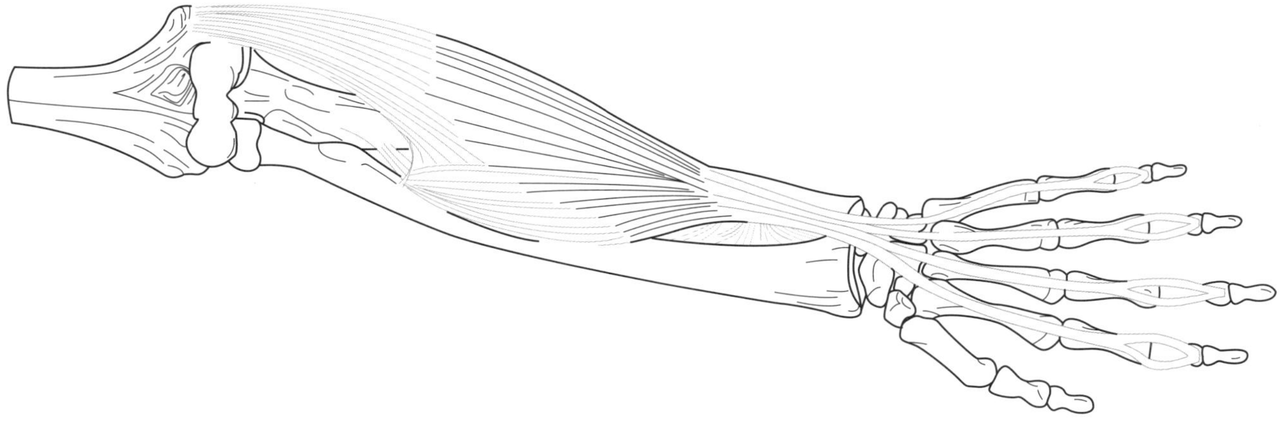

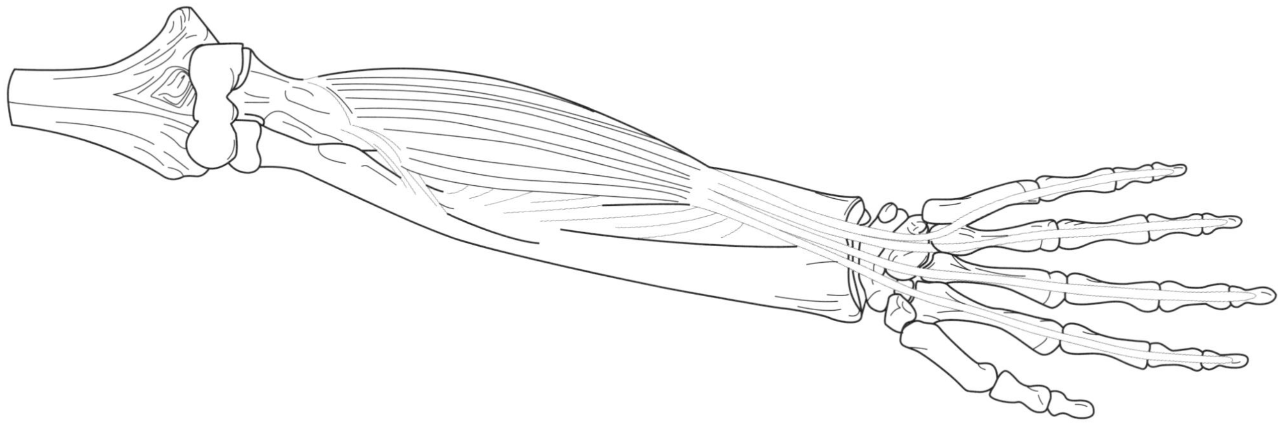

상지근육(하완근)

7) 하지 근육

① 대둔근(gluteus muscle)

엉덩이에 있는 크고 살이 많은 근육

기시	
정지점	
기능	
구조와 관계	

② 중둔근(gluteus medial muscle)

볼기의 중간층을 이루는 근육

기시	
정지점	
기능	
구조와 관계	

③ 소둔근(gluteus minimus muscle)

볼기의 깊은 곳에 있는 근육 가운데 하나

기시	
정지점	
기능	
구조와 관계	

④ 장요근(iliopsoas muscle)

장골근과 대요근. 두 근육의 힘줄은 아래쪽에서 합쳐져서 넙다리뼈의 작은 돌기로 붙음

기시	
정지점	
기능	
구조와 관계	

⑤ 대퇴근(femoral muscle)

넙다리 근육

기시	
정지점	
기능	
구조와 관계	

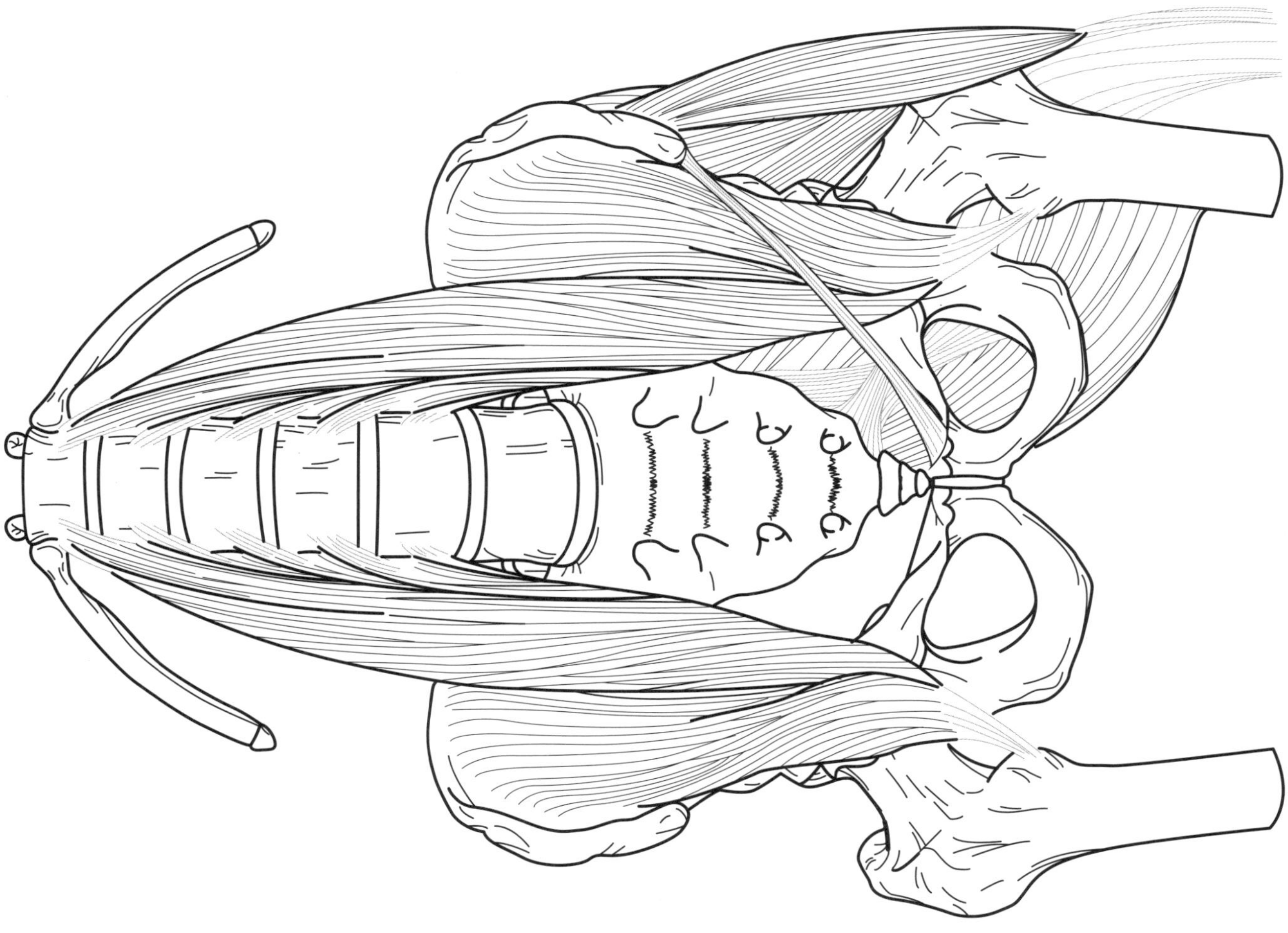

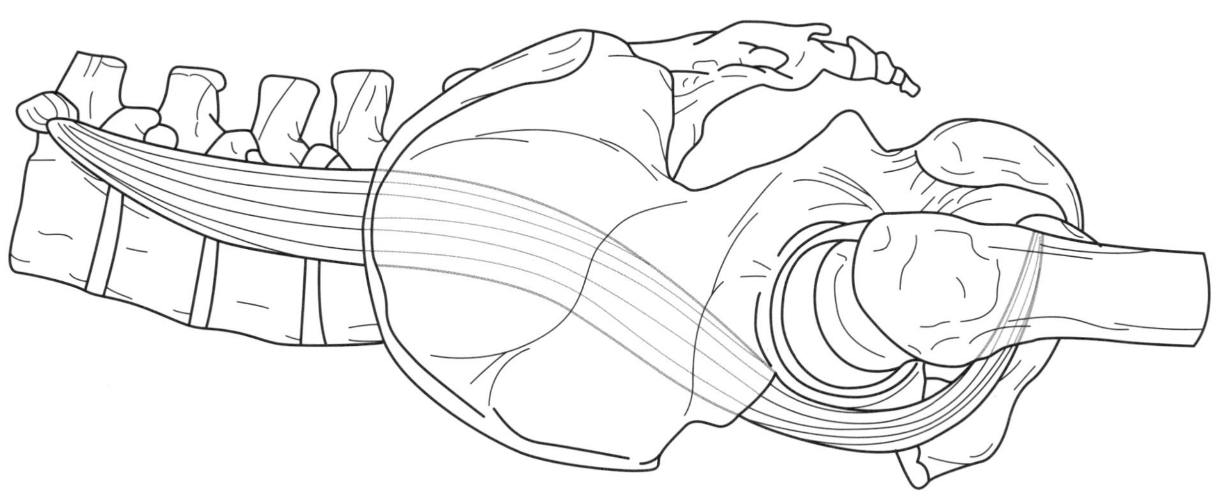

하지근육

⑥ **박근(gracilis)**

고관절의 내전, 무릎의 굴곡, 무릎의 내회전 등의 작용을 도와주는 근육

기시	
정지점	
기능	
구조와 관계	

⑦ **봉공근(sartorius muscle)**

대퇴비스듬근

기시	
정지점	
기능	
구조와 관계	

⑧ **반막양근(semimembranosus)**

슬괵근을 구성하는 한 요소. 엉덩이 아래 쪽이 보행 시나 좌위 후 기립 동작에서 통증을 일으킨다면 문제가 됨

기시	
정지점	
기능	
구조와 관계	

⑨ **반건양근(semitendinosus)**

슬괵근을 이루는 근육 중 하나. 엉덩이 아래 쪽이 아프면서 앉았다 일어나는 것이 힘들다면 문제를 의심해야 함

기시	
정지점	
기능	
구조와 관계	

⑩ **대퇴이두근(hamstring)**

허벅지 뒷쪽 근육을 지칭함

기시	
정지점	
기능	
구조와 관계	

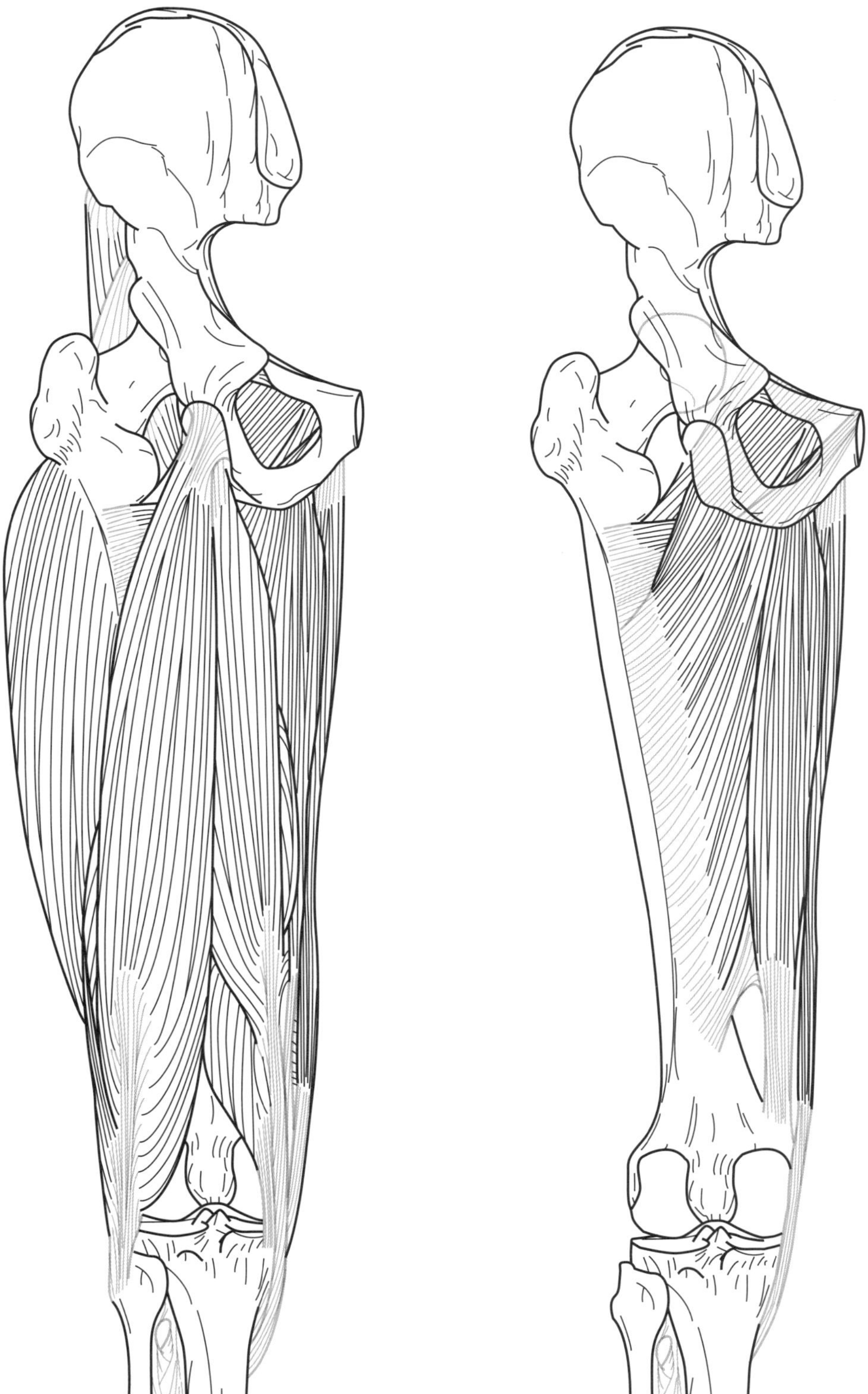

대퇴근육

⑪ **전경골근(tibialis anterior muscle)**

종아리 앞 칸의 안쪽에 있는 근육. 발을 등쪽으로 굽히고 안쪽으로 뒤집는 작용

기시	
정지점	
기능	
구조와 관계	

⑫ **장비골근(peroneus longus)**

가장 긴 종아리근육

기시	
정지점	
기능	
구조와 관계	

⑬ **비복근(gastrocnemius)**

장딴지근. 발뒤꿈치를 들어올려서 발을 아래로 뻗게 함

기시	
정지점	
기능	
구조와 관계	

⑭ **넙치근(soleus muscle)**

가자미근. 주된 작용은 발목을 굽히는 것인데, 특히 무릎을 구부린 자세에서 발을 아래쪽으로 뻗는 작용을 함

기시	
정지점	
기능	
구조와 관계	

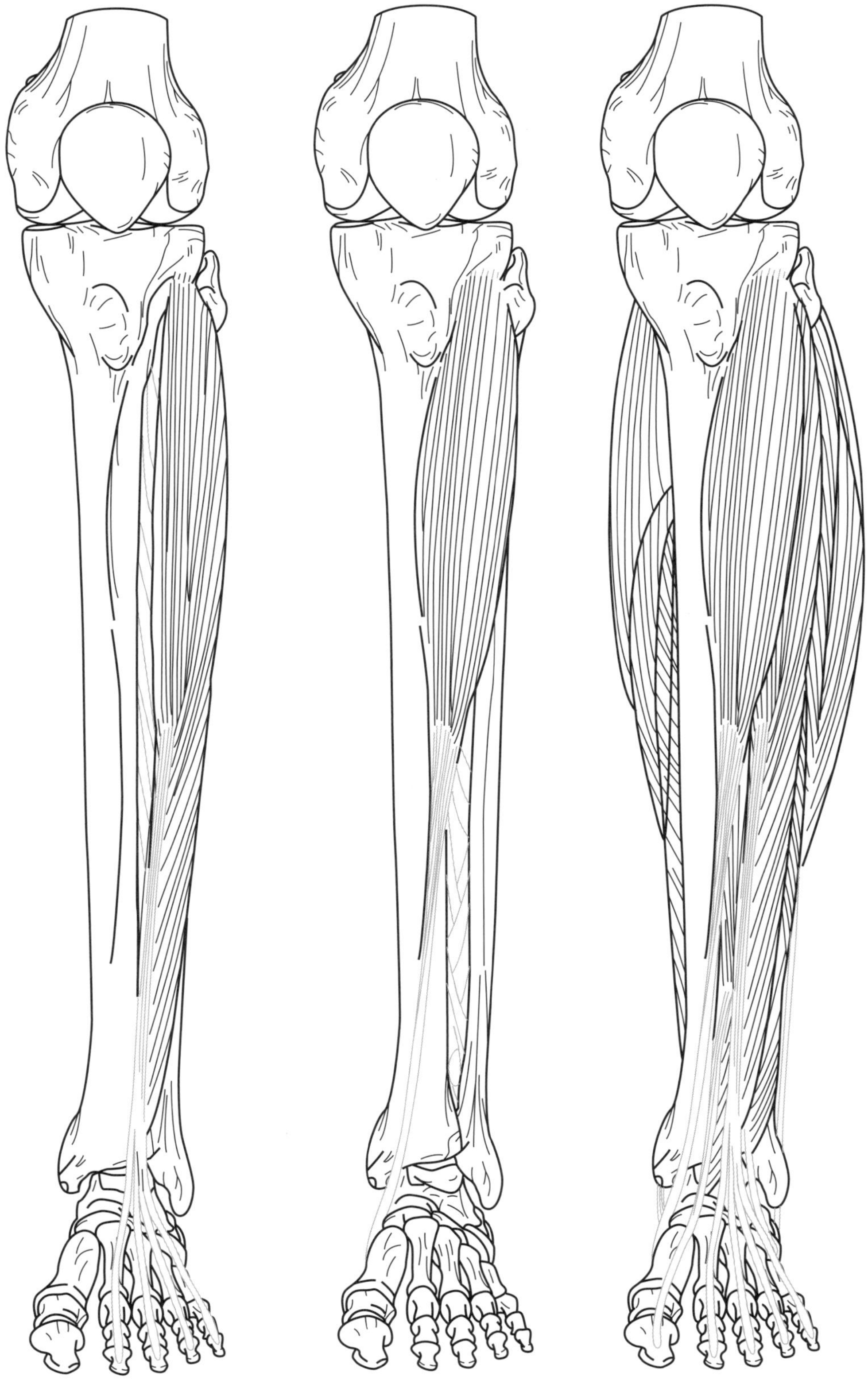

다리근육

● 수기요법 수행시 어깨뼈의 움직임 1

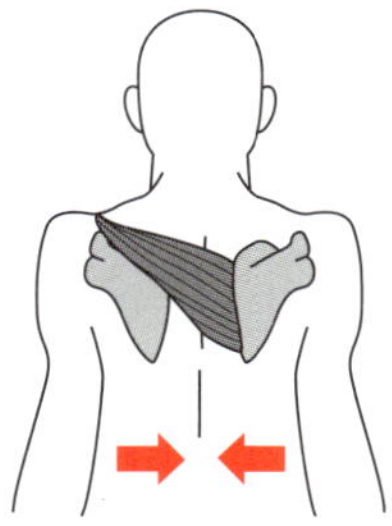

뒷당김(retraction)

어깨를 각지게 함

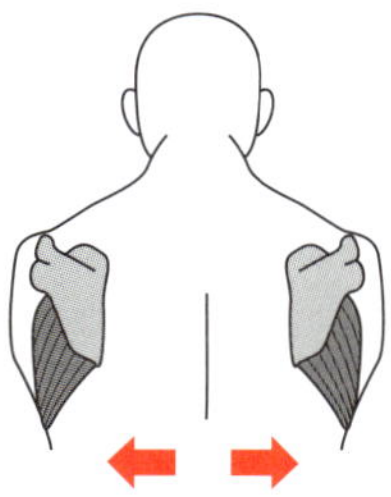

내밈(protraction)

뻗은 팔과 손을 앞으로 내미는 것

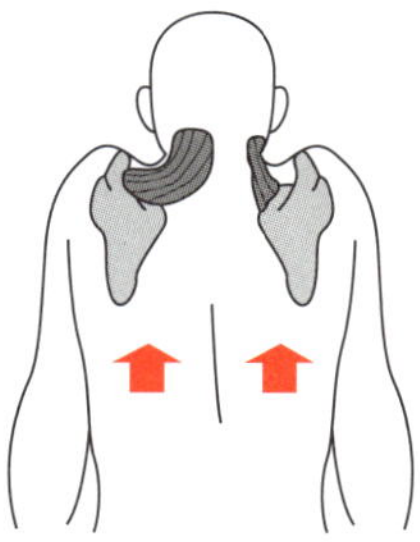

올림(elevation)

어깨를 움츠리거나 머리를 보호

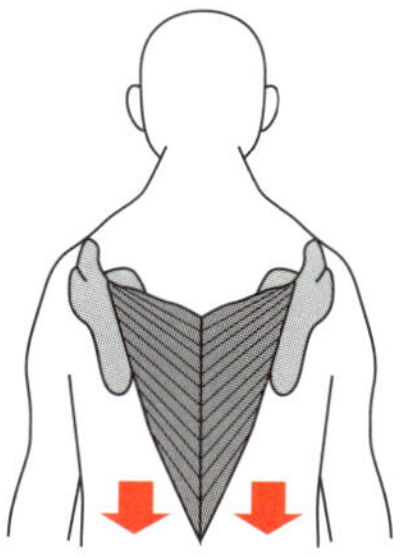

내림(depression)

평행봉 위에서 팔을 뻗고 무게를 견딤

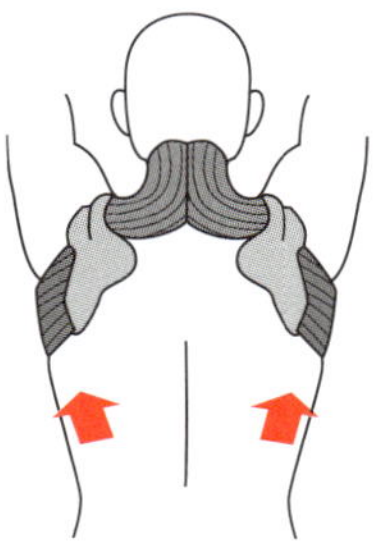

위쪽 돌림(upward rotation)

머리 위로 들거나 뻗음

● 어깨 통증을 호소하는 고객의 주요 3대 질환

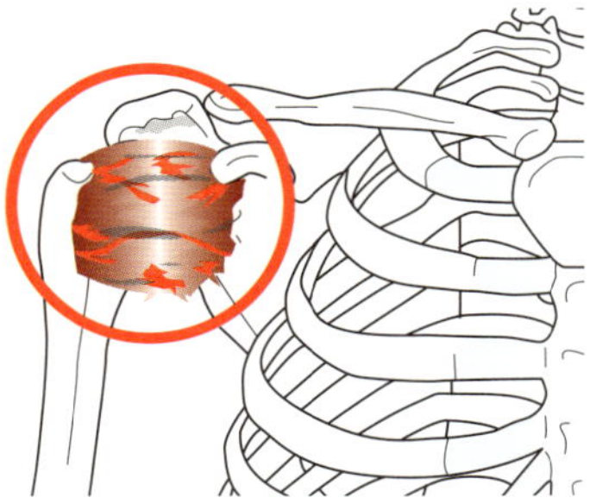

오십견

어깨 관절을 둘러싼 관절막이 노화로 변화를 일으키면서 염증을 유발시키는 질환

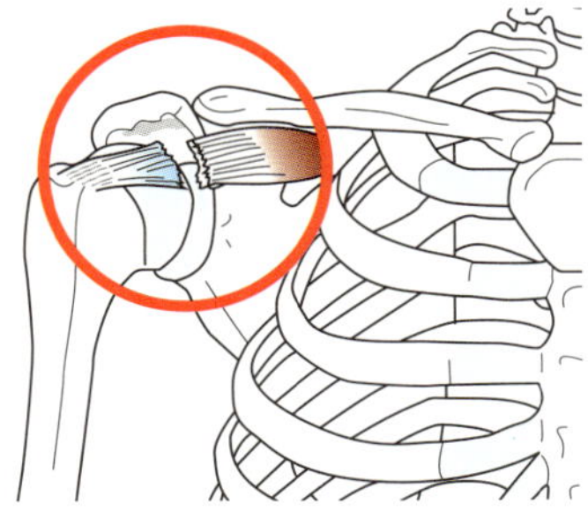

회전근개(어깨 힘줄)파열

어깨 속에 깊숙이 위치한 4개의 힘줄(극상건, 극하건, 견갑하건, 소원건)이 끊어져 생기는 질환

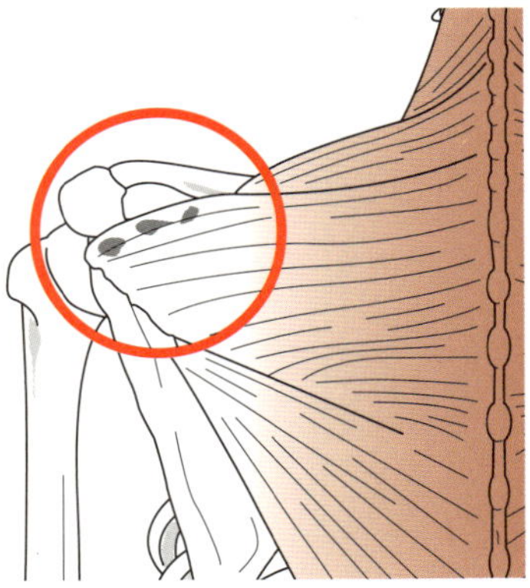

석회화 건염

어깨의 힘줄에 석회(돌)가 생기는 질환. 일단 석회가 생기면 상당히 심한 어깨 통증을 유발하는 것이 특징임

● **다양한 움직임의 근육들** (각 근육의 움직임에 대한 사진을 찾아 붙여보자.)

키스근육(구륜근)

트럼펫근육(협근)

슬건근(수제햄 사진)

미소근육(관골근)

발레, 피겨스케이팅 근육
(비복근과 넙치근)

기도근육(흉쇄유돌근)

로터스 자세(봉공근)

수영선수 근육(광배근)

놀람근육(전두근)

아킬레스건(신화)

근육계

Muscular System

1. 근육계(Muscular system)는 골격근, 평활근, 심장근으로 구성된 기관계이다.

2. 근육계의 기능은 몸을 움직이거나 자세를 유지하고, 전신에 혈액을 순환시키는 역할을 한다.

3. 척추동물의 근육계통은 신경계통으로부터 통제를 받고, 일부(심장근과 내장근육 등)는 자율적으로 움직인다.

4. 골격근의 3가지 형태는 골격근(skeletal muscle), 평활근(smooth muscle)과 심근(cardiac muscle)이다.

5 수의근과 불수의근의 정의: 자신의 의지로 움직일 수 있는 수의근과 의지로 움직일 수 없는 불수의근이 있다. 골격근은 비교적 자신의 의지로 움즈일 수 있으므로 수의근이라고 할 수 있다. 반면 혈관이나 내장 등 내부 기관에 부착되어 있는 평활근은 자신의 의지로 움직일 수 없으므로 불수의근이다. 자율신경이나 호르몬의 영향을 받아서 골격근보다 천천히 지속적인 움직임을 보이는 것이 특징이며, 심근도 불수의근에 해당된다.

6. 근 전도의 의미: 정상적인 근육은 휴식하는 동안 전기적 활성이 없지만, 수축이나 자극이 되면 전기적 활성이 나타나고 전류가 발생 한다. 그 결과로 활동전위가 오실로스코프 화면에 파동으로 나타나 기록되고 이런 기록을 근 전도라고 한다.

7. 안면근육(얼굴 표면의 근육)은 피부와 연결되어 복잡한 움직임으로 다양한 표정을 만들어내며 이런 근육을 표정근이라고 한다.

8. 안면근육의 주요 근육으로는 눈썹을 올리거나 미간에 주름을 만드는 전두근, 눈을 감는 안륜근, 입가를 올리는 협골근, 입을 벌리거나 뾰족 내밀게 하는 구륜근, 입 꼬리를 바깥쪽으로 당기는 소근 등이 있다. 표정근은 뇌신경의 하나인 안면신경의 지배를 받고 스스로 움직임을 조절할 수 있는 수의근이다.

9. 전신근육중 운동을 통해 외관상 눈에 잘 띄게 부각시킬 수 있는 근육으로는 이두근, 삼두근, 복근, 대흉근, 광배근, 승모근을 들 수 있다.

10. 전신 근육은 근섬유(근육 세포) 다발로 구성되어 있으며 동력을 냄과 동시에 뼈, 관절, 내장 등의 신체기관을 지켜주는 보호장비 역할도 하며 일부 호르몬을 분비하기도 한다. 근육은 생체기관이므로 작은 손상 정도는 자연적인 메커니즘으로 회복되며 지속적인 운동을 통해 의도적으로 적당량의 자극을 주면 비교적 힘세고 강한 근육으로 발전할 수 있다.

근육계

Muscular System

괄호넣기 및 연결하기

1. 근육계의 3가지 기능은? ____________, ____________, ____________이다.

2. 저작근에 해당되는 것은?

3. 가슴 근육에 대해 정의하세요.

4. 복근의 명칭들은?

5. 슬괵근이라고 하는 3가지 근육의 명칭은?

객관식

1. 다음 중 근육계의 일반적인 기능이 아닌 것은?
   ① 감각기능 ② 자세유지기능 ③ 체열생산기능 ④ 운동기능

2. 다음 중 근육의 3가지 종류에 해당되지 않는 것은?
   ① 횡문근 ② 평활근 ③ 심근 ④ 소근

3. 교근의 기능은 무엇인가?
   ① 아래턱을 내릴 때 사용된다. ② 입술을 움직일 때 사용된다.
   ③ 머리를 숙일 때 사용된다. ④ 콧소리를 낼 때 사용된다.

4. 얼굴에서 표정을 결정짓는 대표적인 근육을 고르세요 (복수 체크 가능).
   ① 추미근 ② 안륜근 ③ 흉쇄유돌근 ④ 승모근 ⑤ 구륜근

5. 다음 중 안면근육의 역할은 무엇인가?
   ① 음료를 마실 때 관계하는 근육 ② 감정을 표현하는 근육
   ③ 악기를 불 때 사용하는 근육 ④ 모두 해당

6. 다음 중 심근에 대한 설명 중 잘못된 것은?

① 내장근이라고도 한다. ② 불수의근에 해당된다.
③ 횡문근이다. ④ 민무늬근이다.

7. 운동 시 다른 근육과 반대로 작용하는 근육을 무엇이라고 하는가?

① 골격근 ② 횡문근 ③ 길항근 ④ 대항근

8. 다음 중 불수의근에 속하는 것은 무엇인가?

① 관골근 ② 골격근 ③ 심(장)근 ④ 광경근

9. 근육이란 몸의 운동을 담당하는 조직이다. 다음 중 근육과 관계가 없는 것은?

① 상피 ② 혈관 ③ 건 ④ 신경

10. 다음 중 골격근에 대한 설명이 아닌 것은?

① 전신의 관절운동에 관여하는 조직이다.
② 마음대로 움직일 수 있기 때문에 수의근이라고도 한다.
③ 표정연출에 관여한다.
④ 마음대로 움직일 수 없기 때문에 불수의근이라고도 한다.

순환기계
Circulatory System

05

Circulatory System

Chapter 05

순환기계

Circulatory System

학습목표 인체의 순환체계를 이해하고 설명할 수 있다.

1. 순환기계를 이해하고 설명할 수 있다.
2. 혈액순환기계의 원리와 기능에 대해 이해하고 설명할 수 있다.
3. 림프순환기계의 원리와 기능에 대해 이해하고 설명할 수 있다.
4. 혈관의 순환기계 역할과 기능에 대하여 이해하고 설명할 수 있다.
5. 혈액의 구성성분과 기능을 이해하고 설명할 수 있다.

01. 순환기계에 대한 이해(Learning circulatory system)

1) 순환기계

인체를 구성하고 있는 세포를 포함한 모든 조직에서 물질대사가 진행된다. 이러한 대사과정에서 조직은 영양분과 산소를 필요로 하며, 대사산물인 CO_2와 노폐물을 배설한다. 이러한 조직으로의 흡수과 조직으로부터의 배출은 인체 내의 일정한 관을 통하여 물질이 순환되면서 이루어 지는데, 이를 순환기계(circulatory system)라고 한다.

이러한 순환기계는 신체를 순환하는 주된 흐름 역할을 하고 있는 혈액(bood)이 혈관(blood vascular)을 통해 전신을 순환하는 것을 말한다. 이러한 순환이 가능할 수 있도록 운동력을 제공하는 것은 심장이다. 따라서 심장은 순환기계 전체의 흐름을 관여하고 있다.

순환계는 혈액이 운반되어 순환하는 혈액순환계(blood circulatory system)와 조직사이에서 림프등의 조직액이 운반되어 순환하는 림프순환계(lymphatic circulatory system)으로 구성된다.

2) 순환기계의 기능

신체조직(body tissue)에 영양분과 산소를 공급하고 조직으로부터 배설된 이산환탄소와 노폐물 등의 부산물(wastes)를 받아들이며, 지속적인 순환을 통해 인체의 체온조절에도 깊게 관여를 한다. 이러한 순환계는 호흡계와 함께 '심폐계'(cardiopulmonary system)라고 칭하기도 한다.

① **혈액 운반** : 혈관은 심장으로부터 나온 혈액을 몸 전체의 조직에 전달한 다음 심장으로 다시 되돌아 오게 한다.

② **영양분, 가스와 노폐물 운반** : 혈관에서 조직에 산소와 영양분을 확산시키고, 조직에서 배출된 이산화탄소와 노폐물을 혈관으로 흡수시킨다.

③ **물질 수송** : 혈액은 인체호르몬, 면역물질, 혈전형성물질, 효소, 가스와 노폐물 같은 물질을 순환을 통해 필요한 곳으로 흡수시키거나 배출시킨다.

④ **혈압 조절** : 순환을 통해 인체 혈압을 정상범위로 유지시킨다.

⑤ **혈류의 항상성 유지** : 순환을 통해 증가된 혈류의 항상성을 유지시킨다.

3) 순환기계의 종류

인체에 흐르고 있는 순환기계는 크게 혈액순환계과 림프순환계으로 나뉜다.

(1) 혈액순환계

혈액순환계는 혈액이 순환하는 시스템을 말하며, 혈액이 전신을 순환하는 체순환(systemic circulation system)과 순환 중 발생한 이산화탄소와 산소로의 교환을 목적으로 진행되는 폐순환(pulmonary circulation system)으로 구분된다. 체순환은 혈액이 전신을 순환하며 세포를 포함한 조직에 산소와 영양분을 공급하며, 대사과정 중 발생한 이산화탄소와 노폐물을 받아들이는 역할을 함에 따라 대순환계(greater circulation)이라고도 한다. 이에 반해 폐순환은 상대적으로 소순환계(lesser circulation)라고 불린다.
이러한 혈액순환계는 심장, 혈액, 혈관의 3개의 기관을 구성하고 있다. 심장은 스스로 펌프질하며 운동력을 부여하고 있으며, 이러한 운동력으로 혈액이 심장에서 출발하며, 혈액은 혈관을 통해 전신을 이동한다.

① 체순환(systemic circulation)

- 대순환(greater circulation)이라고도 부르며, 좌심실에서 출발하여 나온 혈액이 신체의 세포를 포함한 조직에 산소와 영양분을 공급하고 조직의 대사과정중 발생한 이산화탄소와 노폐물을 받아들여 우심방으로 들어오는 순환이다.
- 심장으로부터 나온 혈액은 온몸을 순환하고 다시 심장으로 되돌아 오면서 물질교환이 이루어짐 : 좌심실 → 대동맥 → 온몸 → 대정맥 → 우심방

② 폐순환(pulmonary circulation)

- 소순환(lesser circulation)이라고도 부르며, 체순환을 통하여 조직으로부터 받아들인 이산화탄소를 대기의 산소와 교환하기 위해 심장의 우심실에서 출발하여 나온 혈액이 폐를 경유하고 다시 좌심방으로 들어오는 순환이다.
- 호흡을 통해 폐에서 가스교환이 이루어짐 : 우심실 → 폐동맥 → 폐포 → 폐정맥 → 좌심방

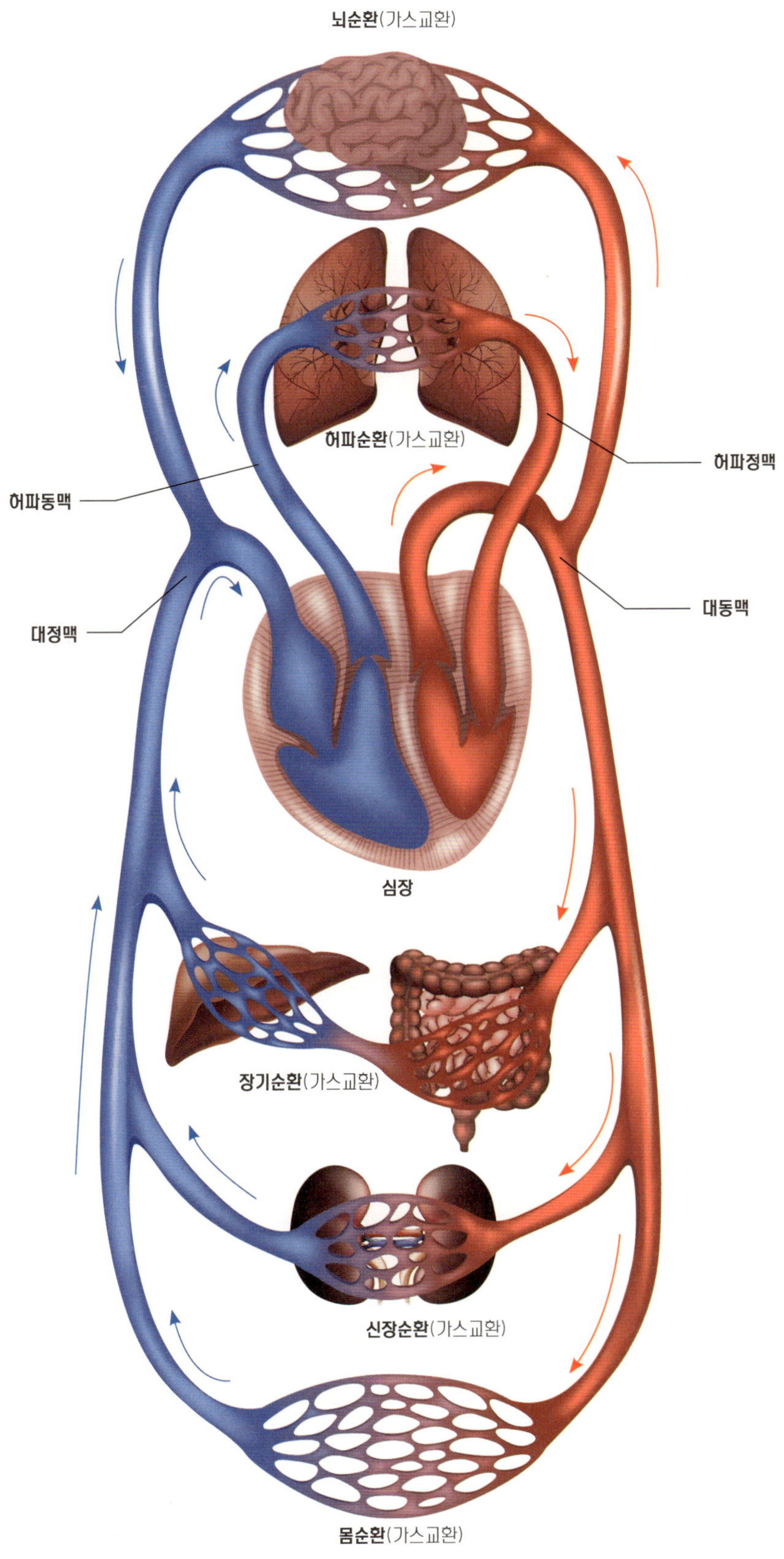
뇌순환(가스교환)
허파순환(가스교환)
허파정맥
허파동맥
대동맥
대정맥
심장
장기순환(가스교환)
신장순환(가스교환)
몸순환(가스교환)

혈액순환계

(2) 림프순환계

림프순환계는 인체의 순환기계에 포함되는 순환계이나, 조직사이 림프액등의 물질이 모세림프관을 통해 림프절 방향으로 이동되는 일방 시스템(one-way system)이다. 그에 따라 림프순환계는 혈관순환계의 혈액순환처럼 심장을 기준으로 하나로 연결된 혈관을 통하여 순환(circulation)하면서 물질이 이동되지 않기에 순환계에 포함시키기에 어려움이 있다.

림프계는 식균작용의 신체방어작용을 통한 이물질 제거기능을 가지고 있으며, 그 외 면역작용, 혈액에서 유출되는 조직액을 다시 혈액으로 되돌리는 작용, 혈장내 단백질과 체액유지 작용 등의 기능을 가지고 있다.

림프계의 구성요소는 림프관, 림프절, 림프액 또는 림프로 구성되며 림프관은 크기와 기능에 따라 모세림프관, 전수집 림프관, 수집 림프관, 림프본관(trunks and ducts)으로 나뉜다.

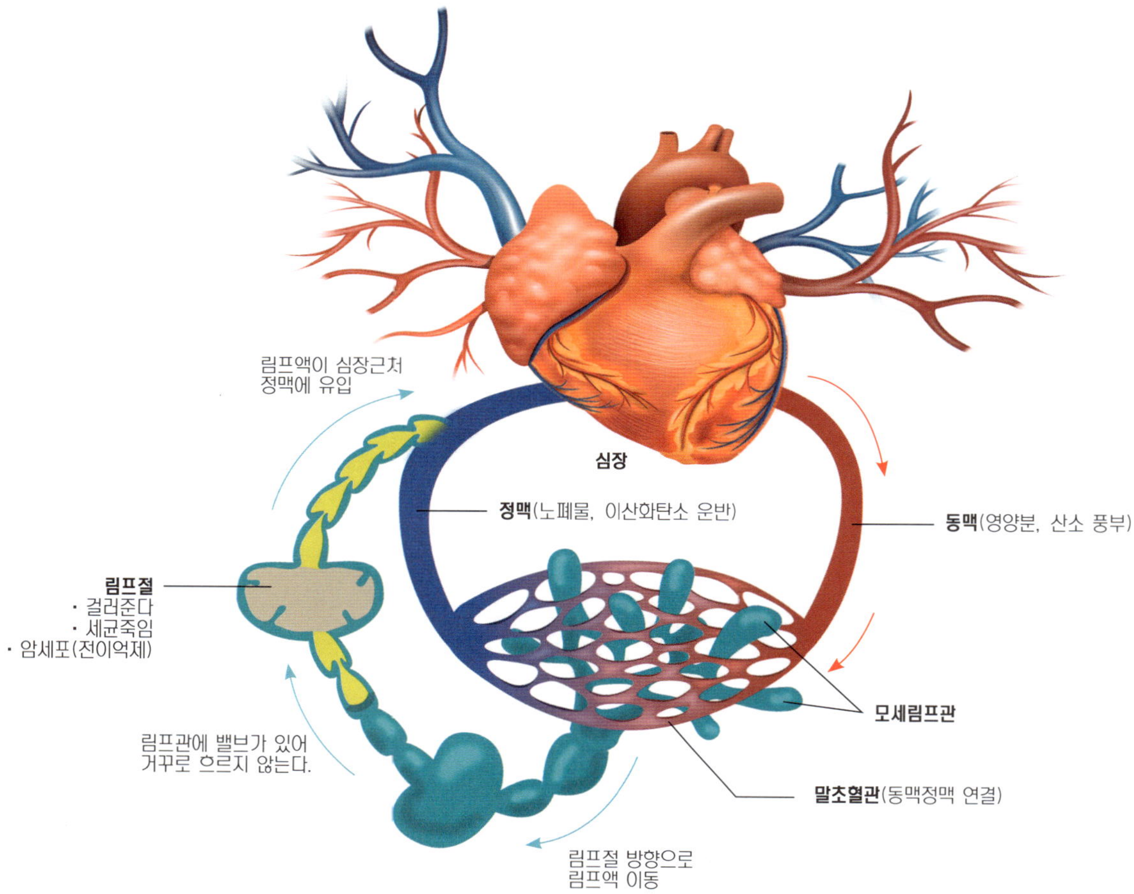

혈액순환계

02. 순환기계 구조와 기능(해부학)

1) 혈액순환기계

(1) 심장

속이 비어 있는 근육성 기관으로서 1분에 약 72회 수축 이완의 펌프질을 통해 순환기계에 운동력을 제공하여 전신으로 혈액을 공급한다. 즉, 혈관속의 혈액이 순환될 수 있도록 압력을 만들어 주는 곳이 심장(heart)이다. 심장의 무게는 성인의 경우 평균 250~300g이고, 크기는 길이가 약 14cm, 폭 10cm, 두께는 8cm이며, 본인의 주먹보다 약간 큰 크기를 가지고 있다.

위치	
구조 및 구성	
기능 및 특징	

① 우심방

인체의 모든 정맥혈을 받아들이는 곳이다.

위치	
구조 및 구성	
기능 및 특징	

② 우심실

우심방으로부터 받아들인 정맥혈을 심장의 펌프질을 통하여 폐로 보내는 곳이다.

위치	
구조 및 구성	
기능 및 특징	

③ 좌심방

폐에서 가스교환이 된 혈액을 폐정먹(pulmonary vein)으로부터 받는 곳이다.

위치	
구조 및 구성	
기능 및 특징	

④ 좌심실

좌심방으로부터 받아들인 동맥혈을 심장의 펌프질을 통하여 전신으로 공급되는 곳이다.

위치	
구조 및 구성	
기능 및 특징	

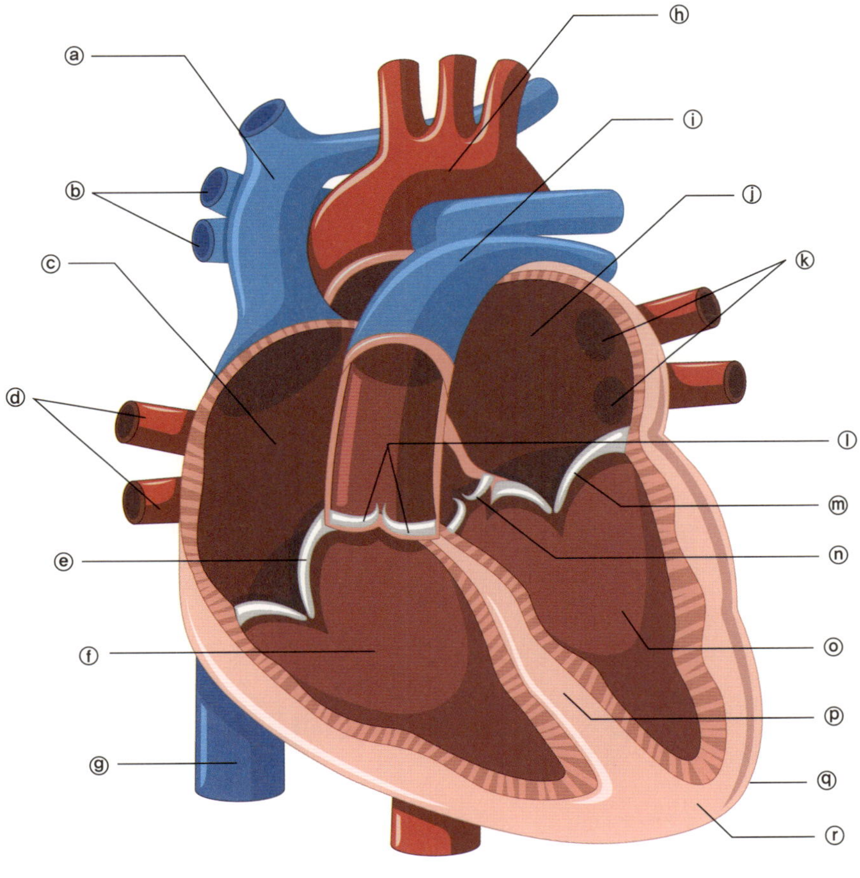

혈액순환계

⑤ **판막(cardiac valve)**

방실사이와 심장으로 연결된 동맥입구에 혈액 역류 방지 역할을 한다.

위치	
구조 및 구성	
기능 및 특징	

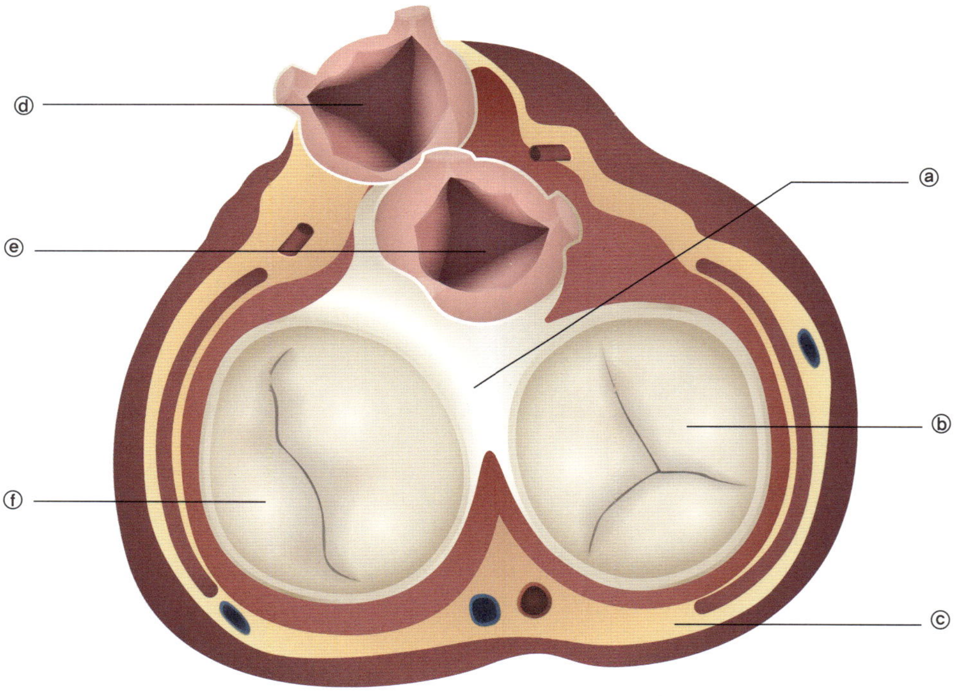

심장의 판막

(2) 혈관(blood vesseles)

혈액순환기계의 주최가 되는 혈액(blood)이 순환하는 통로를 혈관이라 한다. 혈관계는 동맥계와 정맥계, 그리고 이들을 연결하는 모세혈관(blood capillary)으로 구성되어 있음

위치	
구조 및 구성	
기능 및 특징	

① 동맥(artery)

체순환의 중심이 되는 혈관으로서 심장의 좌심방으로부터 출발한다. 산소의 함유량이 높은 혈액을 온몸의 모세혈관으로 전달한다.

위치	
구조 및 구성	
기능 및 특징	

② 정맥(vein)

전신을 순환한 혈액을 심장으로 운반하는 역할을 하는 혈관을 말한다. 모세혈관으로부터 세포의 노폐물 및 이산화산소를 받아 심장우심방으로 혈액 전달하며, 정맥안의 혈액은 CO_2와 노폐물을 함유하고 있다.

위치	
구조 및 구성	
기능 및 특징	

③ 모세혈관

소동맥과 소정맥을 이어주는 가장 작고 얇은 혈관이다. 피부표면 및 말초에 분포되어 있다.

위치	
구조 및 구성	
기능 및 특징	

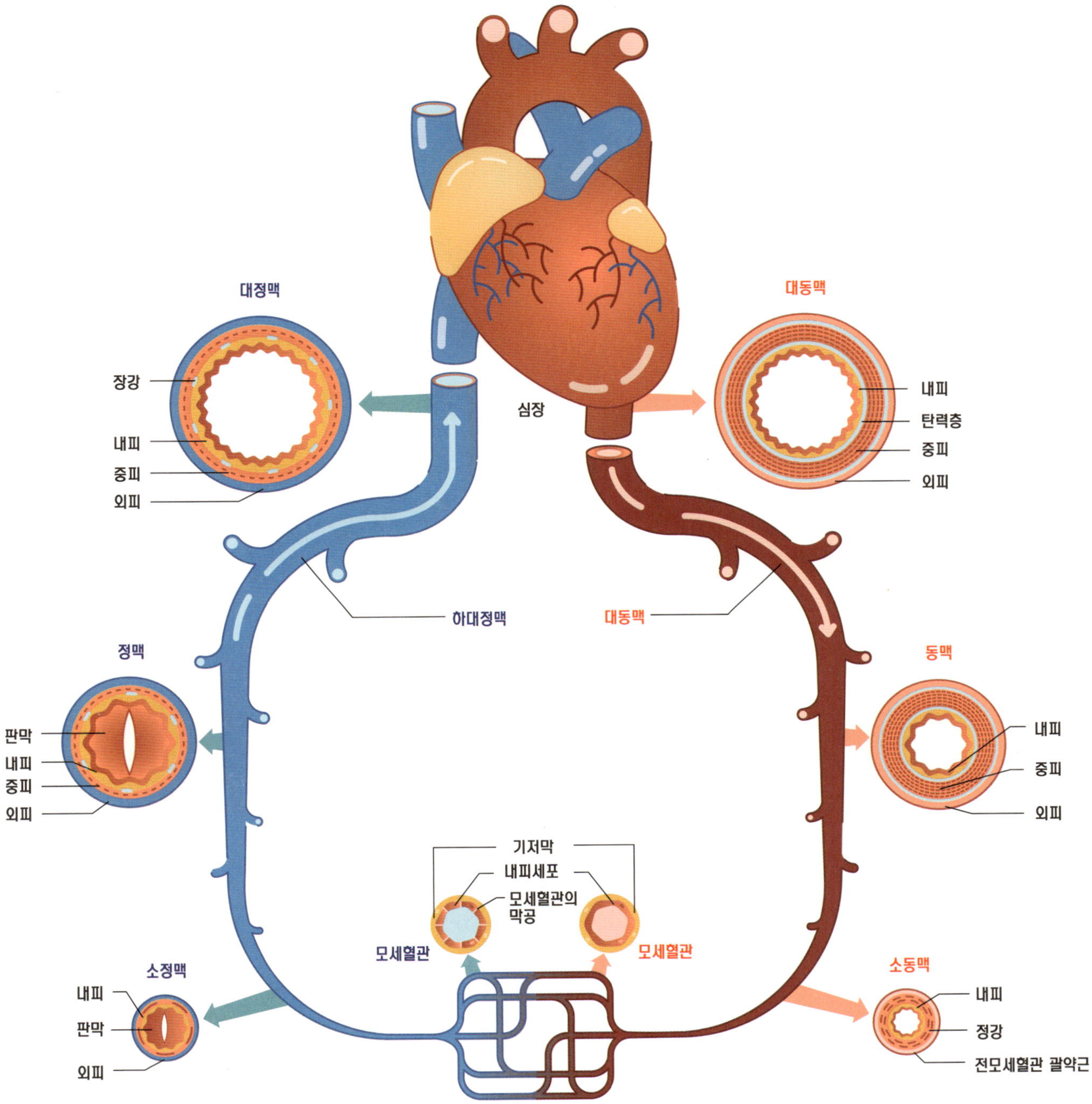
대정맥
장강
내피
중피
외피
심장
대동맥
내피
탄력층
중피
외피
하대정맥
대동맥
정맥
판막
내피
중피
외피
동맥
내피
중피
외피
기저막
내피세포
모세혈관의
막공
모세혈관
모세혈관
소정맥
내피
판막
외피
소동맥
내피
정강
전모세혈관 괄약근

혈관의 구조

(3) 혈액(blood)

혈액은 혈관 안을 순행하는 물질로서, 모세혈관을 통해 조직으로 유출되고 다시 정맥으로 회수해 오는 특징을 가지고 있다. 인체 내 혈액의 양은 4~6L 정도 되며, 이는 몸무게의 7~9%에 해당된다. 혈액성분은 혈장과 혈구로 구성되어 있다. 혈장(plasma)은 맑은 담황색을 띠고 있는 액체성분으로 혈액의 약 55%를 구성하며, 그 외 45%는 고형성분인 혈구(blood cell) 차지하고 있다. 그 외 무기염류, 효소, 호르몬, 비타민, 지질 및 탄수화물 등으로 구성되어 있다.

구조 및 구성	
기능 및 특징	

① 혈장(plasma)

혈장은 혈액의 세포간질액으로서 맑은 담황색빛을 띠는 점액성 성분으로 혈액 전체의 약 55%를 차지하고 있다.

구조 및 구성	
기능 및 특징	

② 혈구

혈구는 조혈작용을 통한 골수에서 생성된 혈액세포로서 혈액전체의 45%를 차지한다.

구조 및 구성	
기능 및 특징	

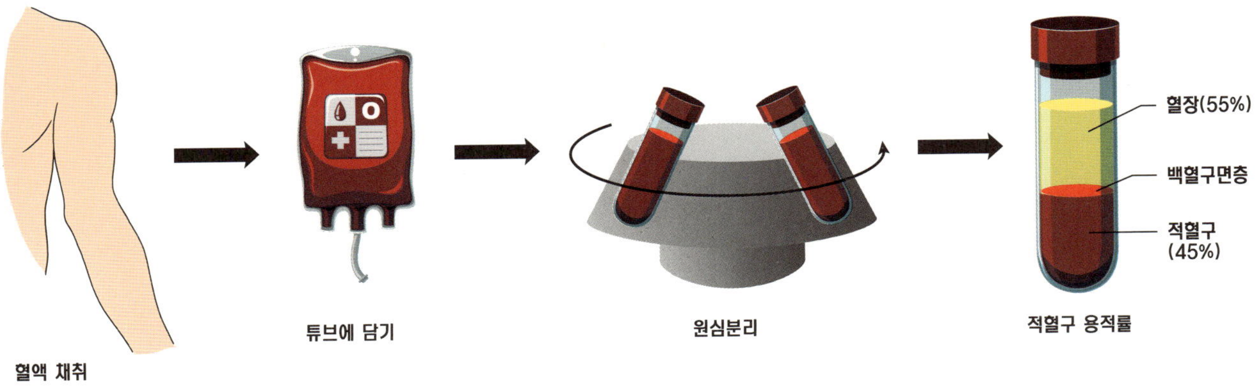

혈액의 조성

2) 림프순환기계(Lymphcirculatory system) (Lymphatic system)

(1) 림프관(Lymphatic vessel)

림프순환기계에 속하는 림프관들은 조직의 세포와 세포사이의 공간에 있는 여분의 체액을 받아 정화한 후 다시 정맥으로 운반하는 역할을 한다. 이러한 주된 역할을 하고 있는 림프관들은 혈액순환계와 밀접한 관계를 가지고 있다.

림프관의 시작인 모세림프관(lymphatic capillary)에서 기시한 모세림프가 모여 림프관(lymph vessel)이 되고 중간에 림프절(lymph node)을 지나면서 우림관과 흉관이라는 큰 림프관으로 되어 심장(우심방)의 결합부인 하대정맥으로 유입된다. 림프관안의 림프액은 모세 림프관→전수집 림프관→수집림프관→림프절→림프본관→대정맥의 순서로 이동한다.

위치	
구조 및 구성	
기능 및 특징	

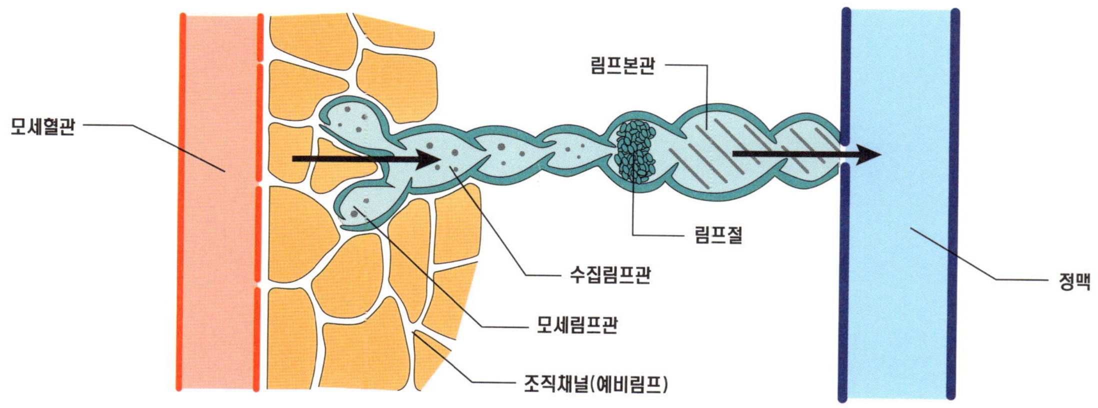

림프액의 이동

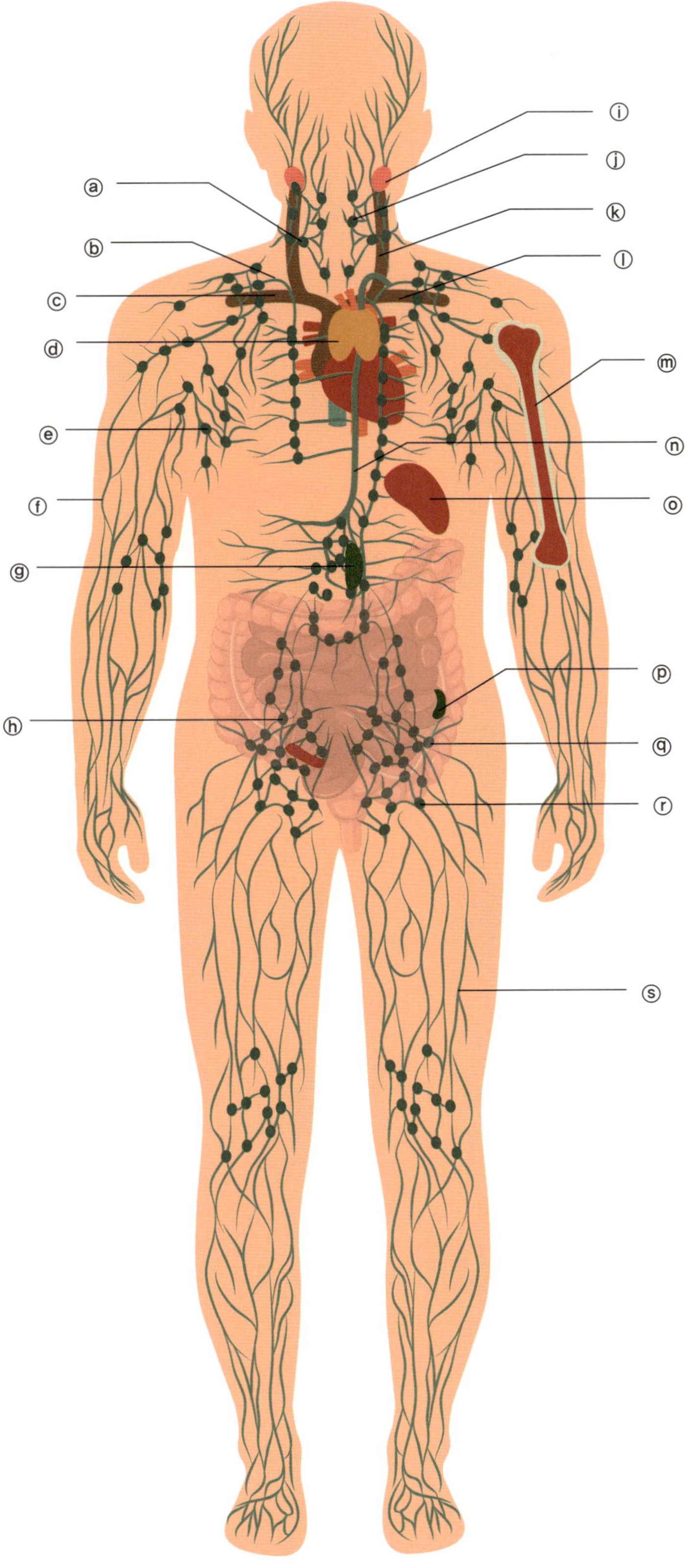

온몸 림프계통

① 모세림프관

근막위에 존재하는 천부림프관으로서 막힌길의 형태로 세포외 공간(extracellular spaces)에서 시작된다.

위치	
구조 및 구성	
기능 및 특징	

② 전수집림프관

진피 상부에 위치한 모세림프관의 하방으로 연결된 천부림프관으로서 모세림프관으로부터 림프를 받아 수집림프관으로 운반한다.

위치	
구조 및 구성	
기능 및 특징	

③ 수집림프관

림프계의 주요 운반관(main transporting vessels) 역할을 하는 천부림프관으로서 전수집림프관으로부터 림프를 받아 중간에 림프절을 거쳐 림프본관으로 운반한다.

위치	
구조 및 구성	
기능 및 특징	

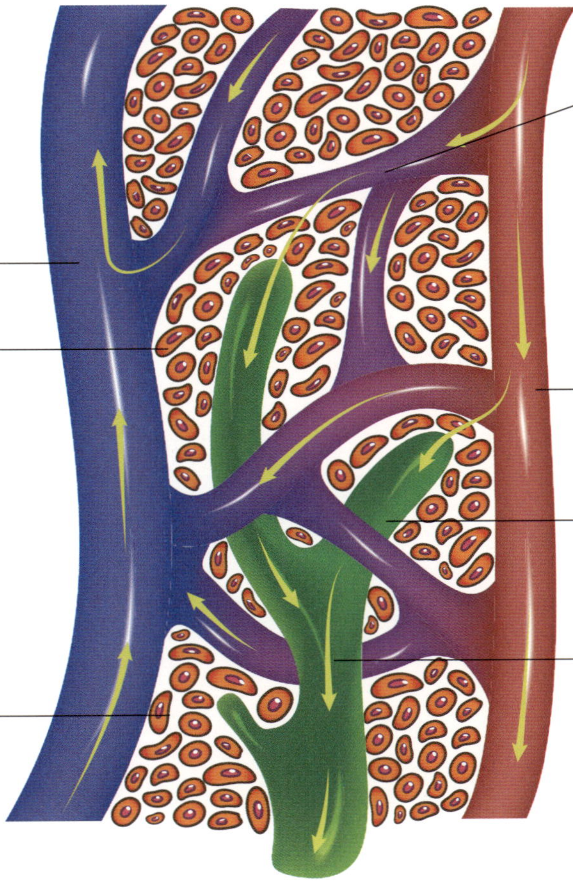
모세혈관
정맥
조직세포
세동맥
모세림프관
림프액
조직액(간질액)

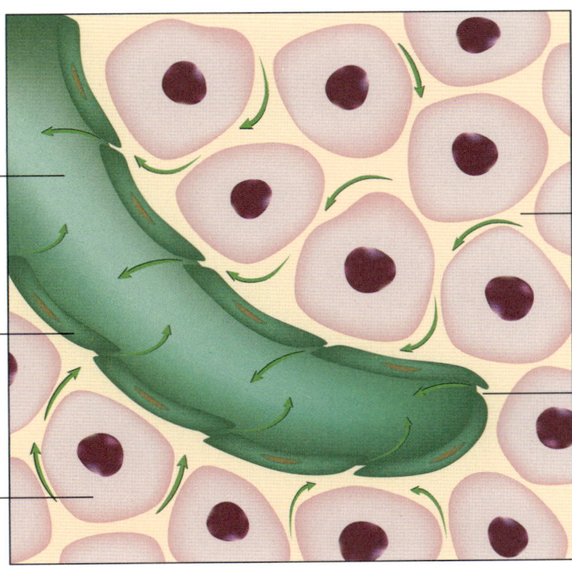
림프액
조직액(간질액)
모세림프관 내피세포
열림
조직세포

전신의 림프계

④ 림프본관

정맥과 연결된 림프관으로서 림프관중에서 가장 크다.

위치	심장(우심방)의 결합부인 정맥각 주변에 위치
구조 및 구성	
기능 및 특징	

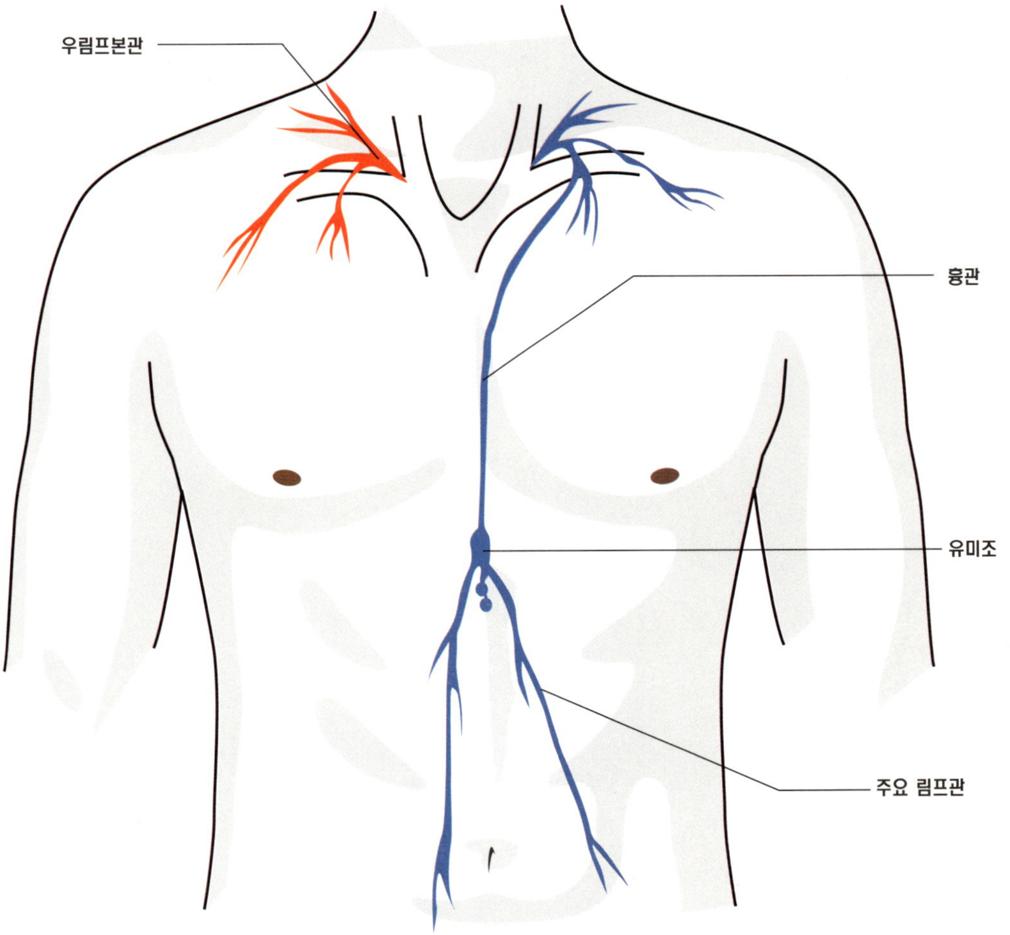

우림프본관과 흉관

(2) 림프절(림프샘)

조직으로부터 모세림프관을 통해 들어온 림프액은 림프관 따라 운반되는 중에 림프절을 통과하게 된다.

위치	
구조 및 구성	
기능 및 특징	

(3) 림프액(Lymph)

모세혈관벽을 통하여 조직으로 나온 산소와 영양분 등의 물질을 세포는 흡수를 하고, 반대로 세포의 대사과정 중에 발생한 이산화탄소와 노폐물 그리고 호르몬과 같은 대사산물들은 다시 모세혈관벽을 통해 모세정맥쪽으로 흡수가 된다.

조직에서 이루어지는 이러한 물질교환과정에서 모두 흡수되지 않고 일부 물질들이 모세림프관에 의해서 흡수가 되는데 모세림프관으로 흡수되는 물질들을 림프액(림프)라 하며, 림프의 무물질(the lymph-obligatory load)이라고도 한다. 림프액(림프)은 투명하거나 노란빛을 띄고 있는 알카리성 용액이며, 점성은 혈액보다 묽다.

구조 및 구성	
기능 및 특징	

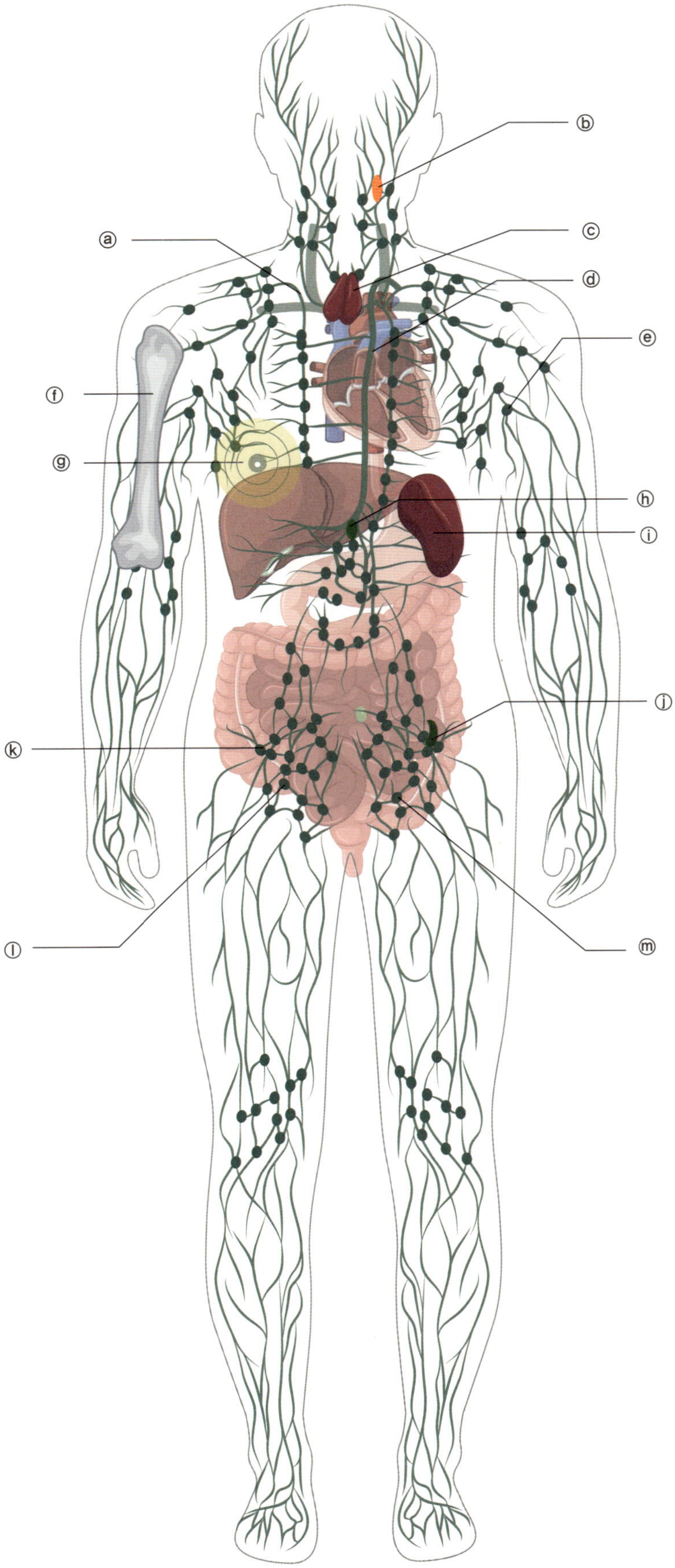

기타림프기관

순환기계
Circulatory System

1. 순환기계의 기능
   ① 혈액운반
   ② 영양분, 가스와 노폐물 운반
   ③ 물질 수송
   ④ 혈압 조절
   ⑤ 혈류의 항상성 유지

2. 순환기계의 분류 : 인체에 흐르고 있는 순환기계는 크게 혈액순환계과 림프순환계으로 나뉜다.

3. 체순환(systemic circulation)은 대순환(greater circulation)이라고도 부르며, 좌심실에서 출발하여 나온 혈액이 신체의 세포를 포함한 조직에 산소와 영양분을 공급하고 조직의 대사과정중 발생한 이산화탄소와 노폐물을 받아들여 우심방으로 들어오는 순환이다.

4. 심장의 구조 : 심장은 4개의 방으로 나누어져 있다. 4개의 방은 방간, 실간의 심실사이막(interventricular septum)에 의해 왼쪽과 오른쪽으로 구분되며, 각각 판막(valve)에 의해 심방과 심실로 나뉜다. 심실사이막과 판막에 의해 나누어진 심장의 내부는 좌심방과 좌심실, 우심방과 우심실로 구성되어 있다.

5. 혈액의 체내 순환 체계 : 심장 → 대동맥 → 동맥 → 세동맥 → 모세혈관 → 세정맥 → 정맥 → 대정맥 → 심장

6. 동맥은 체순환의 중심이 되는 혈관으로서 심장의 좌심방으로부터 출발한다. 산소의 함유량이 높은 혈액을 온몸의 모세혈관으로 전달한다.

7. 혈액의 기능
   ① 영양분 운반작용
   ② 노폐물 운반작용
   ③ 방어 및 식균작용
   ④ 신체 항상성 유지를 위한 균형 조절 작용
   ⑤ 혈액응고를 통한 지혈작용

8. 림프액의 체내 순환 체계 : 모세 림그관 → 전수집 림프관 → 수집림프관 → 림프절 → 림프본관 → 대정맥

순환기계

Circulatory System

객관식

1. 폐에서 이산화탄소를 내보내고 산소를 받아들이는 역할을 수행하는 순환은?
   ① 폐순환 ② 체순환 ③ 전신순환 ④ 문맥순환

2. 심장에 대한 설명 중 틀린 것은?
   ① 성인 심장은 무게가 평균 250~300g정도이다.
   ② 심장은 심방 중격에 의해 좌.우심방, 심실은 심실중격에 의해 좌.우심실로 나누어진다.
   ③ 심장은 2/3가 흉골 정중선에서 좌측으로 치우쳐 있다.
   ④ 심장근육은 심실보다는 심방에서 매우 발달되어 있다.

3. 혈관의 구조에 관한 설명 중 옳지 않은 것은 ?
   ① 동맥은 3층 구조이며 혈관벽이 정맥에 비해 두껍다.
   ② 동맥은 중막인 평활근층이 발달해 있다.
   ③ 정맥은 3층 구조이며 혈관벽이 얇고 판막이 발달해 있다.
   ④ 모세혈관은 3층 구조이며 혈관벽이 얇다.

4. 조직 사이에서 산소와 영양을 공급하고, 이산화탄소와 대사 노폐물이 교환되는 혈관은?
   ① 동맥 ② 정맥 ③ 모세혈관 ④ 림프관

5. 혈액의 기능이 아닌 것은?
   ① 호르몬 분비작용
   ② 노폐물 배설작용
   ③ 산소와 이산화탄소 운반작용
   ④ 삼투압과 산. 염기 평형의 조절작용

6. 혈액의 구성 물질로 항체 생산과 감염의 조절에 가장 관계가 깊은 것은?
   ① 적혈구 ② 백혈구 ③ 혈장 ④ 혈소판

7. 혈액 중 혈액응고에 주로 관여하는 세포는?
   ① 백혈구 ② 적혈구 ③ 혈소판 ④ 헤마토크리트

8. 림프액의 기능과 가장 관계가 없는 것은?
   ① 동맥기능의 보호 ② 항원반응
   ③ 면역반응 ④ 체액이동

9. 림프순환에서 다른 사지와는 다른 경로인 부분은?

① 우측상지　② 좌측상지　③ 우측하지　④ 좌측하지

10. 인체의 순환기계에 포함되지 않는 것은?

① 체순환　② 폐순환　③ 림프순환　④ 호르몬 순환

내분비계통
Endocrine system

06

Endocrine system

Chapter 06 내분비계통

Endocrine system

학습목표 학습자들이 내분비계통의 학습을 통해 기관들의 위치와 기능을 익히고 설명할 수 있도록 숙달하여, 호르몬과 관련한 고객 맞춤 상담이 가능하도록 한다.

1. 다양한 호르몬의 위치와 기능을 설명할 수 있어야 한다.
2. 뇌하수체 전엽과 후엽에서 분비되는 호르몬을 설명할 수 있다.
3. 갑상샘과 부갑상샘의 호르몬의 위치와 생성되는 호르몬을 설명할 수 있다.
4. 부신수질과 부신피질 호르몬이 조절되는 기전을 설명할 수 있다.
5. 고환과 난소에서 생성되는 호르몬들을 설명할 수 있어야 한다.
6. 스트레스와 관련한 호르몬을 종류를 나열할 수 있어야 한다.

내분비란 몸안에서 물질을 분비한다는 뜻이다. 내분비계통은 조절계통으로 신경계통과 서로의 기능을 감시하는 상보적 관계로 정보를 수집하여 다른 곳에 전달하는 면은 신경계통과 비슷하나 전달된 정보가 오랫동안 유지되는 차이점이 있다.

내분비계통은 분비물질을 생산하는 기관으로 구성된다. 내분비샘은 분비관을 갖고 있지 않기 때문에 몸 내부로 생성물, 즉 호르몬을 분비하고 외분비샘은 분비관을 갖고 있고 분비물질을 몸 바깥으로 내보낸다. 내분비계통은 호르몬이 혈액을 통해 온몸에 퍼짐으로써 몸 전체 세포의 활성이 조절된다.

호르몬(hormone)이라는 용어는 그리스어의 '잠에서 깨어나게 하는 물질'이라는 말에서 유래되었다. 호르몬은 세포의 기능을 항진시키거나 억제하는 작용을 한다.

내분비계통에서는 호르몬이 혈액을 통해 온몸에 퍼짐으로써 몸 전체 세포의 활성이 조절된다.

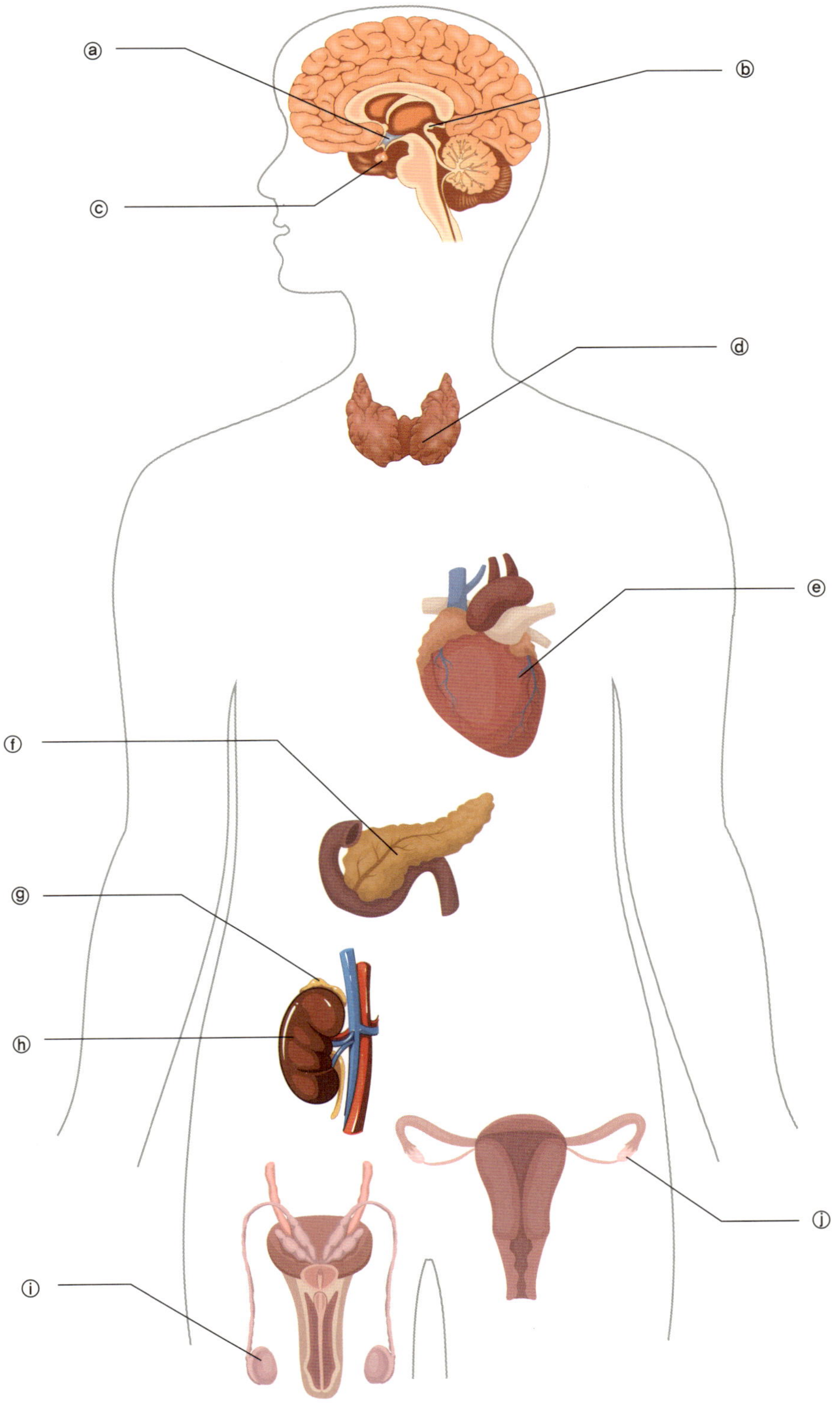

내분비선의 분포

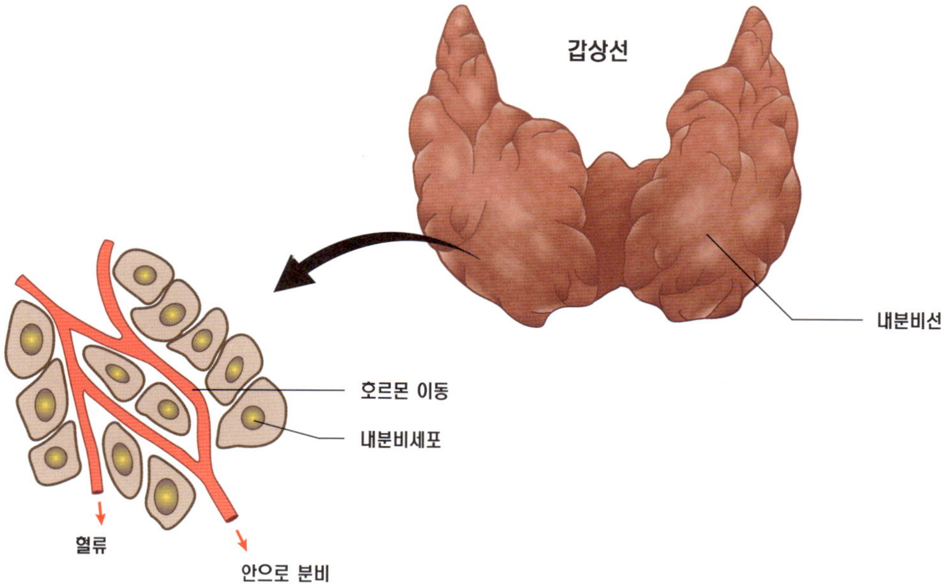

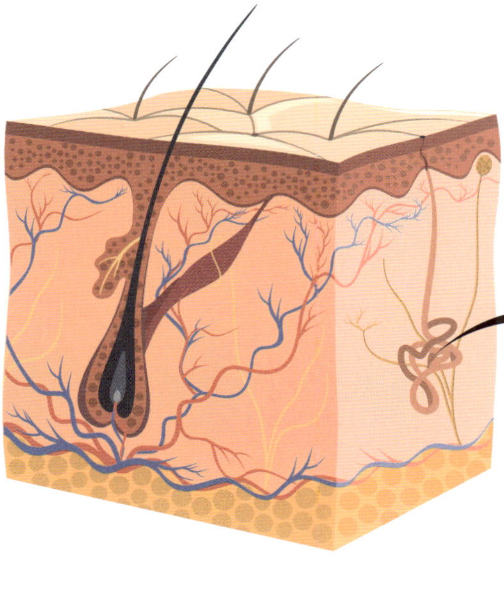

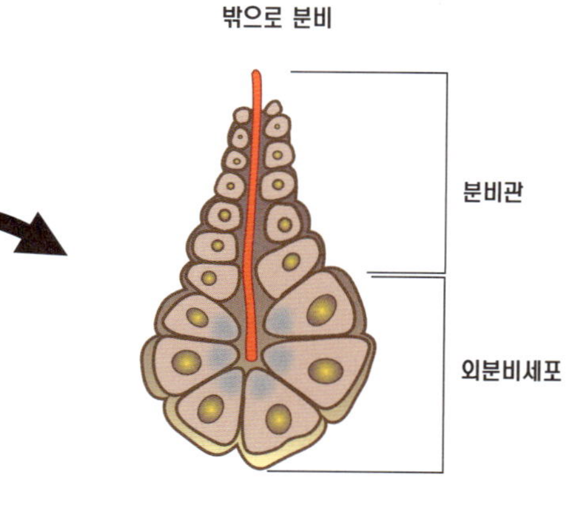

외분비선(한선)

분비선 (내분비선, 외분비선)

01. 뇌하수체(Pituitary body, Hypophysis)

뇌하수체는 뇌의 기저부에 존재하고 약 1cm로 깔대기(infundibulum)라고 하는 줄기에 의해 시상하부에 연결되어 있다.

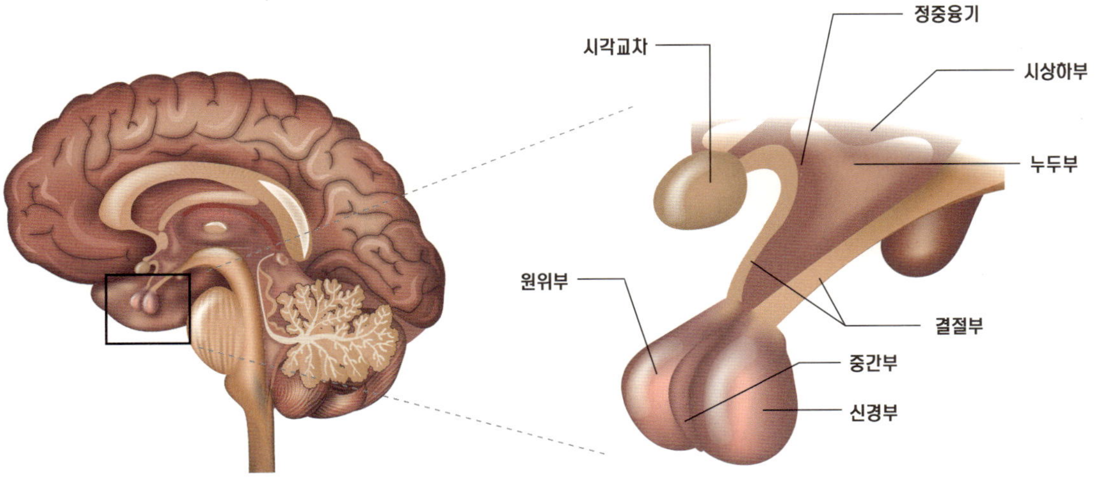

뇌하수체의 위치와 구조

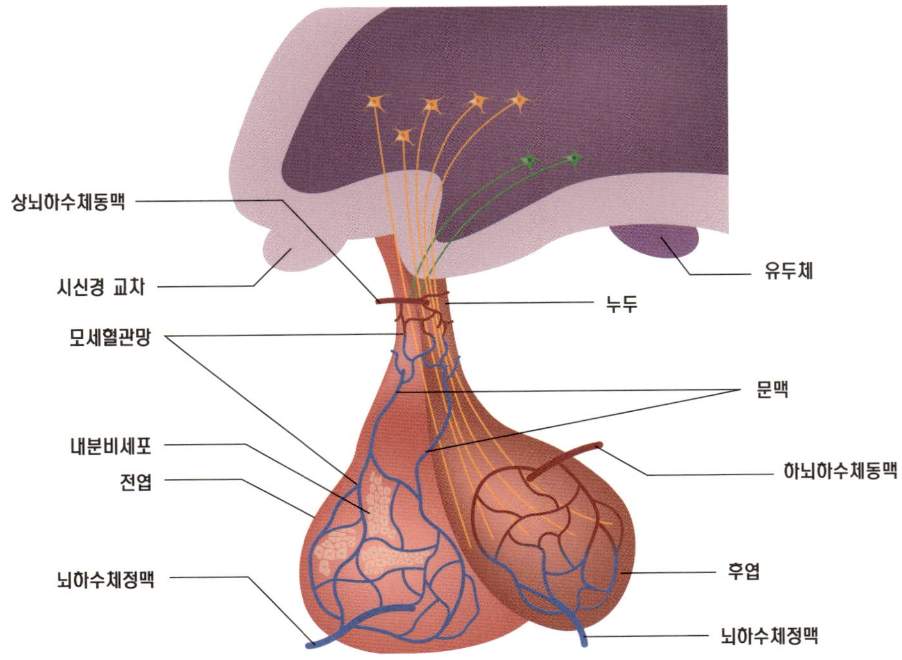

뇌하수체-문맥계

1) 뇌하수체 전엽호르몬

뇌하수체 전엽은 선뇌하수체(adenohypophysis)라고도 하며, 샘조직은 세포들이 공 모양이나 주머니 또는 튜브 모양으로 배열되어 있다.

뇌하수체 전엽에는 혈관이 많이 분포하고 있다. 혈관은 호르몬을 운반하는 통로로 중요하기 때문에 발달된 혈관은 모든 내분비샘의 특징이다.

(1) 갑상선자극호르몬(Thyroid-stimulating hormone, TSH)

갑상선자극호르몬은 갑상샘호르몬의 분비를 촉진하는 호르몬이다. 이 호르몬은 T_3와 T_4의 분비를 촉진한다.

(2) 부신피질자극호르몬(Adrenocorticotropic hormone, ACTH)

ACTH는 33개의 아미노산으로 구성된 polypeptides이다. 부신피질호르몬은 부신피질 전체를 자극하는 호르몬이 아니고 부신피질의 일부분인 당류코르티코이드(glucocorticoid) 호르몬을 생성하는 부위만을 자극한다. 이 호르몬은 스트레스와 연관이 깊으며, 특히 만성적인 스트레스에 의해 분비가 촉진된다.

(3) 난포자극호르몬(Follicle-stimulating hormone, FSH)

여성에서는 난자가 들어있는 난포발달 및 에스트로겐 분비를 촉진하고 남성에서는 정자 세포의 생성을 촉진한다. 시상하부의 성선자극호르몬분비촉진호르몬(GRH)에 의해 조절된다.

(4) 황체형성호르몬(Luteinizing hormone, LH; Interstitial ceel sitmulating hormone, ICSH)

황체형성호르몬은 성 호르몬 분비 증진, 여성 난자 세포 배란을 도움을 준다.

시상하부의 성선자극호르몬분비촉진호르몬GRH)에 의해 조절된다.

(5) 성장호르몬(Growth hormone, GH)

성장호르몬은 키를 성장시키고, 빠른 세포 분열을 증가시키며, 세포막을 가로질러 아미노산의 수송을 강화시킨다. 성장호르몬은 신체의 영양과 시상하부의 성장호르몬분비촉진호르몬과 성장호르몬분비억제호르몬에 의해 영향을 받는다.

(6) 프로락틴(Prolactin, PRL; 유선자극호르몬, Lactogenic hormone)

프로락틴은 출산 후 젖의 생성을 유지하는 호르몬이다. 또한 남성에서는 정자 생성의 유지에 관여한다. 시상하부의 플롤락틴분비촉진호르몬과 프롤락틴분비억제호르몬에 의해 조절된다.

(7) 멜라닌세포 자극호르몬(MSH)

멜라닌세포에서 색소 형성을 촉진하는 호르몬이다.

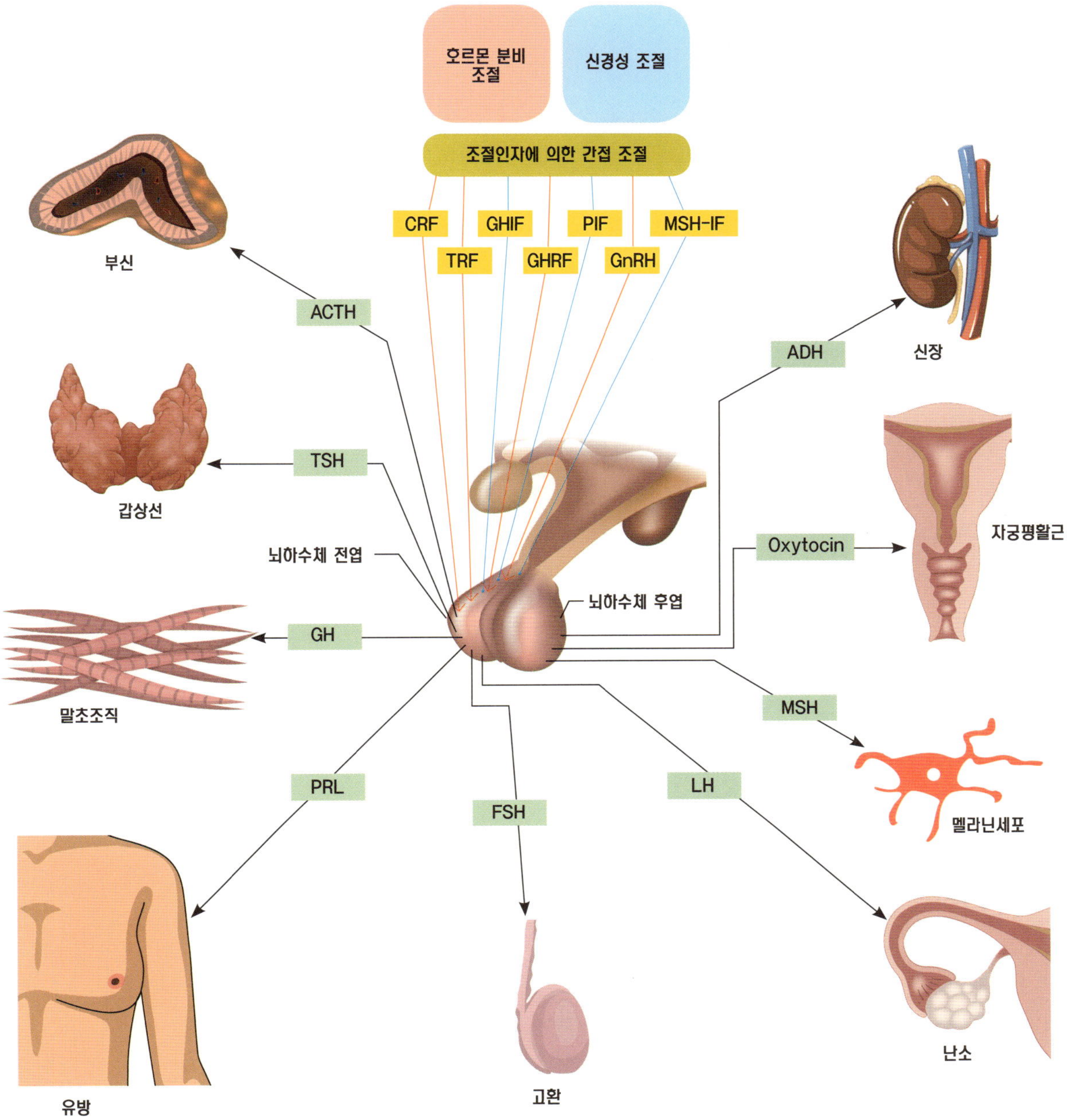

뇌하수체에서 분비되는 호르몬

2) 뇌하수체후엽호르몬

(1) 항이뇨호르몬(Antidiuretic hormone, ADH)

항이뇨호르몬은 콩팥에서 수분을 재흡수, 고농도에서는 혈압상승시킨다. 체액 내 수분 농도 변화에 대해 시상하부에서 반응하여 조절된다.

(2) 분만촉진호르몬(Oxytocine, OT)

분만촉진호르몬은 자궁 벽의 근육을 수축시키고, 젖을 분비하는 선 근육을 수축시키고, 자궁과 질 벽이 늘어나는 것과 유방 자극에 대해 시상하부에서 반응한다.

[뇌하수체 호르몬]

전엽(Anterior lobe)	작용	조절기전
성장호르몬(GH)	키를 성장시키고, 빠른 세포 분열을 증가시키며, 세포막을 가로질러 아미노산의 수송을 강화시킴	시상하부의 성장호르몬분비촉진호르몬과 성장호르몬분비억제호르몬
프롤락틴 (prolactin, PRL)		
갑상선자극호르몬(TSH)		
부신피질자극호르몬 (ACTH)		
난포자극호르몬(FSH)		
황체형성호르몬(LH)		
멜라닌세포자극호르몬 (MSH)		
후엽(Posterior lobe)		
항이뇨호르몬(ADH)		
옥시토신(OT)		

02. 갑상선(Thyroid gland)

1) 갑상선의 구조

갑상선(갑상샘, thyroid gland)은 약 30g 정도로 나비모양을 하고 있으며 목 앞쪽에 위치하고 있다. 갑상선 조직은 요오드(iodine: I)의 함유량이 많다.

2) 갑상선 호르몬의 분비

갑상선 호르몬의 주요 호르몬은 티록신(thyroxin:(T_4)이고 일부는 삼요오드타이로닌(T_3)이다.

[갑상선호르몬]

호르몬	작용	조절기전
티록신(T_4)		
삼요오드타이로닌(T_3)		
칼시토닌		

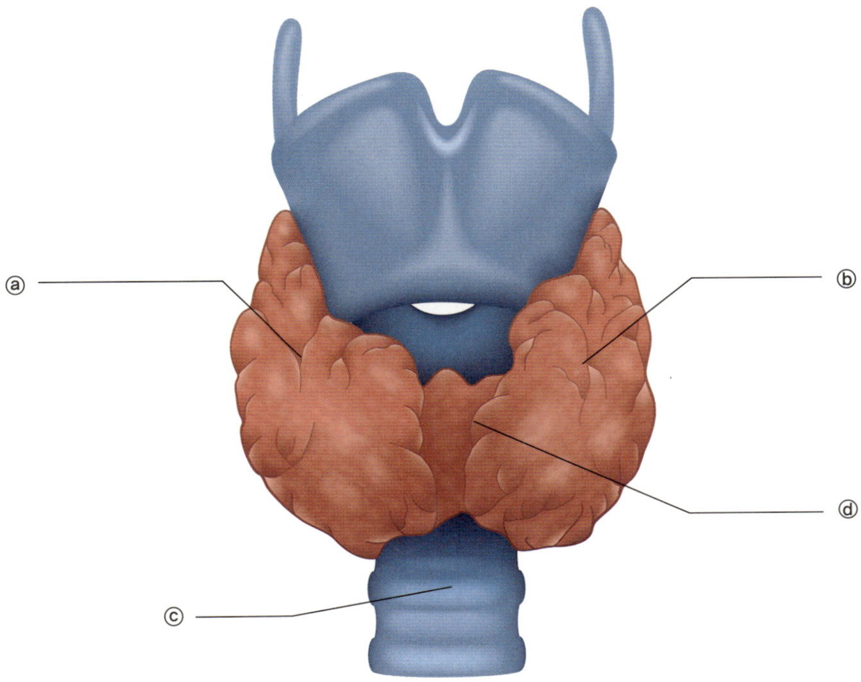

갑상선

03. 부갑상선(parathyroid gland)

1) 부갑상선의 구조

부갑상선(부갑상샘, parathyroid gland)은 쌀알 크기로 갑상선 외엽의 위와 아래에 1쌍씩 있다.

2) 부갑상선 호르몬의 분비

부갑상선 호르몬(parathormone, PTH)의 주요 표적기관은 뼈와 신장이다. 이 호르몬은 혈액 중의 Ca^{2+} 농도를 상승시키며 신장에서 Ca^{2+}의 유리와 인산염 분비를 조절한다.

부갑상선 기능이 저하되면 혈중 칼슘농도를 저하시켜 근육 강축증상이 나타나고, 부갑성선 기능이 항진되면 혈중 칼슘농도가 상승하게 되어 골다공증(osteoporosis)과 구루병(rickets) 등이 나타날 수 있다.

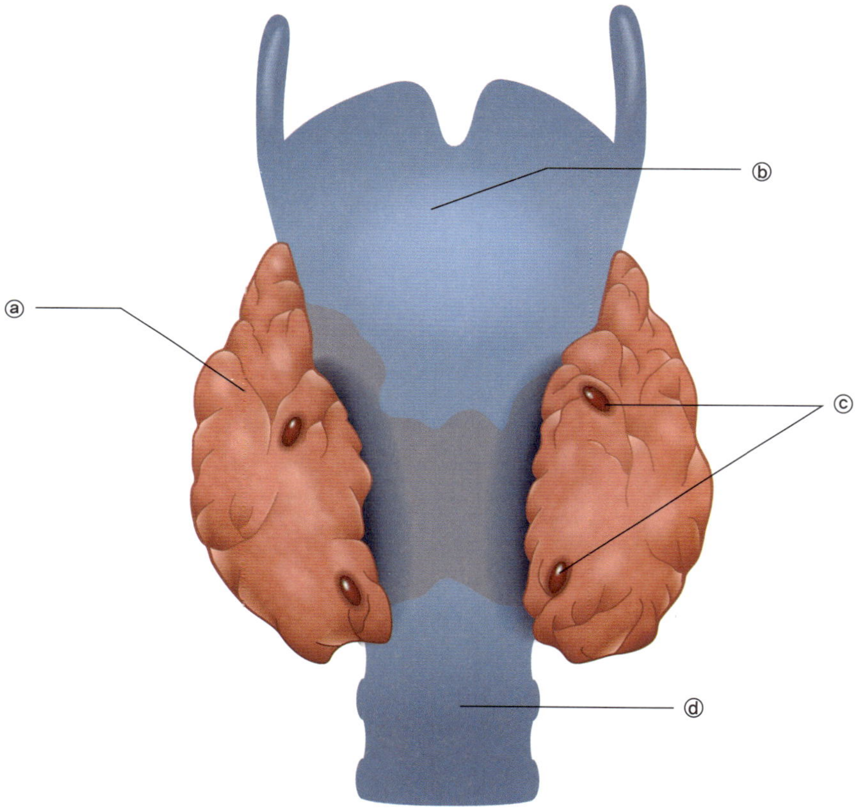

부갑상선

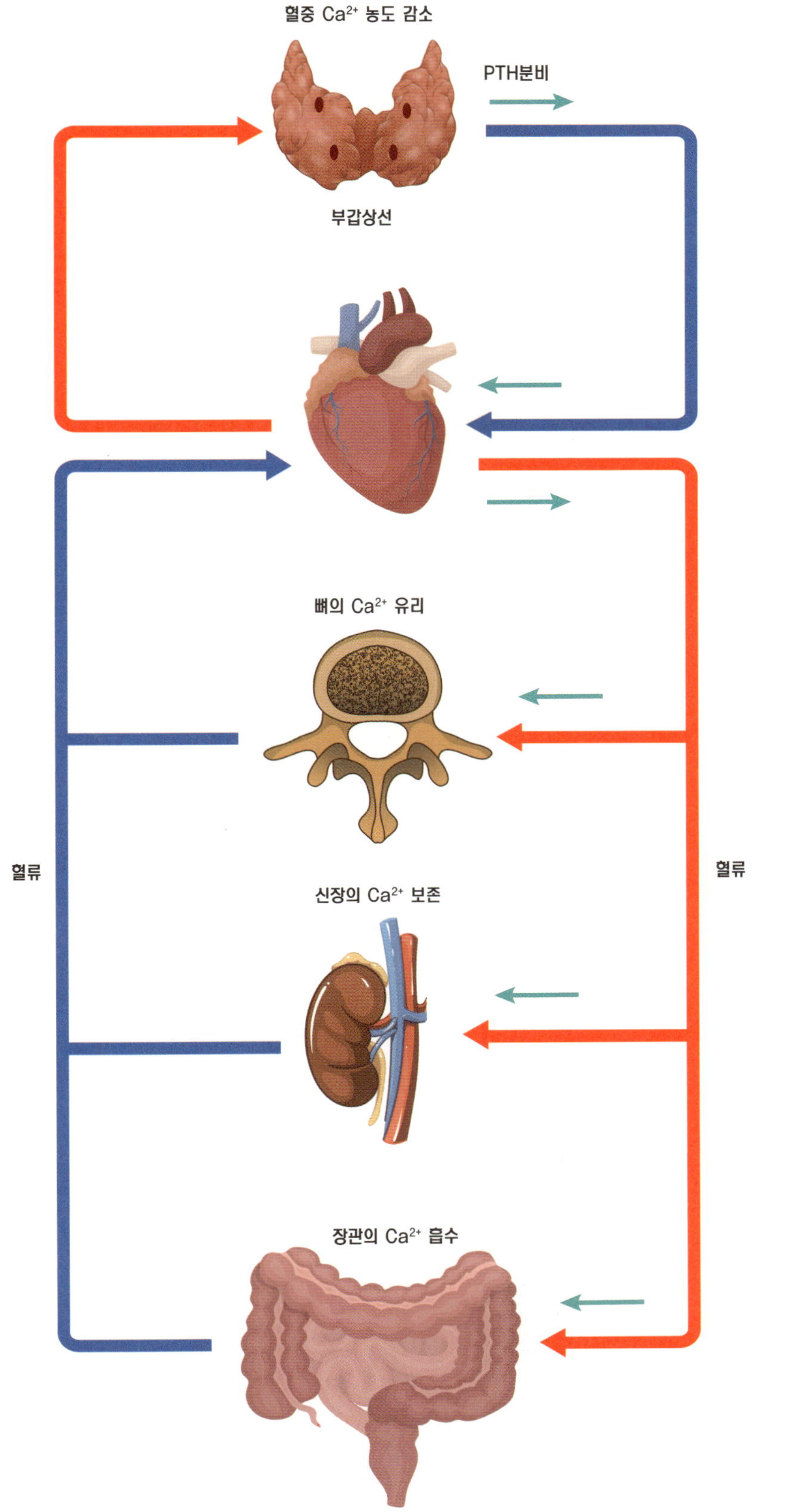

부갑상선의 기능

04. 췌장(Pancreas)

1) 췌장의 구조

췌장(이자, pancrease)의 대부분은 췌장액(이자액)을 분비하는 꽈리샘인 외분비선이며 그 사이사이에 췌장섬(랑게르한스섬, Langerhan's islet)의 한 무리인 세포집단이 내분비선을 이룬다.

2) 췌장호르몬의 분비

① α 세포 - 글루카곤을 분비하여 인슐린 길항작용을 한다.
② β 세포 - 인슐린 분비 - 혈중 포도당과 탄수화물 이용도 조절한다.
③ δ 세포 - 소마토스타딘을 분비(성장호르몬 억제인자, GHIH) - 글루카곤과 인슐린 분비 억제

세포의 종류	호르몬	작용
α 세포	글루카곤(glucagon)	
β 세포	인슐린(insulin)	
δ 세포	GHIH)	

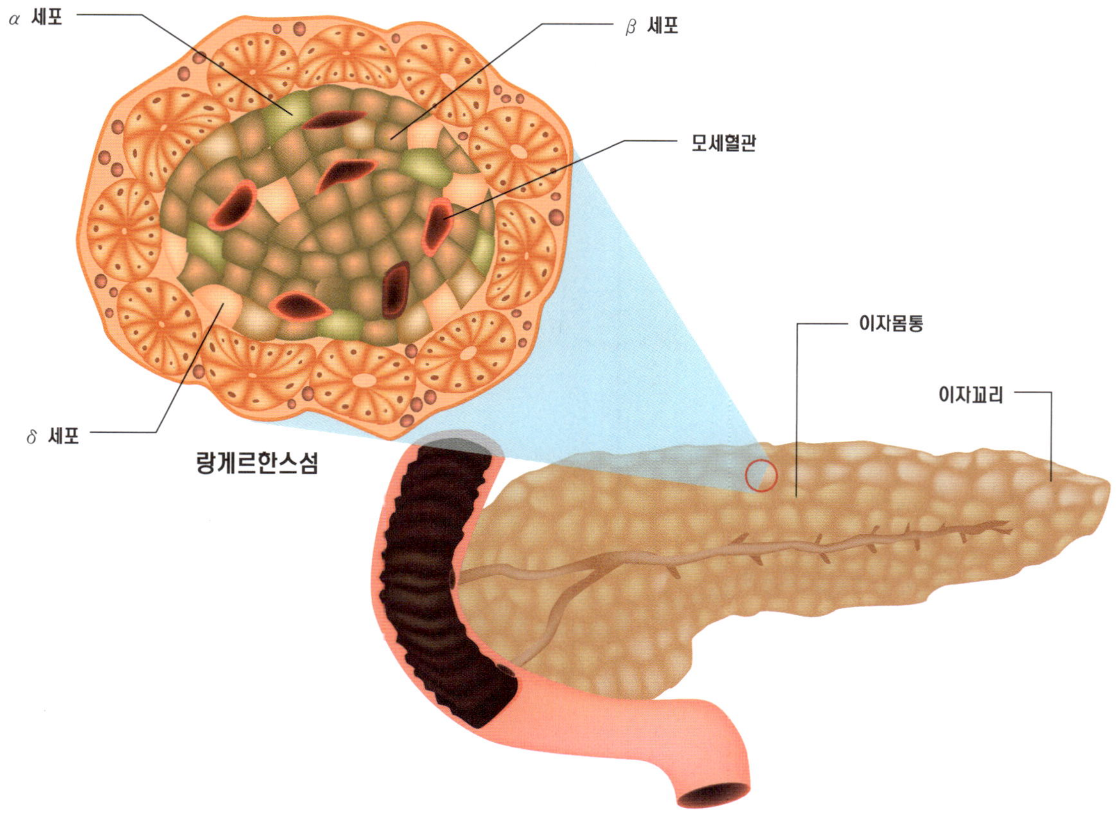

이자의 구조

05. 부신(Adrenal gland)

1) 부신수질호르몬

[부신수질호르몬]

영향을 받는 부위 또는 기능	에피네프린	노에피네프린
심장	심박수와 심장근육의 수축 강도 증가	심박수와 심장근육의 수축 강도 증가
혈관		
혈압		
기도(airway)		
뇌의 망상체		
간		
대사율		

2) 부신피질호르몬

[부신피질호르몬]

호르몬	부위	작용
알도스테론	체액의 전해질 농도	
코르티솔		
부신 안드로겐		

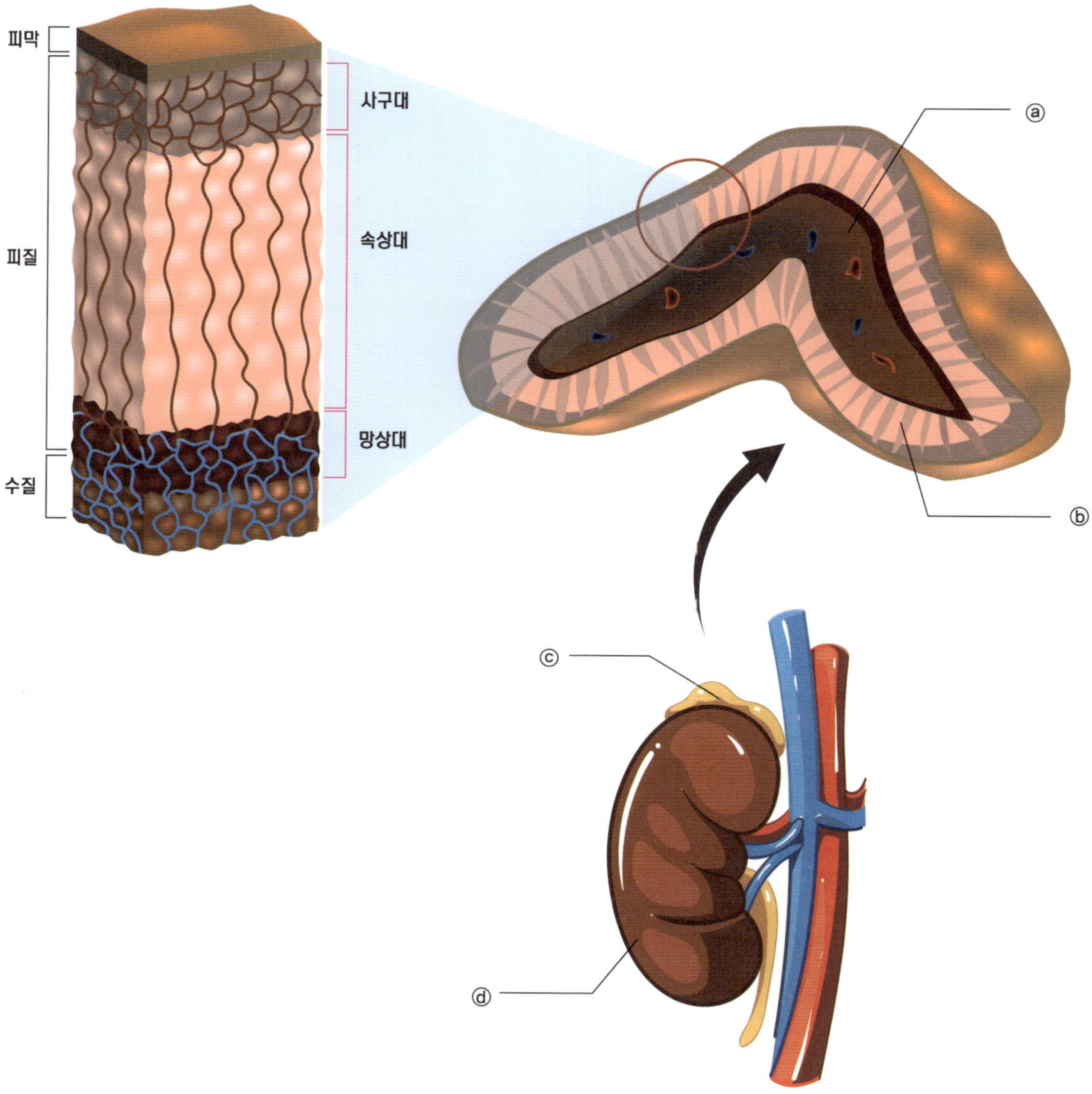

부신의 구조

06. 흉선과 송과선

1) 흉선

흉선은 상부 가슴(upper thorax)에 위치하고 면역의 중요한 기능을 담당하고 있다. 타이모신(thymosin)이라는 호르몬이 백혈구를 성숙시키는 역할로 감염을 일으키는 세균과 싸울 수 있도록 한다.

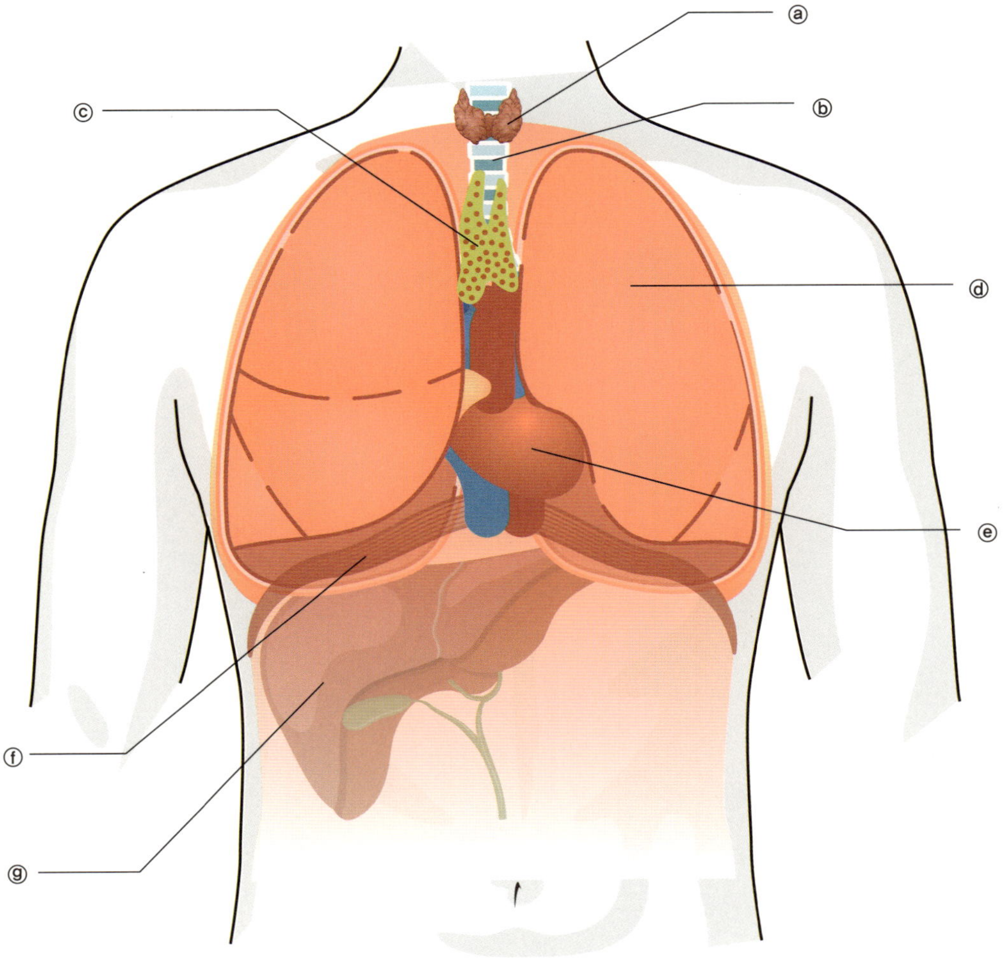

흉선의 위치

2) 송과선(솔방울샘, Pineal, Gland)

솔방울샘이라고도 하며 멜라토닌(melatonin)이라는 호르몬을 생산한다. 멜라토닌은 신경전달물질로 트립토판(tryptophane) 유도체인 세로토닌(serotonine)이 변형되어 만들어지며 어둠에 반응하여 생성된다. 솔방울샘의 위치는 신경계통의 구조이지만 내분비샘이기도 하다.

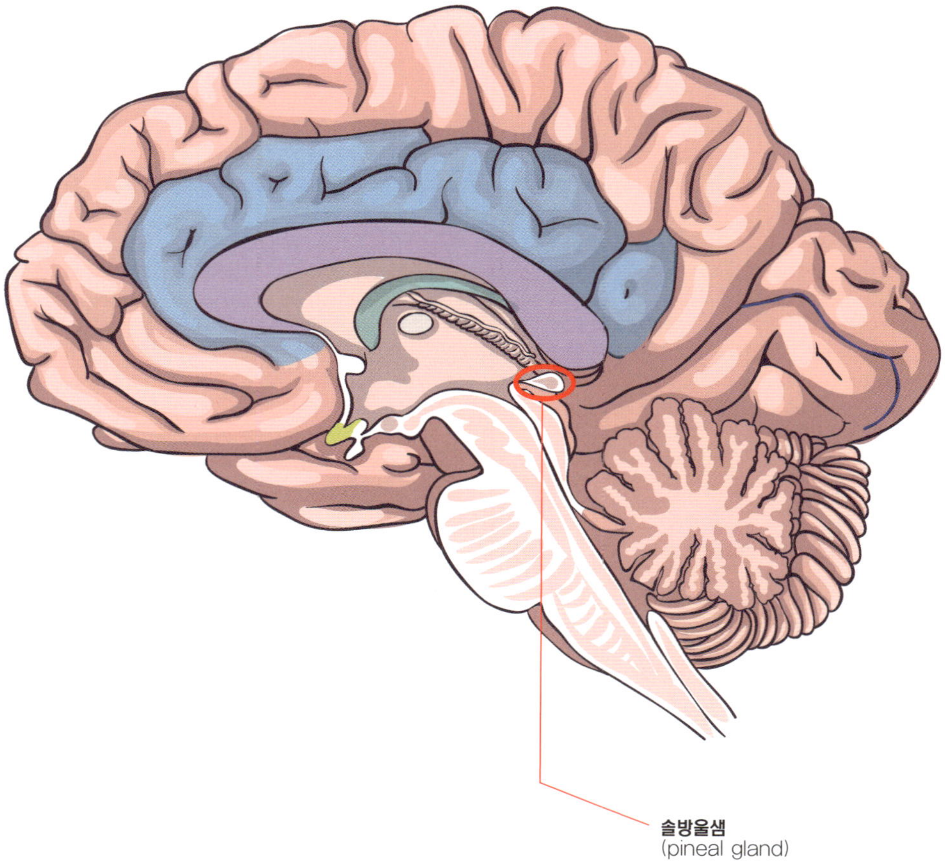

솔방울샘

07. 난소(Ovary), 정소(Testis)

1) 난소, 고환, 태반호르몬과 주요작용

부위		분비호르몬	표적세포	주요작용
난소	난포	Estrogen	대부분의 세포	
	황체	Progesteron	자궁, 유선	
		Relaxin	치골결합, 자궁, 유선	
고환		Testosterone	대부분의 세포	
태반		HCG	난소	

2) 기타 호르몬의 주요작용

호르몬	분비기관	주요작용
가스트린(gastrin)	위	
세크레틴(secretin)	십이지장	
가스트린 억제펩티드(GIP)	십이지장, 공장	
콜레시스토키닌 (cholecystokinin, CCK)	십이지장	
모틸린(motilin)	십이지장, 공장	
소마토메딘 (somatomedin), 트롬보포이에틴(trombopoietin)	간	

● 갑상선 기능 이상

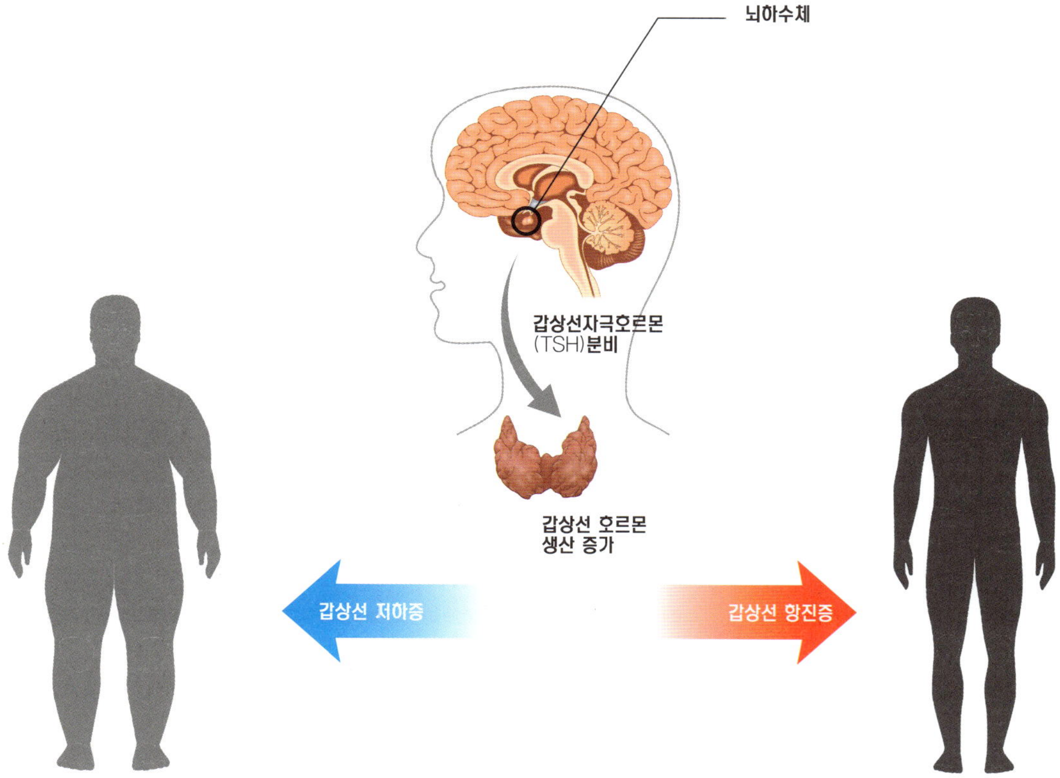

갑상선 기능 저하증 :
갑상선 자체 문제가 있거나 갑상선 호르몬이 저하되어 나타나는 증상

- 동작이 느려짐
- 추워를 많이 탐
- 체중 증가
- 심박수/심박출량 감소
- 대사량 감소

갑상선 기능 항진증(hyperthyroidism) :
가장 큰 원인인 그레이브스병(Graves' disease), 갑상선 호르몬이 과도하게 증가하여 나타나는 증상

- 몸이 더워짐
- 땀이 많이 남
- 체중 감소
- 심박수/심박출량 증가
- 대사량 증가

● 쿠싱증후군

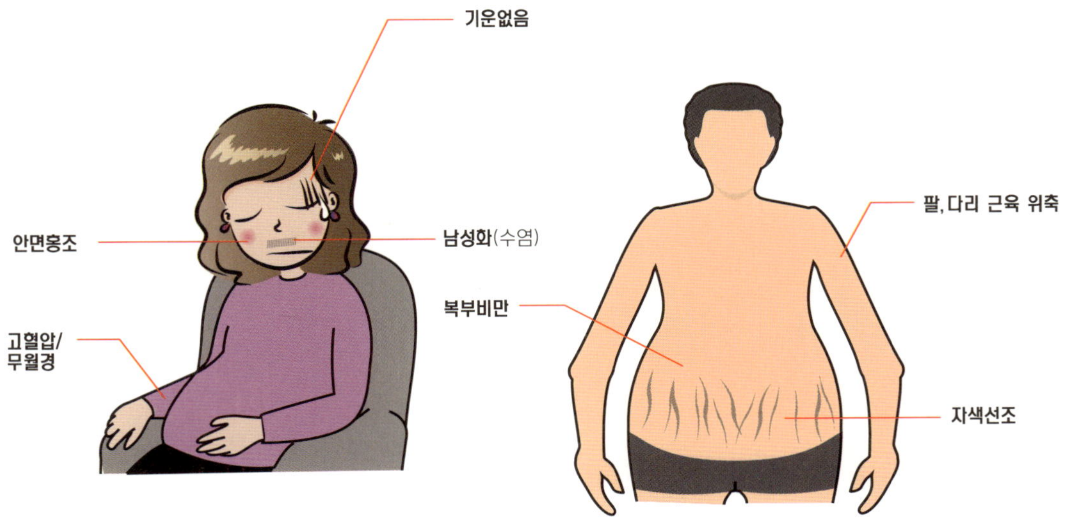

쿠싱증후군의 증상 :

- 코티솔의 과다분비로 발생.
- 남성보다 여성에게 8배 많음.
- 상체비만, 둥근 얼굴, 피로, 뼈의 약화, 고혈압, 고혈당, 멍이 쉽게 듬
- 생리불순, 수염(여성), 생식능력 감소와 성욕감퇴(남성)
- 기운빠짐, 안면홍조
- 팔다리 근육 위축, 복부비만, 자색선조

요점정리

내분비계통

Endocrine system

1. 뇌하수체는 뇌하수체 전엽과 뇌하수체 후엽으로 구분되어 있다.

2. 뇌하수체 전엽에서는 유선자극호르몬, 난포자극호르몬, 성장호르몬, 황체형성호르몬, 갑상선자극호르몬, 부신피질자극호르몬이 생성된다.

3. 뇌하수체 후엽에서는 옥시토닌과 항이뇨호르몬을 생성한다.

4. 부신은 부신피질과 부신수질로 2개로 이루어져 있다.

5. 부신은 세층으로 구성된다. 표면층은 알도스테론과 같은 염류코르티코이드를 생산하고, 중간층은 코르티솔가 같은 당류코르티코이드를 생산하며, 가장 깊은 그물층은 안도로겐과 에스트로겐과 같은 성코르티코이드를 생산한다.

6. 부신수질은 카테콜아민계열인 에피네프린과 노르에프네프린을 생산한다.

7. 이자는 알파세포는 글루카곤을 생산하고, 베타세포는 인슐린을 생산하며, 델타세포는 성장호르몬억제호르몬을 생산한다.

8. 갑상선은 나비모양을 하고 있으며 목 앞쪽에 20~30g의 분비선이다.

9. 갑상선은 갑상선 호르몬 T3, T4를 생산하고, 칼시토닌을 분비한다.

10. 부갑상선은 갑상선 바깥쪽에 위치하고 있으며, 쌀알크기의 2쌍이 있어 4개가 있다.

11. 부갑상선은 부갑상샘호르몬을 분비한다.

12. 내분비선은 분비관이 자체적으로 없고 분비물을 혈액을 통해 몸속으로 순환시킨다.

13. 외분비샘은 분비관을 통해 우리몸 표면으로 분비한다.

14. 솔방울샘은 어둠에 반응하며 멜라토닌을 분비한다.

괄호넣기 및 연결하기

1. ________ 호르몬은 자궁의 수축을 자극하고 _________ 호르몬은 젖샘에서 젖의 생산을 자극한다.

2. 혈중 포도당을 올리는 호르몬은 이자의 _________ 호르몬이고, 혈중 포도당을 내리는 호르몬은 이자의 _________ 호르몬이다.

3. 혈중의 칼슘 농도를 내리는 호르몬은?

4. 내분비선은 분비관이 자체적으로 없고 분비물을 ________을 통해 몸속으로 순환시킨다.

객관식

1. 다음 중 갑상샘호르몬과 관계가 없는 호르몬은?
① 티록신 ② 옥시토닌 ③ 칼시토닌 ④ 트리요오드타이로닌

2. 다음 중 뇌하수체 전엽에서 분비되는 호르몬을 고르세요(복수 체크 가능).
① 프롤락틴(PRL) ② 난포자극호르몬(FSH)
③ 성장호르몬(GH) ④ 항이뇨호르몬(ADH)

3. 다음 중 뇌하수체 전엽에서 분비되는 호르몬을 고르세요(복수 체크 가능).
① 성장호르몬(GH) ② 난포자극호르몬(FSH)
③ 프롤락틴(PRL) ④ 항이뇨호르몬(ADH)

4. 송과선(솔방울샘, pineal gland)의 위치는?
① 갑상선 ② 가슴
③ 복부 ④ 제3뇌실 뒤쪽 천장

5. 고환과 난소에서 생성되는 호르몬을 가장 알맞게 바르게 짝지은 것은?
① 테스토스테론-테스토스테론
② 에스트로겐-프로게스테론
③ 테스토스테론-에스트로겐, 프로게스테론
④ 테스토스테론-프로게스테론

6. 다음 중 티록신의 분비 과다의 원인은?

① 갑상선 기능항진증 ② 갑상선 기능저하증
③ 정맥 수종 ④ 크레티니즘

7. 다음 중 배란을 억제하는 호르몬은 무엇인가?

① 테스토스토론 ② 코티솔 ③ 안드로겐 ④ 프로게스테론

8. 다음 중 인슐린이 부족할 때의 증상이 아닌것은?

① 다뇨 ② 다음, 다갈 ③ 고혈당 ④ 색소침착

9. 다음 중 기초대사율을 조절하는 호르몬은?

① 콜레스테롤 ② 글루카곤 ③ 티록신 ④ 에스트로겐

10. 다음 중 MSH(Melanocyte Stimulating Hormone)과 관계가 깊은 문제성 피부는?

① 기미 ② 여드름 ③ 사마귀 ④ 티눈

11. 인슐린과 반대 작업을 수행하는 호르몬은?

① Glucagon ② glucos ③ oxytocin ④ TSH

소화기계

Gastrointestinal system

07

Gastrointestinal system

Chapter 07

소화기계

Gastrointestinal system

학습목표	학습자들이 소화기계의 학습을 통해 소화관의 구조 및 부속기관을 통해서 소화 및 흡수를 익히고, 건강한 피부관리 개념을 습득할 수 있다.

1. 소화기계 주요 장기들의 위치와 기능을 설명할 수 있다.
2. 소화를 위한 부속장기들의 위치와 기능을 설명할 수 있다.
3. 각 소화기관의 소화작용에 기능과 이동하는 경로를 설명할 수 있다.
4. 다양한 종류의 효소와 소화에 필요한 화학물질을 설명할 수 있다.
5. 영양소의 흡수에 대해서 설명할 수 있다.

01. 소화기계 이해

1. 소화기계의 개념

- 소화기계는 거대분자로 구성되어 있는 음식물을 작은 분자의 형태로 소화시키고, 혈액과 림프를 통해 흡수시키는 중요한 역할을 수행한다.
- 소화와 흡수를 통하여 영양소를 외부환경에서 체내 내부환경으로 운반하는 과정이다.
- 구조적으로 하나의 긴 관으로 구성되어 있는 위장관과 다양한 소화액을 소화관 내강으로 분비하는 부속 소화기관으로 이루어져 있다.

2. 소화기계의 생리의 개념

생리의 종류	기능
① 섭취(Ingestion)	
② 이동(Mobility)	
③ 소화(Digestion)	
④ 흡수(absorption)	
⑤ 배설(excretion)	

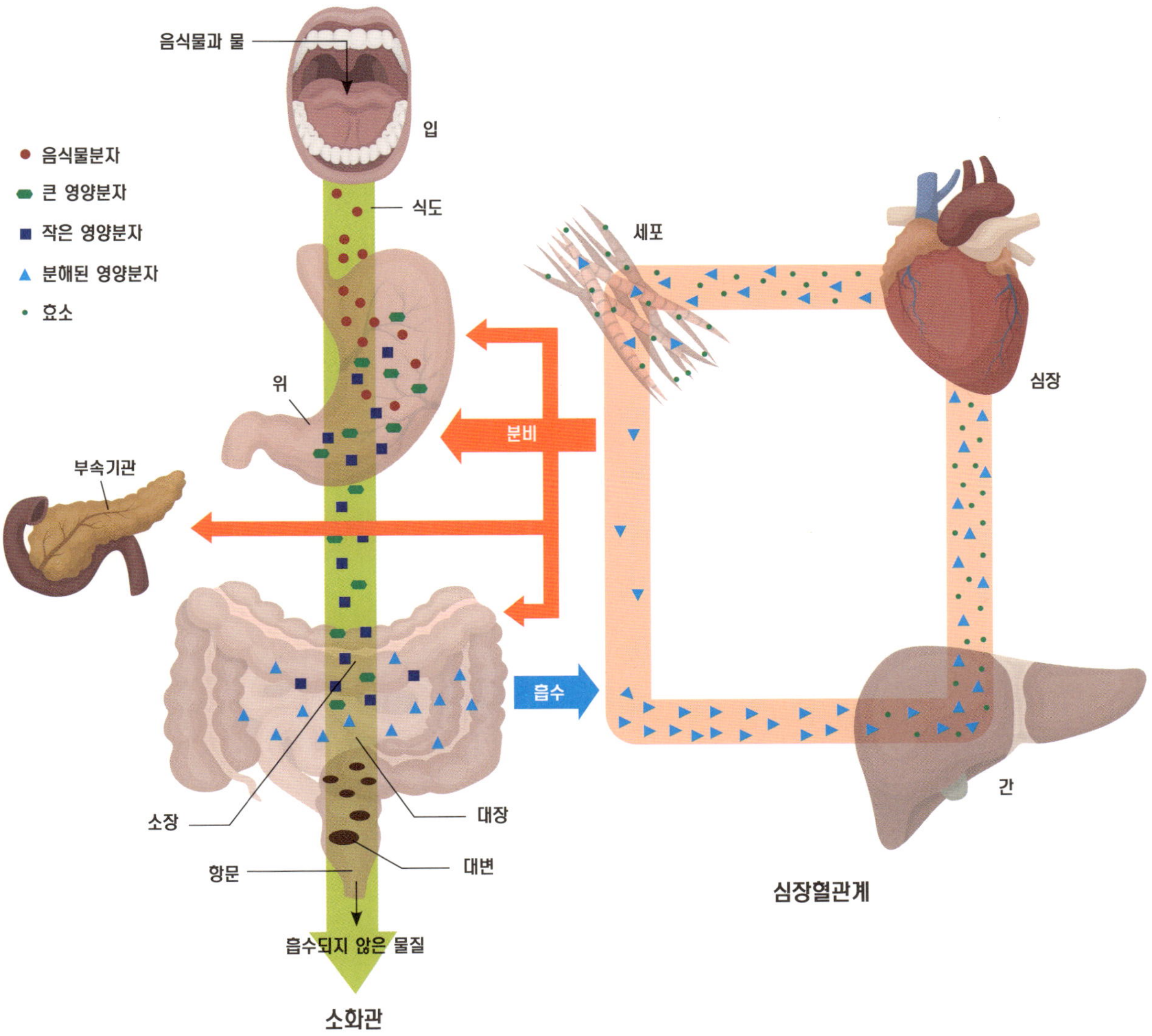
음식물과 물
입
음식물분자
큰 영양분자
작은 영양분자
분해된 영양분자
효소
식도
세포
심장
위
분비
부속기관
흡수
소장
대장
대변
항문
간
흡수되지 않은 물질
소화관
심장혈관계

소화기계의 생리개념

3. 소화기관별 생리작용

기관	기계적 작용	생리과정
구강 및 치아	저작	
인두	연하	
식도	휘저음 연동	
위	휘저음 연동	
소장	휘 저음 연동	
대장	강한 연동	
직장	강한 연동	

4. 소화기계의 구조

소화기계는 소화관으로 구강에서 항문에 이르는 긴 관으로 입 → 인두 → 식도 → 위 → 작은 창자(십이지장-공장-회장) → 큰 창자(맹장-결장-직장) → 항문에 이르는 약 9cm의 소화관과 소화액을 생선・분비하여 소화작용을 돕는 타액선, 간과 담낭, 췌장 등의 부속 소화기관으로 구성되어 있다.

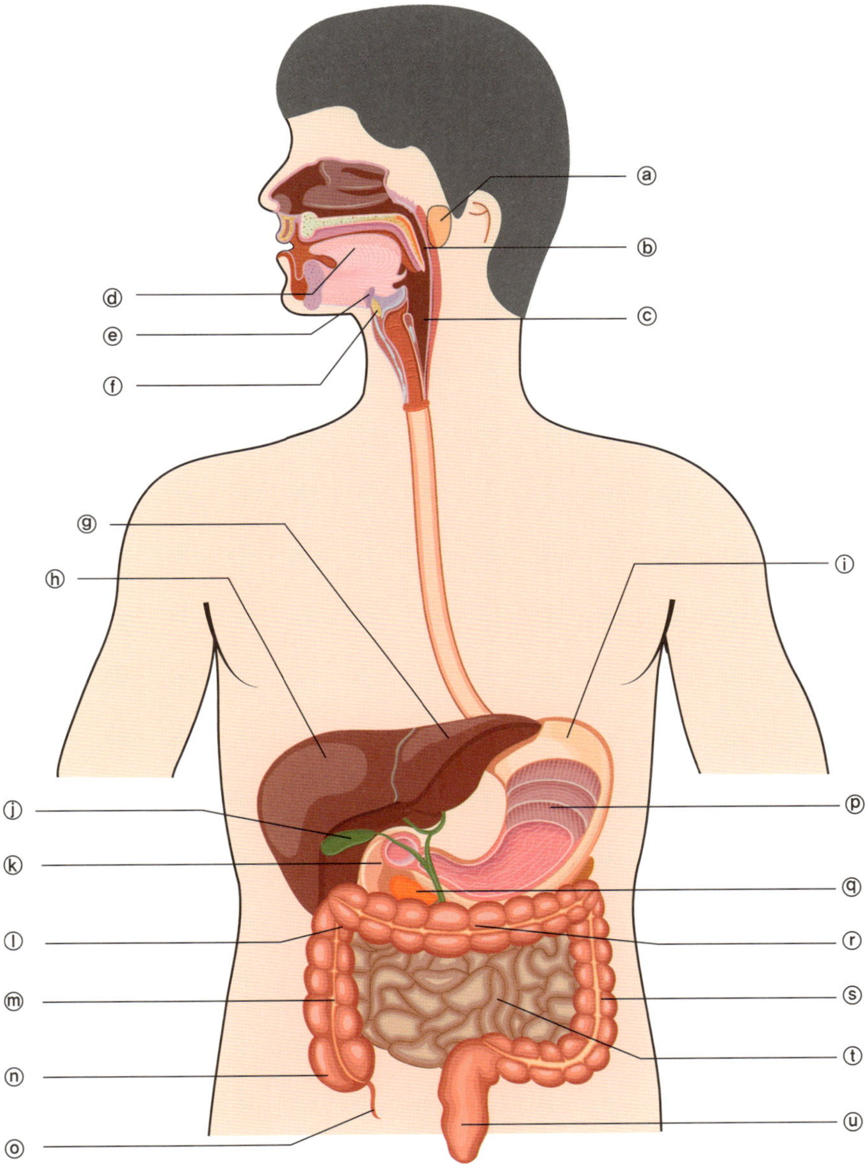

소화기계의 구조

1) 소화관 벽의 구조

(1) 점막층(Mucosa)

소화관 벽의 가장 내층으로, 상피세포층과 이것을 지지하는 결합조직으로 구성되어 있고, 상피(epithelium), 고유층(lamina propria), 점막 내 근육(muscularis mucosa)의 세층을 말하며, 상피세포는 외분비선을 이루어 소화액과 점액을 분비하며, 소화관의 점막을 보호하고 윤활제의 구실을 한다.

(2) 점막하층(Submucosa)

점막층의 바로 아래쪽에 위치하고, 신경세포가 분포되어 있으며, 아래의 근육층과 연결된 혈관과 림프관이 있다.

(3) 근육층(Muscularis externa)

근육의 수축과 이완으로 음식물이 혼합되고 이동하며, 모두 평활근으로 구성되어 있다.

(4) 장막층(Serosa)

소화관을 보호하고 지지하는 역할을 하며, 식도를 제외한 소화관의 가장 바깥층을 싸고 있는 결합조직이다.

2) 소화관의 구조

(1) 구강과 인두

구강 내에는 혀(tongue), 치아(teeth)가 있고, 혀에는 무수한 유두가 있다.
인두는 구강후방에 연속된 소화관의 한 부분으로서, 코인두, 입인두, 후두인두의 세부위로 통하며, 코인두는 호흡에 중요한 역할과 입인두와 후두인두는 호흡기계와 소화기계의 내용물을 전달하는 대표적인 기능을 하며, 음식물의 이동 통로인 동시에 공기의 통로이기도 하다.

(2) 식도(Esophagus)

식도는 약 25cm의 관으로 직경이 2cm정도이며, 기관과 심장 뒤쪽을 지나 횡격막을 관통하게 위에 연결되며, 음식물을 인두에서 위로 운반하는 역할을 한다.

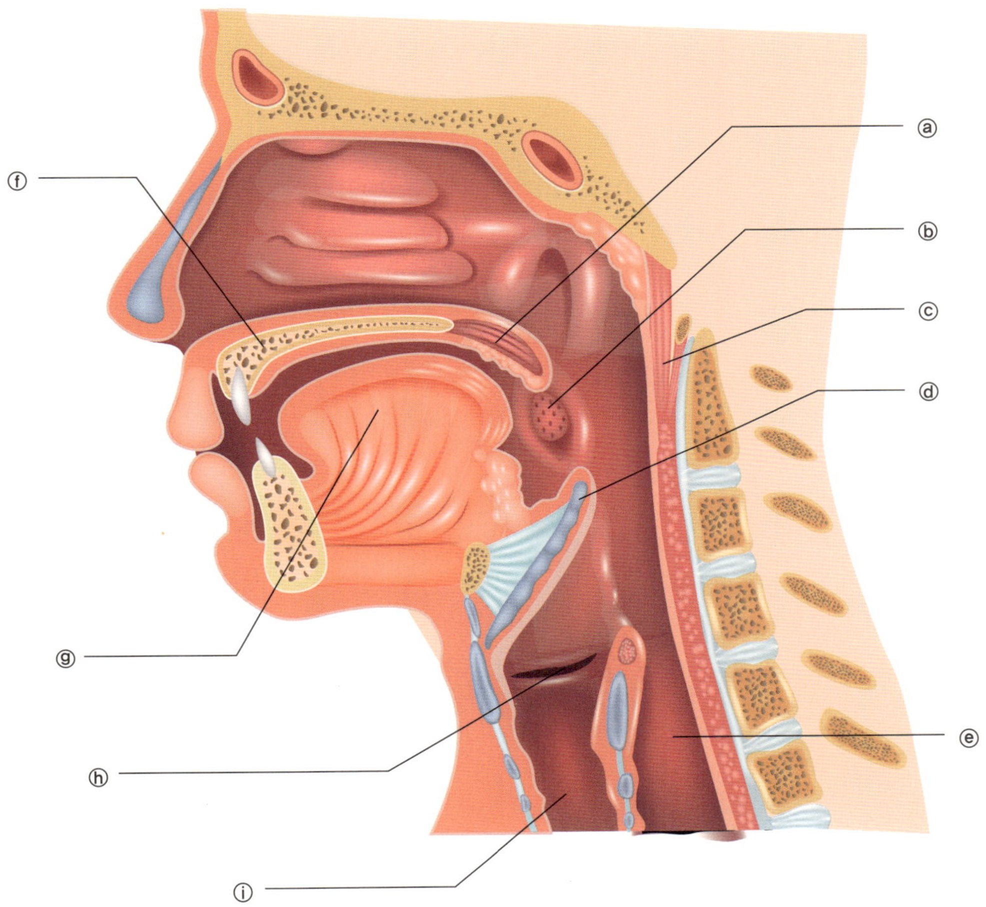

구강내 구조

(3) 위(Stomach)

위는 횡경막의 바로 아래 복강의 좌측에 위치하며, 대부분이 간에 의해 덮여 있는 장기이다. 위의 길이는 25cm 정도이며, 형태는 J형이 가장 많으나 개인에 따라 다르다. 위는 크게 분문부, 위체부, 유문부의 세부분으로 나뉜다.

- 분문부는 식도와 연결되는 부분으로 위저부를 포함한다.
- 위체부는 위의 가운데부분이다.
- 유문부는 십이지장으로 연결되는 부분으로 유문동과 유문괄약근을 포함한다.

① **위의 기능**

② 위의 소화시간

식사 후에 음식물을 다 비우는데는 대략 4시간이 걸린다. 액체와 탄수화물은 아주 빠르게 통과하며, 단백질은 시간이 조금 더 걸린다. 지방은 그보다 더 느려서 4~6시간이 걸린다.

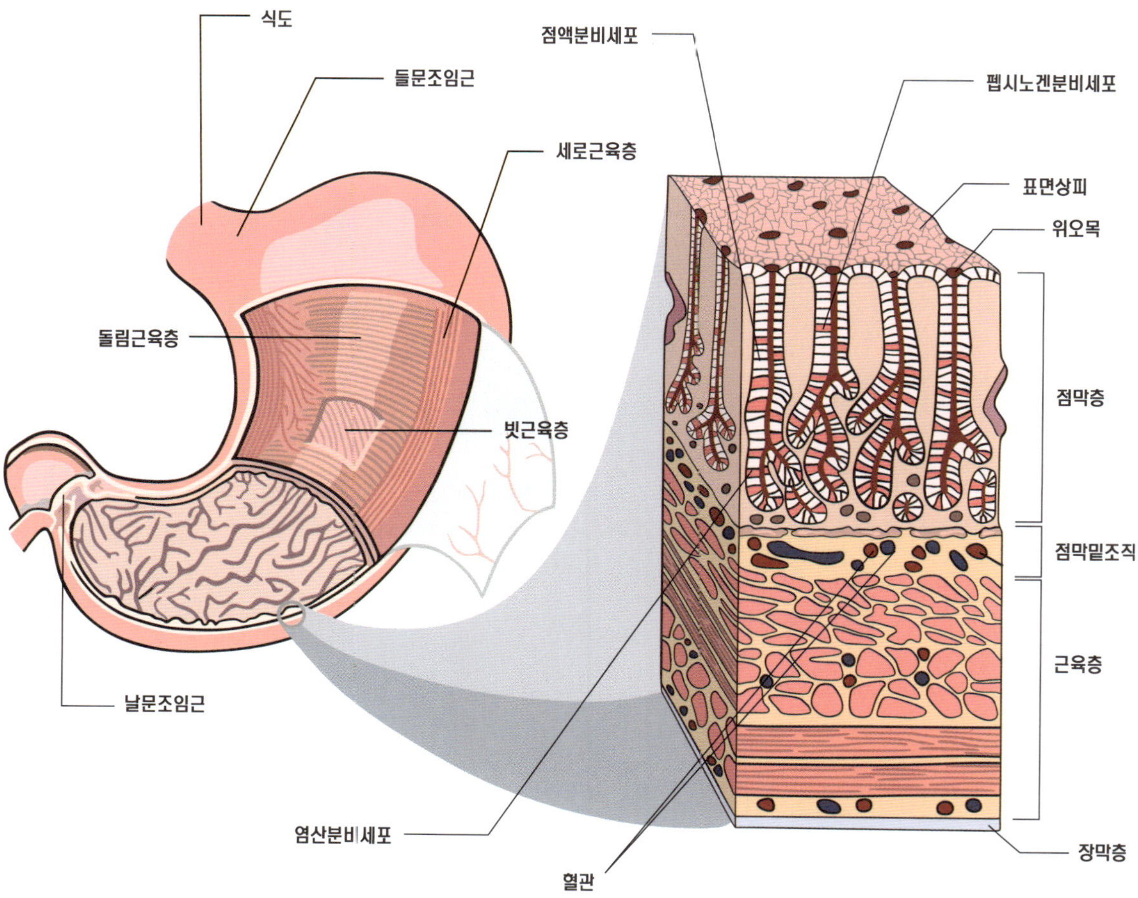

위의 구조

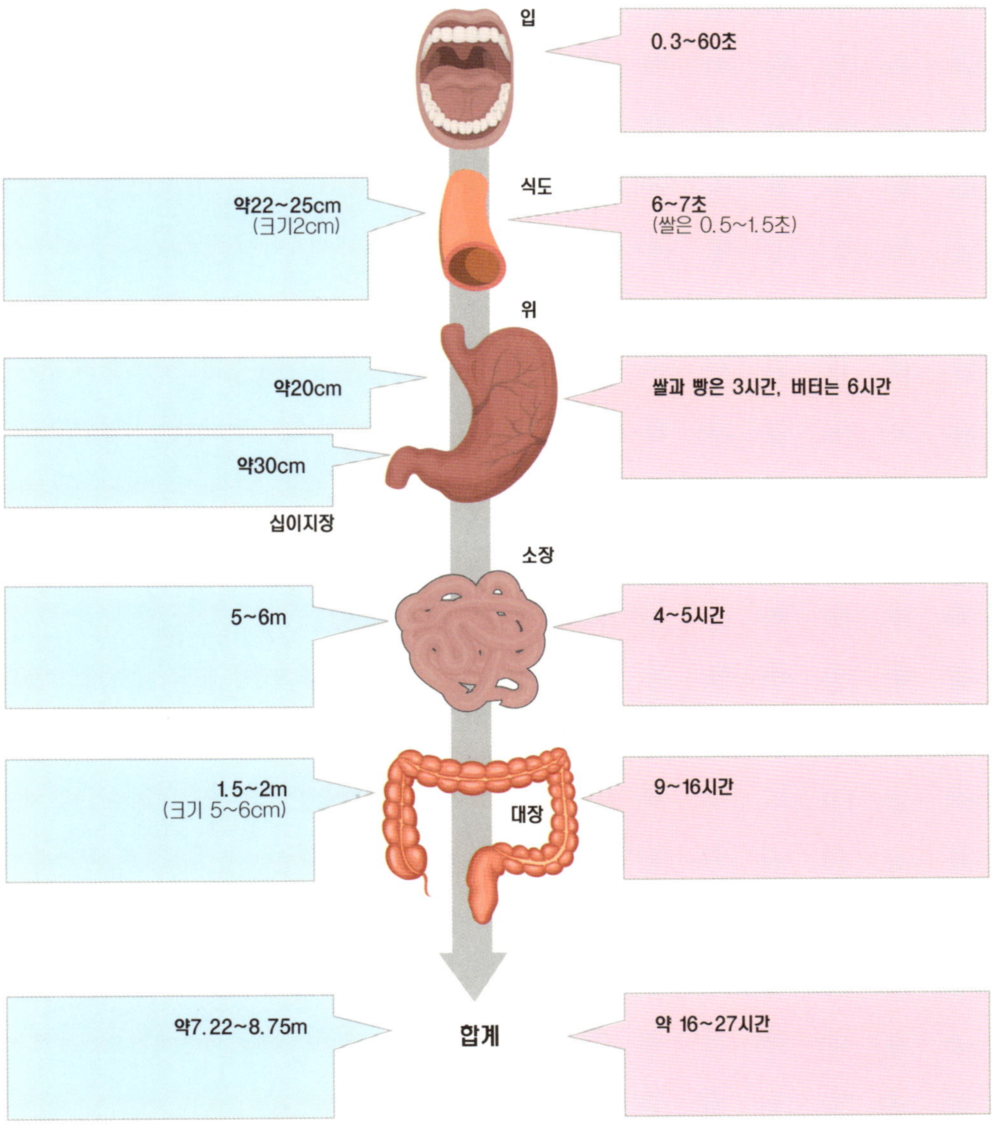
입
0.3~60초
식도
약22~25cm
(크기2cm)
6~7초
(쌀은 0.5~1.5초)
위
약20cm
쌀과 빵은 3시간, 버터는 6시간
약30cm
십이지장
소장
5~6m
4~5시간
1.5~2m
(크기 5~6cm)
대장
9~16시간
약7.22~8.75m
합계
약 16~27시간

음식물이 소화되는 과정

(4) 작은 창자(Small intestine)

작은 창자는 위의 날문조임근의 연속이며, 큰창자의 돌막창자판막(회맹판)까지 이르며, 어른의 경우 대략 6m정도의 길이다. 작은 창자에서 음식의 화학적 소화가 완전히 이루어지고 대부분의 영양분의 흡수가 일어나며, 각각의 주요3개의 부분을 포함하고 있다.

- 샘창자(십이지장, duodenum)은 약 25cm이고 이자머리의 주변으로, 쓸개와 이자로부터 나온 분비물들은 쓸개이자관팽대를 통해 샘창자로 방출되고 쓸개이자관팽대 조임근에 의해 샘창자의 구멍 안에 저장된다.
- 빈창자(공장, jejunum)는 작은창자의 중간부분에 있고, 길이는 약 2m이다.
- 돌창자(회장, ileum)는 작은창자의 끝 부위이며, 길이는 약 3m이고, 큰창자에 이어지는 부분이다.

① **작은창자의 기능**

(5) 큰 창자(Large intestine)

대장은 소장에 연결된 소화관으로 길이가 1.6~2m, 직경이 5~7cm정도이며, 막창자(맹장), 잘록 창자(결장), 곧창자(직장)으로 구분되며, 소화작용과 흡수작용은 없으며, 단지 수분 흡수만 일어나고 여러 종류의 장내 미생물이 기생하여 내용물을 부패시킨다.

- 막창자(맹장)은 큰창자에서 가장 굵고 짧으며, 맹장의 좌측후벽에 직경 0.6cm, 길이는 6.5cm 정도의 충수돌기라고 하는 작고 끝이 막힌 손가락 모양의 얇은 주머니가 달려 있다.
- 잘록 창자(결장)은 약 140cm로 부위에 따라 상행결장, 횡행결장, 하행결장, S상 결장으로 구분된다.
- 곧창자(직장)은 길이 15~20cm로 비교적 곧으며 항문에 연결된다.

(6) 항문(Anus)

소화관의 마지막 부분으로 평활근으로 구성된 내항문괄약근과 횡문근으로 구성된다.

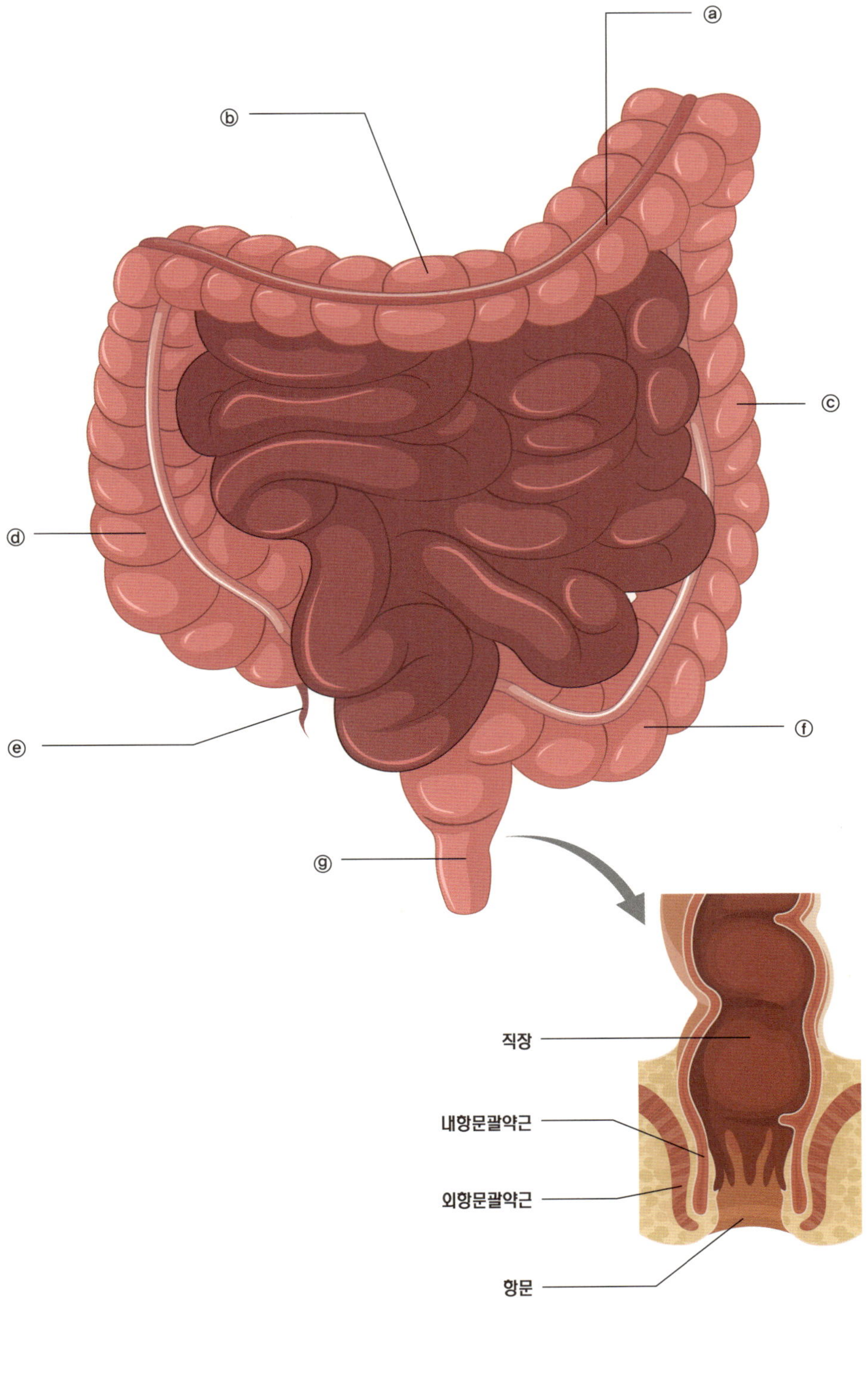

창자의 구조

5. 부속기관의 구조

1) 타액선(Salivary gland)

타액을 구강 내에 분비하는 침샘으로, 귀 밑에 좌우 한 쌍의 가장 큰 귀밑샘(이하선), 볼 내측에 있는 턱밑샘(악하선), 혀 밑에 있는 가장 작은 혀밑샘(설하선)이 있다.

- 침샘들은 하루에 약 1.5ℓ 의 침을 만든다.
- 침은 대부분이 물(99.4%), 항체, 완충제, 이온, 노폐물, 효소 등으로 구성되어 있으며, 효소는 세포로 구성돼 유기촉매로서 화학적 반응을 빠르게 작용한다.

2) 간(Liver)

간은 여러 기능을 가진 가장 큰 기관들 중 하나이다. 무게가 약 1.5kg이며 횡경막 아래에 위치하며, 큰 우엽과 작은 좌엽의 두 구역으로 나뉜다. 중앙 하부에는 간문이 있고, 그곳으로 간문맥, 간동맥, 간관, 림프관이 출입하고 있으며, 간문 후방에 간정맥이 나와 있다. 또한 간동맥과 간문맥으로 혈액을 공급받으며, 1분당 약 1,500ml의 혈액이 간을 통해 순환된다.

① 간의 주요기능

대사기능	기능
탄수화물 대사	·
단백질 대사	·
지질대사	·
비타민과 미네랄 대사	·
적혈구의 분해, 미생물에 대한 방어	·
약물과 유해물질의 해독	·
담즙생성	·

3) 담낭(쓸개, Gallbladder)

담낭은 가지와 같은 형태를 나타내며, 간의 좌엽 아래쪽에 부착되어 있고, 부피가 30~50ml정도 되는 기관이며, 간우엽 아래쪽에 위치하고 있다. 간에서 배출되는 담즙을 농축하고 저장・배출하는 기능을 한다.

4) 췌장(이자, Pancreas)

췌장은 복강 내 가장 깊숙한 곳에 위치하고, 위의 후방에 좌우로 걸쳐 있으며, 길이는 약 15cm, 넓이는 3~5cm, 두께가 약 2cm, 정도의 약간 붉은색을 띤 회백색의 부드러운 조직이다.

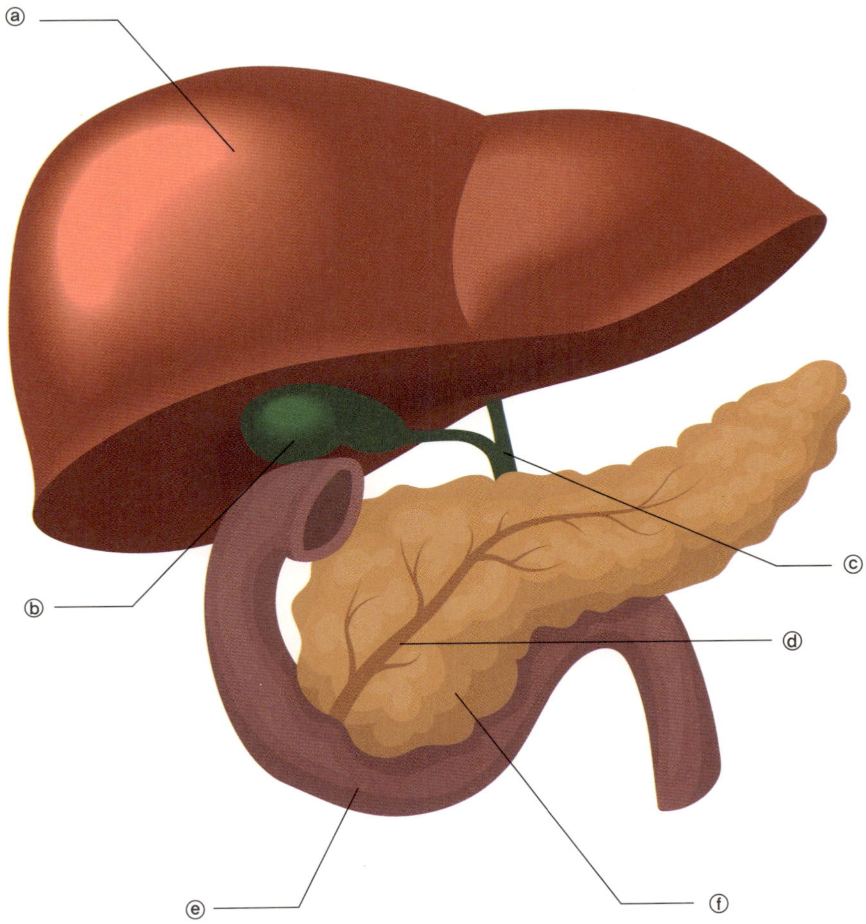

부속기관의 구조

02. 소화기계의 기능

1) 소화작용

음식물로 섭취된 영양소를 혈액이나 림프액에 흡수 가능한 상태까지 화학적 · 기계적 용해, 분해하고 흡수되는 부위로 운반하는 작용

(1) 화학적 소화

소화관 각 부위에 분비되는 특유의 성분을 갖는 소화액에 의해 일어나는 다음 여러 가지 작용

화학적 소화	

(2) 기계적 소화

소화관 각 부위의 특유의 소화관 운동에 의해 소화물 덩어리를 소화액에 충분히 접촉하고 이동시키는 작용

기계적 소화	

(3) 세균학적 소화

대장에는 장 미생물총이라고 하는 약 1kg 정도의 세균이 서식하며, 소화물의 분해, 발효, 부패작용 등에 의해 생존하면서 사람에게 유익한 영양소(Vit K)를 합성할 뿐 아니라, 여러 영양소의 흡수를 돕는 소화작용에 관여한다.

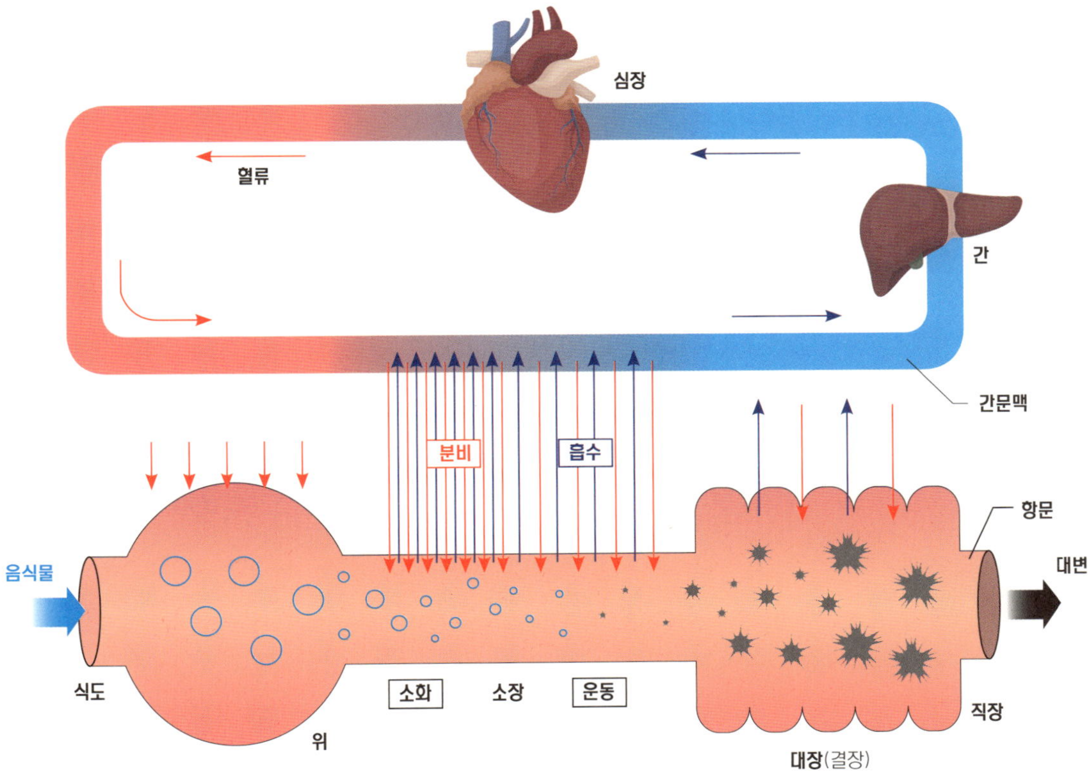

심장
혈류
간
간문맥
분비
흡수
항문
음식물
대변
식도
위
소화
소장
운동
직장
대장(결장)

2) 소화액의 분비

소화액은 타액선과 단 및 췌장의 외분비선이나 소화관 내의 소화선에서 합성되어 소화관의 내강으로 분비된다. 소화선의 종류에는 분비세포의 종류와 분포에 따라 소화효소를 합성하는 세포들이 많은 장액선, 점액 분비 세포들이 많은 점액선, 점액과 장액을 모두 분비하는 혼합선으로 구분된다.

[소화효소의 종류와 작용]

기질영양소	분비기관	분해효소	기질	분해산물
탄수화물	타액선, 췌장	아밀라아제		
	장	말타아제		
		락타아제		
		수크라아제		
단백질	위	펩신		
	췌장			
	장			
	췌장	카르복시펩티다아제		
지질	위, 췌장			
	췌장			

3) 소화관 운동

소화관 평활근의 수축운동을 말하며, 이 운동에 의해 소화관 내용물이 혼합되면서 구강 쪽에서 항문쪽으로 이송되며, 운동에는 4가지 형태의 평활근, 즉 환상근, 종주근, 괄약근, 점막근판이 관여한다.

소화관 운동		
긴장성 수축	· 소화관 벽 평활근의 긴장을 유지하고 소화관 형태와 기능을 정상적으로 유지 · 몇 분에서 몇 시간 동안 지속되며, 위의 전방 부위나 괄약근에 주로 나타남	
율동적 수축	연동운동	
	분절운동	

4) 소화관 기능과 분비의 조절

소화관에는 신경계와 내분비계에 따른 반사조절작용에 의해 정교하게 조절된다.

[소화관 기능과 분비 조절]

소화관 기능의 조절	
신경성조절	
체액성 조절	
소화액 분비의 조절단계	
뇌상	
위상	
장상	

[소화관 호르몬의 종류와 특성]

		가스트린 (gastrin)	콜레시스토키닌 (cholecystokinin, CCK)	세크레틴 (secretin)	GIP (glucose dependent insulinotropic peptide)
화학적 분류					
생성부위					
호르몬분비 자극인자					
호르몬 분비 억제인자					
표적기관의 반응					
위	위산분비				
	운동				
	점막증식				
췌장	중탄산염 분비				
	효소분비				
	인슐린분비				
	외분비선				
	증식				
간	중탄산염 분비				
담낭					
오디괄약근					
소장	운동				
	점막증식				

03. 영양소의 흡수

1) 물의 흡수

물은 유미즙 중에 가장 많은 성분이며, 소장점막세포는 물에 대하여 매우 투과성이 크며, 용질의 능동적인 이동에 의해 수분의 농도차가 생길 때만 수분의 확산이 일어나게 된다. 나트륨 이온의 흡수는 주로 능동적 이동을 Na^+, -K^+펌프를 이용하게 되며, 하루에 약 2,000mL의 섭취된 물과 소화관 점막 및 부속샘에서 분비된 7,000mL의 용액이 이동되어 오지만, 이중 98%가 흡수되고 약 200mL만이 대변으로 배설된다.

2) 탄수화물의 흡수

소장 내에서 대부분 단당류 또는 이당류로 가순분해 된 후에 주로 소장에서 흡수되는데, 능동적인 방법과 수동적인 방법에 의해 이동된다.

- 포도당은 소장점막에서 운반체와 결합하여 세포안으로 흡수되며, 포도당운반체는 Na^+이온과도 결합하여, Na^+의 농도차에 따라 세포 안으로 이동될 때에 같이 이동된다.

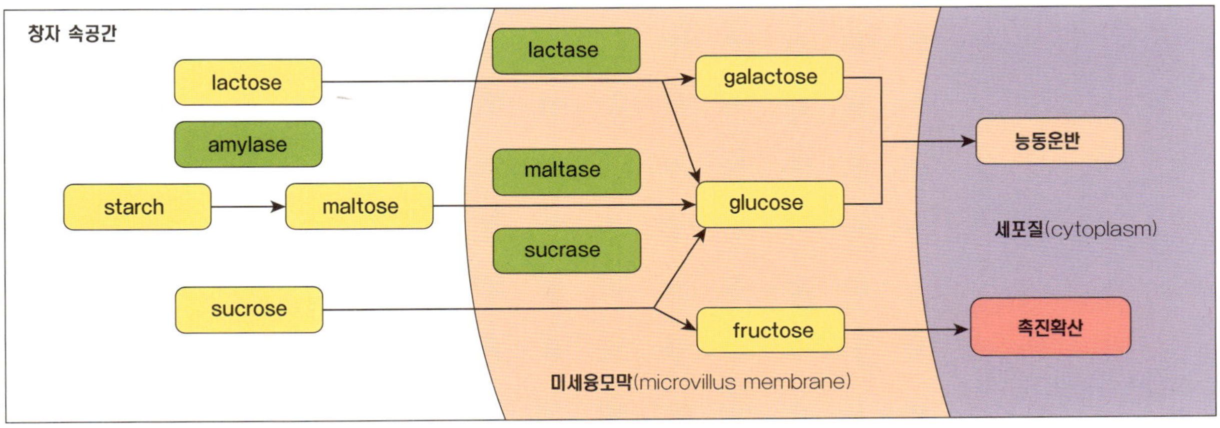

(a) 탄수화물 흡수기전

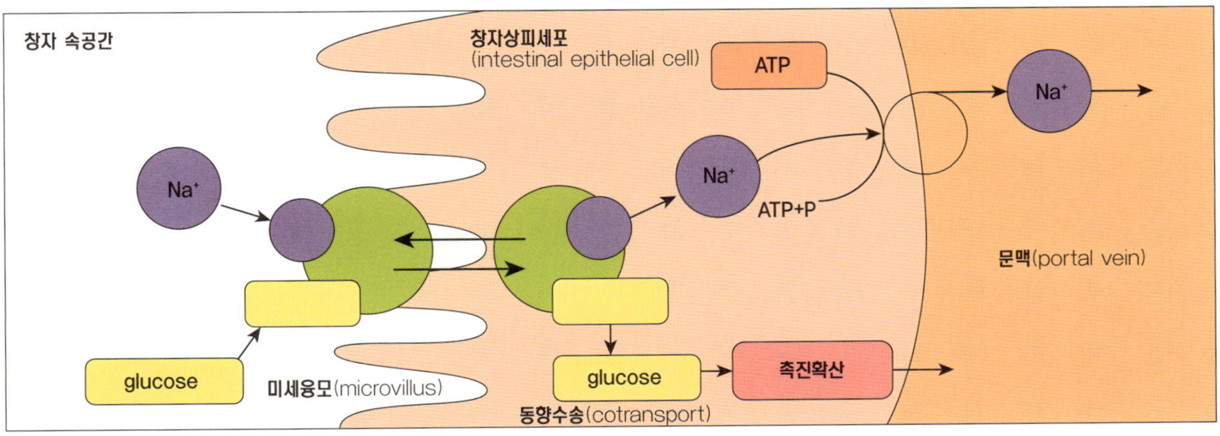

(b) 탄포도당과 Na^+의 운반체매개 운반과정

탄수화물의 흡수

3) 단백질의 흡수

단백질은 아미노산뿐만 아니라, 펩티드로 흡수된다. 소장에서 펩티드나 아미노산으로 분해되는데, 아미노산은 능동적인 방법과 수동적인 운반방법에 의해 장점막을 통해 흡수된다.

4) 지방산과 글리세롤의 흡수

지방은 소장 내에서 지방산, 글리세롤 및 모노글리세리드로 가수분해 되며, 음식물 속에 포함된 지방은 탄소수가 많은 지방이 대부분으로, 이들이 가수분해 되면 글리세롤과 탄소 수 14개 이상인 지방 및 모노글리세리드를 형성하게 된다.

5) 비타민의 흡수

일반적으로 수용성 비타민 B와 C는 융모의 모세혈관 내로 신속하게 흡수되며, 지용성 비타민 A, D, E, K는 지방의 경우와 같이 쓸개즙산염과 결합하여 중심 융모강 내로 흡수되며, 비타민12는 빈창자에서 흡수된다.

6) 무기질의 흡수

소화관 속에 Na^+는 능동적으로 소장 상부에서 흡수되며, 이 때 알도스테론(aldosterone)은 공장과 회장에서 Na^+의 흡수를 촉진시키며, 칼륨은 소장에서 수동적으로 흡수되지만 대장에서는 전기화학적 경사에 따라 흡수되거나 분비될 수 있다.

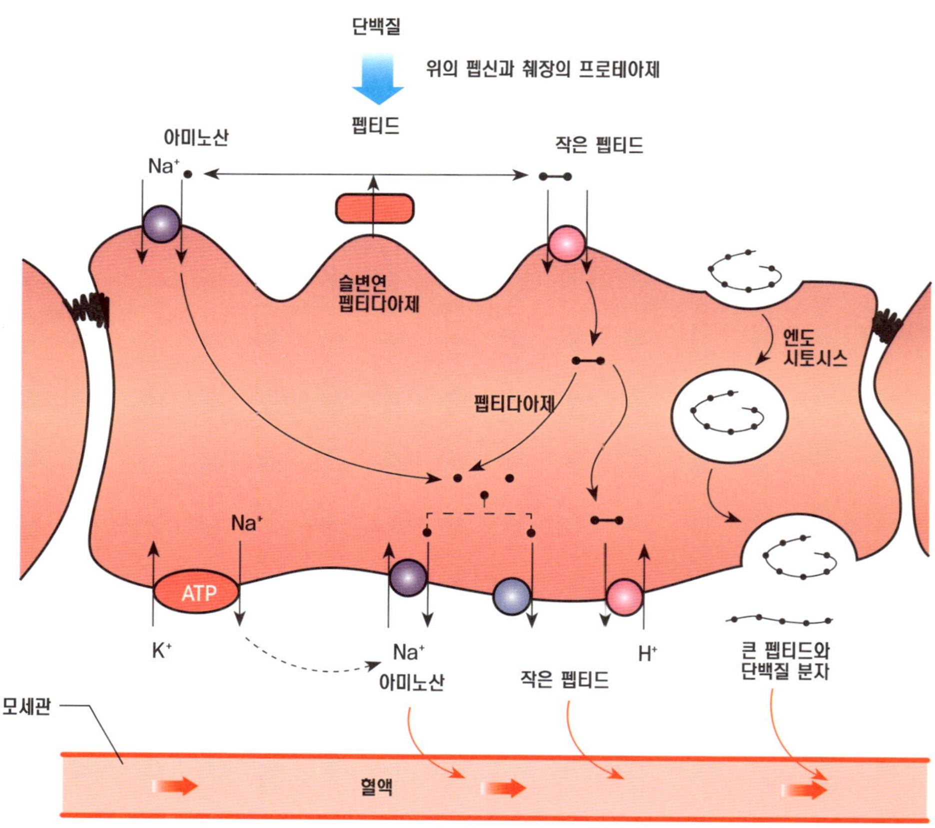

펩티드의 흡수

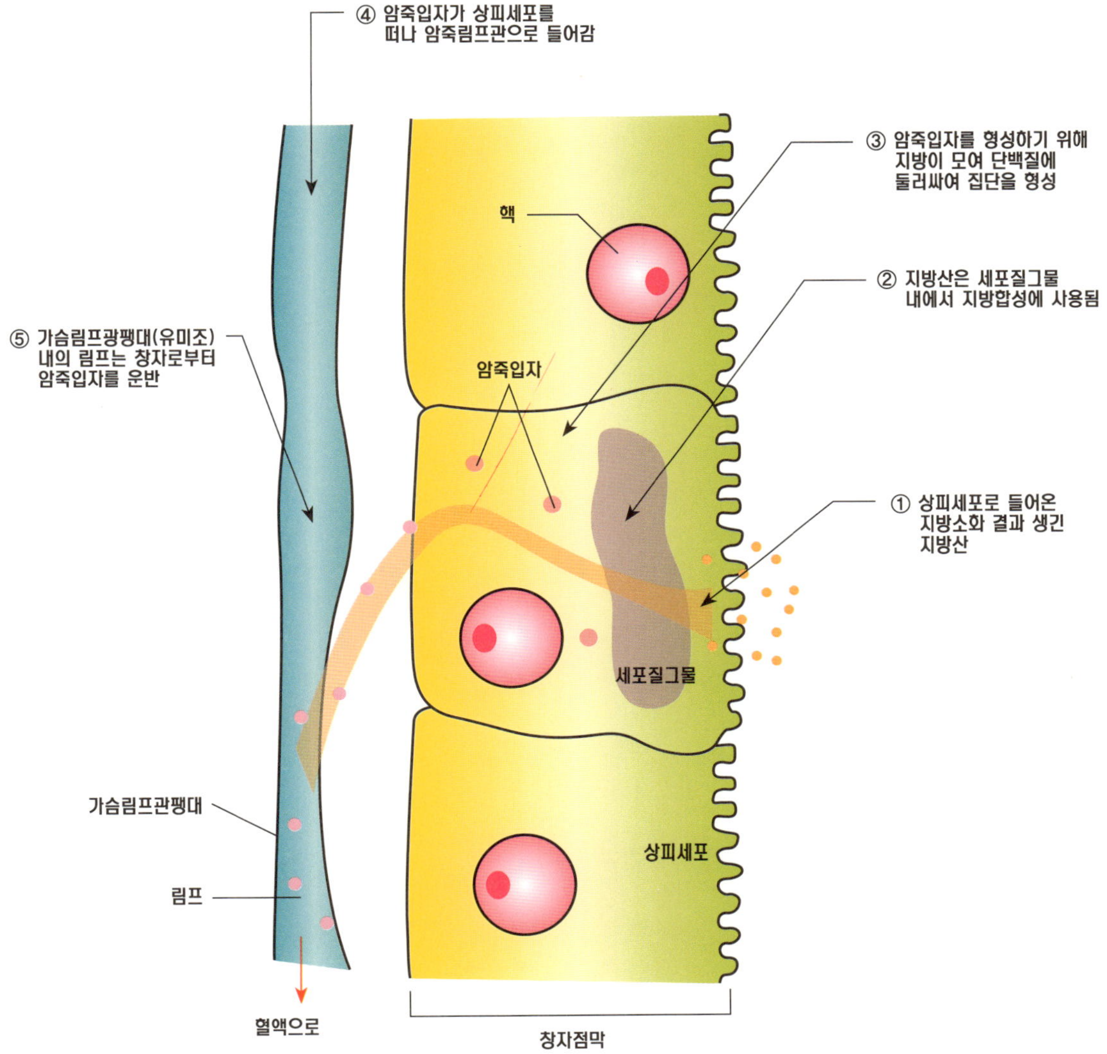
④ 암죽입자가 상피세포를
떠나 암죽림프관으로 들어감
③ 암죽입자를 형성하기 위해
지방이 모여 단백질에
둘러싸여 집단을 형성
핵
② 지방산은 세포질그물
내에서 지방합성에 사용됨
⑤ 가슴림프광팽대(유미조)
내의 림프는 창자로부터
암죽입자를 운반
암죽입자
① 상피세포로 들어온
지방소화 결과 생긴
지방산
세포질그물
가슴림프관팽대
상피세포
림프
혈액으로
창자점막

지방의 흡수단계

소화기계

Gastrointestinal system

1. 소화기계는 거대분자로 구성되어 있는 음식물을 작은 분자의 형태로 소화시키고, 혈액과 림프를 통해 흡수 시키는 중요한 역할을 수행한다.

2. 소화기계의 생리적 개념은 섭취, 이동, 소화, 흡수, 배설의 과정이다.

3. 소화기관별 생리작용은 구강 → 인두 → 식도 → 위 → 작은창자 → 큰 창자 → 직장의 생리과정을 말한다.

4. 소화기계의 부속기관의 구조는 타액선, 간, 쓸개, 이자 등이 있다.

5. 타액선은 구강 내에 분비하는 침샘으로 이하선, 악하선, 설하선이 있다.

6. 간은 여러 기능을 가진 가장 큰 기관들 중 하나이며, 탄수화물대사, 단백질대사, 지질, 비타민과 미네랄 대사, 약물과 유해물질의 해독, 담즙생성을 중요한 역할을 한다.

7. 담낭은 간에서 배출되는 담즙을 농축하고, 저장・배출하는 기능을 한다.

8. 췌장은 외분비조직과 내분비조직이 있으며, 약간 붉은색을 띤 회백색의 부드러운 조직이다.

9. 소화작용은 음식물로 섭취된 영양소를 혈액이나 림프액에 흡수 가능한 상태까지 화학적・기계적 용해, 분해하고 흡수되는 부위로 운반하는 작용을 한다.

10. 화학적작용은 소화관 각 부위에 분비되는 특유의 성분을 갖는 소화액에 의해 일어 나는 여러 가지 작용이다.

11. 기계적작용은 소화관 각 부위의 특유의 소화관 운동에 의해 소화물 덩어리를 소화액에 충분히 접촉하고 이동시키는 작용이다.

12. 세균학적 소화는 소화물의 분해, 발효, 부패작용 등에 의해 생존하면서 사람에게 유익한 영양소를 합성할 뿐 아니라 영양소의 흡수를 돕는 소화작용에 관여한다.

13. 소화효소의 종류에 탄수화물의 분해효소는 아밀라아제, 말타아제, 락타아제 등이 있다.

14. 소화효소의 종류에 단백질의 분해효소, 지질의 분해효소, 소화액의 분비는 장액선, 점액선, 혼합선 등이 있다.

15. 전분과 글리코겐의 소화는 침 아밀라아제의 작용으로 입에서 시작하여, 소장에서 이자 아밀라아제로 계속된다.

16. 소장의 섬모가장자리 효소는 탄수화물을 단당류로 분해하고 단당류는 점막상피를 통해 수송되어 혈류로 확산된다.

17. 단백질 소화는 위에서 펩신의 작용으로 시작하여 이자효소(트립신, 키모트립신, 카르복시펩티다아제가 포함되며 이들은 비활성자이모겐으로 분비되어 위장관 내로 들어와 활성화된다)와 막결합 효소(아미노펩티다아제 포함)에 의해 소장에서 계속된다.

소화기계

Gastrointestinal system

괄호넣기 및 연결하기

1. 소화의 형태와 설명으로 옳은 답을 골라 알파벳을 적으시오.
   1) 화학적 소화 (　　,　　)
   2) 기계적 소화 (　　,　　)

> a. 음식이 작은 조각으로 나누어진다.
> b. 음식이 단순한 분자로 변화된다.
> c. 특별한 효소가 관여된다.
> d. 소화효소의 작용을 위해 더 넓은 표면적을 만든다.

2. 소화의 최종산물에 대하여 서술하시오.
   1) 지질 →
   2) 단백질 →
   3) 탄수화물 →

3. 위선세포와 분비물을 적절하게 연결하여 알파벳으로 적어 넣으시오.
   1) 점액세포 (　)
   2) 주세포 (　)
   3) 벽세포 (　)
   4) G 세포 (　)

> a. 펩신의 불활성 형태인 펩시노겐을 분비한다.
> b. 펩신을 활성화시키는 염산을 분비한다.
> c. 위점막 보호를 돕는 점액을 분비한다.
> d. 음식물이 위에 들어 왔을 때 가스트린을 분비한다.

4. 다음 괄호 안에 각 기관에서 분비하는 분해효소와 분해산물을 쓰시오.

기질영양소	분비기관	분해효소	기질	분해산물
단백질	위	①	내부 펩티드결합	펩티드
	췌장	트립신, 키모트립신	내부 펩티드결합	②
	장	③	아미노기 말단에 작용	④
	췌장	카르복시펩티다아제	카르복실기 말단에 작용	아미노산
지질	위, 췌장	리파아제	트리글리 세라이드	⑤
	췌장		인지질	리소인지질과 유리지방산

객관식

1. 간의 기능에 대한 설명 중 잘못된 것은?
   ① 갈락토오스와 과당이 포도당으로 변화된다.
   ② 빌리루빈을 합성하고 담즙으로 배설한다.
   ③ 지나친 아미노산의 사용에 대하여 첫 번째로 탈아민화를 한다.
   ④ 베타산화과정은 에너지를 생성하는데 전분을 사용하도록 한다.

2. 위의 장내분비세포의 기능은 무엇을 생산하는가?
   ① 펩신 ② 점액 ③ 염산 ④ 가스트린

3. 침의 기능에 해당하지 않은 것은?
   ① 맛 ② 단백질소화 ③ 전분소화 ④ 삼킴

4. 위에 대한 설명 중 잘못 된 것은?
   ① 염산은 pH7~8 정도 되기 때문에 위로 들어오는 미생물을 파괴한다.
   ② 추벽(rugae)은 위를 확대시킬 수 있도록 점막이 접혀져 있는 것이다.
   ③ 펩시노겐은 염산에 의해 펩신으로 바뀐다.
   ④ 위의 민무늬근층은 음식을 위액으로 섞기 위해서 수축한다.

5. 소화과정에 대한 설명 중 잘못 된 것은?

① 전분의 마지막 산물을 포도당이다.

② 기계적 소화는 음식의 표면을 넓혀 준다.

③ 각 소화효소는 2가지 형태의 음식을 소화 한다.

④ 담즙산염에 의한 지방유화는 기계적 소화의 형태이다.

6. 소화액 분비의 조절에 대한 설명 중 잘못 된 것은?

① 가스트린은 위액분비를 자극한다.

② 침분비 자극은 교감신경 반응이다.

③ 콜레시스토키닌은 담낭을 수축한다.

④ 세크레틴은 간에서 담즙을 생성하도록 자극한다.

호흡기계

Respiratory System

08

Respiratory System

01. 호흡에 대한 이해
02. 호흡기계에 대한 이해
03. 호흡기계 구조와 기능
04. 호흡의 생리
05. 가스교환

Chapter 08

호흡기계

Respiratory System

학습목표	호흡기계의 구조와 기능을 이해하고 설명할 수 있다.

1. 호흡의 실질적인 과정를 이해하고 설명할 수 있다.
2. 호흡기계를 구성하는 인체 부위별 구조와 기능에 대하여 이해하고 설명할 수 있다.
3. 호흡의 생리작용에 대하여 이해하고 설명할 수 있다.
4. 가스교환과정에 대하여 이해하고 설명할 수 있다.

01. 호흡에 대한 이해(Learning Respiration)

1) 호흡(Respiration)

대기로부터 산소를 체내로 흡입하고 세포의 대사과정 중에 발생한 이산화탄소를 체외로 배출하는 전 과정을 말한다.

2) 호흡의 과정

호흡의 과정은 흡식과 호식작용을 교대로 반복함으로서 진행된다.

① **흡기**(inspired air) : 폐로 들어가는 공기

② **흡식**(inspiration) : 흡기를 빨아들이는 작용

③ **호기**(expired air) : 폐로 나가는 공기

④ **호식**(expiration) : 호기를 밖으로 내보내는 작용

3) 호흡의 종류

① **외호흡**(external respiration)

폐포와 혈관 사이에서 산소와 이산화탄소의 가스가 교환되는 과정으로서 폐호흡이라고도 한다. 외호흡(폐호흡)은 호흡계통의 주기능이다.

② **내호흡**(internal respiration)

전신의 모세혈관과 각 조직의 세포 사이에서 이루어지는 과정으로서 세포에서 산소를 소비하는 대사과정의 조직호흡이라고도 한다.

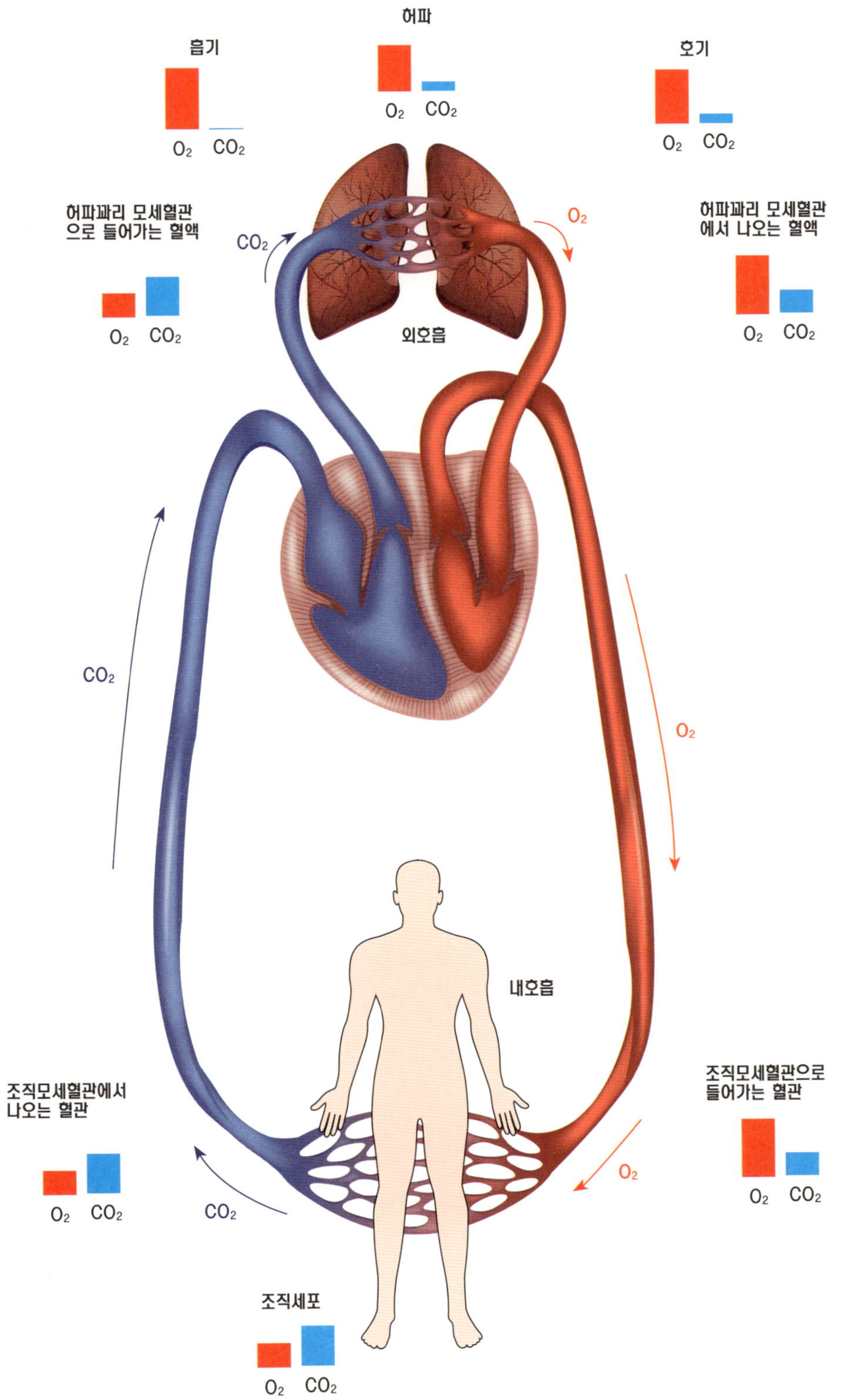

호흡과정에 의한 가스교환

02. 호흡기계에 대한 이해(Learning Respiration system)

1) 호흡기계(Respiratory System)

호흡기기계란 외호흡(폐호흡)을 통하여 외부로부터 흡입한 공기를 폐포내로 흡입시켜 혈액에 산소를 공급하고, 세포를 포함한 조직에서 운반된 혈액속의 이산화탄소를 공기 중에서 내보내는 시스템을 말한다. 따라서 호흡계통의 1차적인 역할은 대기에서 산소를 얻고 체내에서 생성된 이산화탄소를 제거하는 것이다.

이러한 호흡기계는 코(nose), 인두(pharynx), 후두(larynx), 기관(trachea), 기관지(bronchus) 및 폐(lung)로 구성되어 있다.

2) 호흡계통의 구성요소

① **허파** : 호흡기계의 주기능 역할을 하는 폐호흡의 중심부로서 생명의 중추적인 기관임

② **상기도와 하기도** : 외부의 공기가 체내로 소통되는 통로 임

③ **폐포(허파꽈리)** : 실제적인 가스교환이 발생하는 곳으로서 가스교환을 위해 모세혈관으로 둘러싸여 있음

④ **가슴우리** : 호흡기계의 주된 역할을 하는 폐의 기능이 활성화될 수 있도록 보호하는 역할

⑤ **호흡** : 외부에서 공기가 흡입되고 내부의 이산화탄소가 배출되는 폐호흡은 갈비사이근, 가로막, 부속근에 의해서 진행됨

3) 호흡계통의 기능

① 혈액안에 산소를 공급하고 이산화탄소를 배출시킨다.

② 혈액의 이산화탄소 농도를 바꿈으로써 혈액의 pH를 조절한다.

③ 호흡시 성대를 통과하는 공기로 인하여 목소리 발성이 가능하다.

④ 호흡을 통해 코안으로 들어오는 공기분자의 자극을 통하여 냄새감각이 발생된다.

⑤ 호흡을 통해 들어오는 공기를 가온, 가습, 여과하여 허파로 보내진다.

⑥ 기침과 재채기 등의 반사적인 방어적 작용을 통해 면역기능이 가능하다.

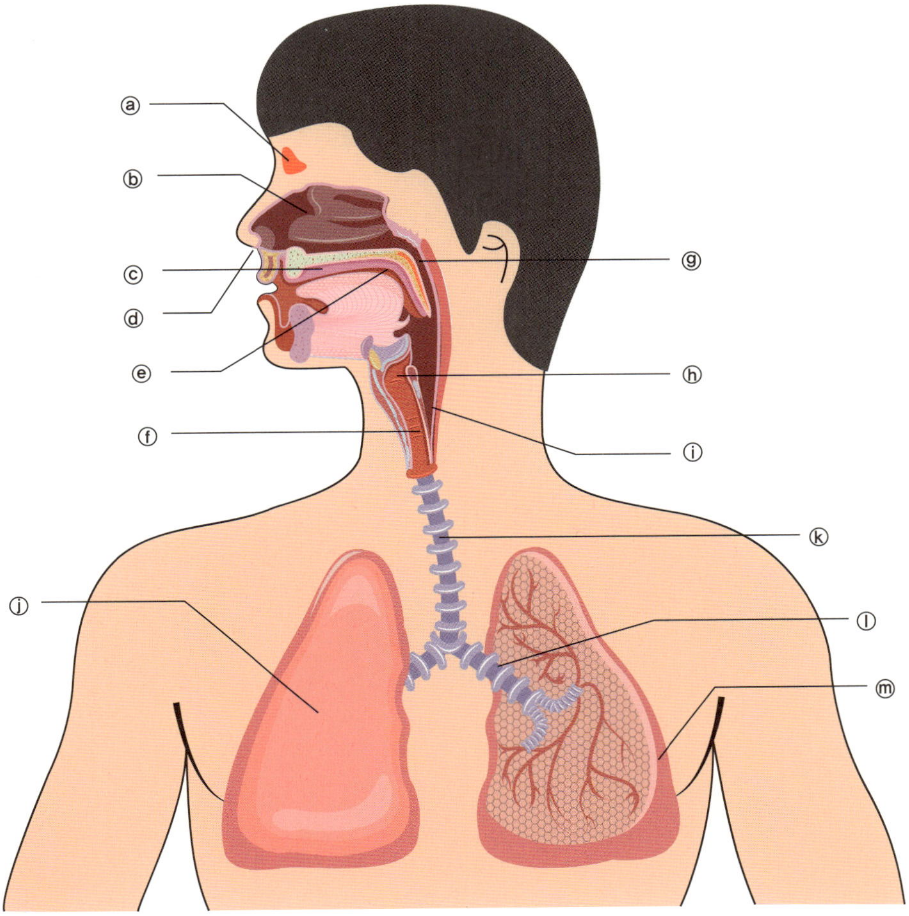

호흡기계

03. 호흡기계 구조와 기능(해부학)

호흡기계은 크게 상기도와 하기도로 구별된다. 상기도(upper respiratory tract)는 코, 코안(비강), 부비동, 인두 및 이들과 관련된 구조물이며, 하기도(upper respiratory tract)는 후두, 기관, 기관지와 허파(폐)를 포함한다.

1) 상기도(Upper air way)

① 코(nose)

외부에서 확인 되는 호흡기계에 속하는 기관으로서 공기가 흡입되는 첫 번째 통로이다.

위치	얼굴 중앙에 돌출한 삼각추 모양으로 위치
구조 및 구성	코의 돌출된 부위를 바깥코(external nose; 외비)라 하며, 외비는 콧등과 측면에 덮여져 있는 피부는 얇고 많은 지방선이 존재함. 외비의 시작 부분은 뼈이지만, 대부분은 유리연골로 구성됨
기능 및 특징	외부공(콧구멍, nostril ; external nares)은 외부로부터 흡입되는 공기가 비강으로 드나들 수 있는 출구이며, 외부공 안에 존재하고 있는 많은 코털(비모)은 흡입한 공기 중의 먼지 등의 큰 입자를 거르는 작용을 함

② 비강(nasal cavity)

코 안쪽의 빈공간으로서 코안으로 공기가 출입하는 통로이다.

위치	
구조 및 구성	
기능 및 특징	

③ 부비동(paranasal sinuses)

비강을 형성하고 있는 뼈 안의 공기가 들어있는 공간으로서 비강과 연결되는 있다. 머리뼈에는 공기가 차 있는 굴(sinus)이 작은 통로를 통해 코안(nasal cavity)에 연결되어 있다. 이들은 코 주변에 위치하고 있기 때문에 코결굴(paranasal sinus)이라 불리운다.

위치	
구조 및 구성	
기능 및 특징	

④ 인두(pharynx)

목구멍(throat)이라 불리 우는 약 13cm의 길이의 깔대기 모양의 근육조직의 섬유성관의 통로이다. 통로로 코와 입으로 흡입된 공기, 입으로 들어온 음식물과 물이 지나감에 따라 호흡기계와 소화기계의 두가지 역할를 모두 수행한다.

위치	
구조 및 구성	
기능 및 특징	

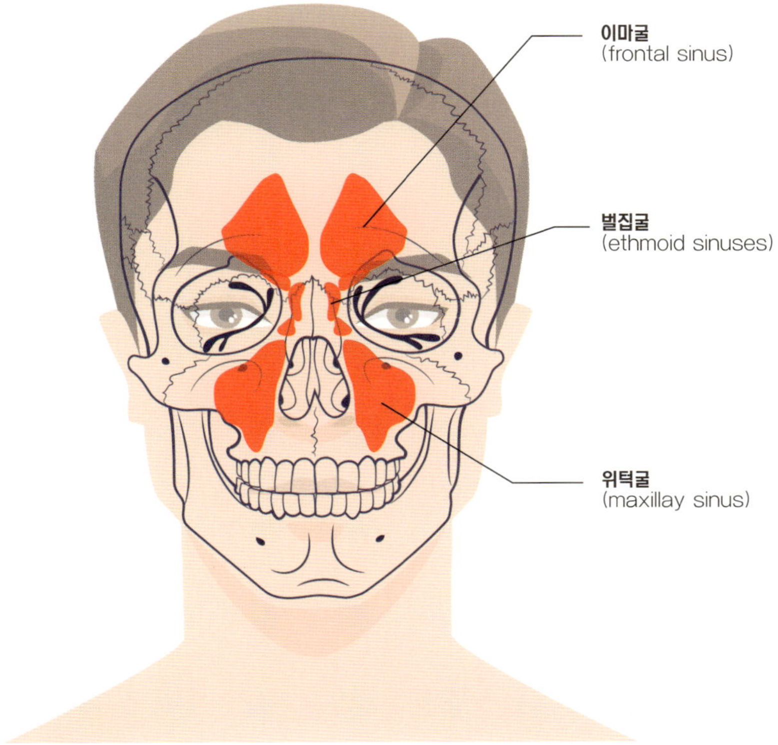

이마굴
(frontal sinus)
벌집굴
(ethmoid sinuses)
위턱굴
(maxillay sinus)

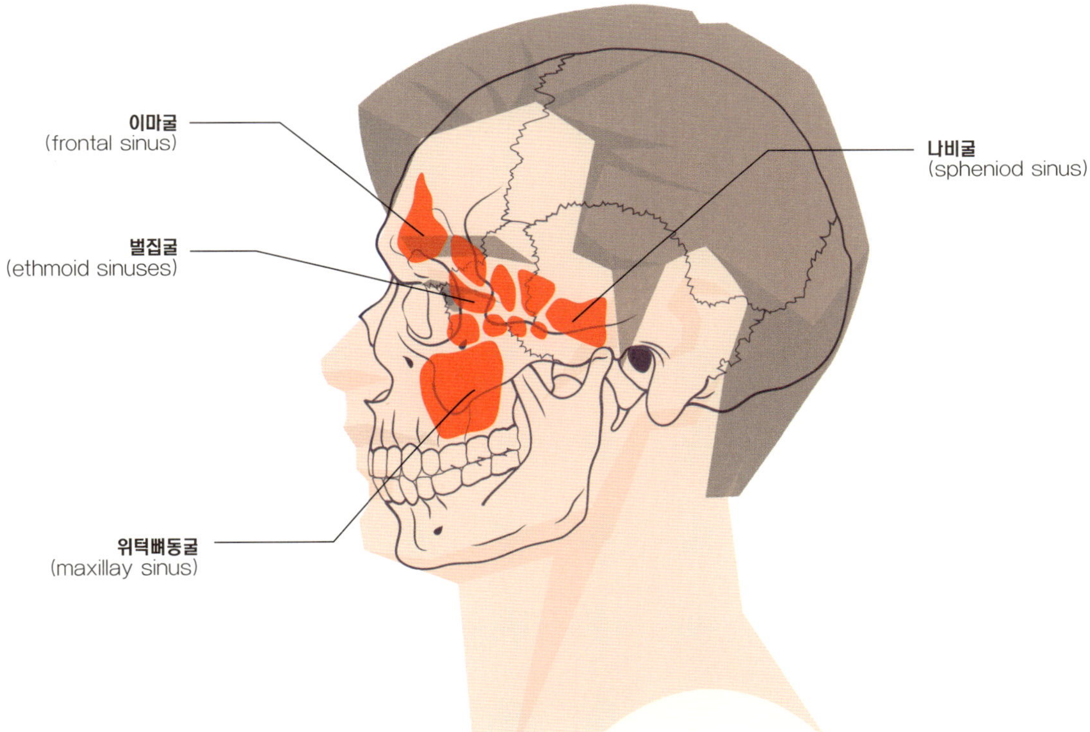

이마굴
(frontal sinus)
벌집굴
(ethmoid sinuses)
나비굴
(spheniod sinus)
위턱뼈동굴
(maxillay sinus)

코곁굴

2) 하기도(Lower air way)

① 후두(larynx)

인두와 기관 사이에서 공기가 지나는 통로이며 발성기능을 가지고 있어 목소리상자(voice box) 라고 불리우기도 한다.

위치	
구조 및 구성	
기능 및 특징	

② 기관(trachea)

후두와 기관지 사이에서 공기가 지나는 통로이며, 약 2.5cm의 직경, 10~12cm 길이의 탄력성을 가진 점막성의 관이다.

위치	
구조 및 구성	
기능 및 특징	

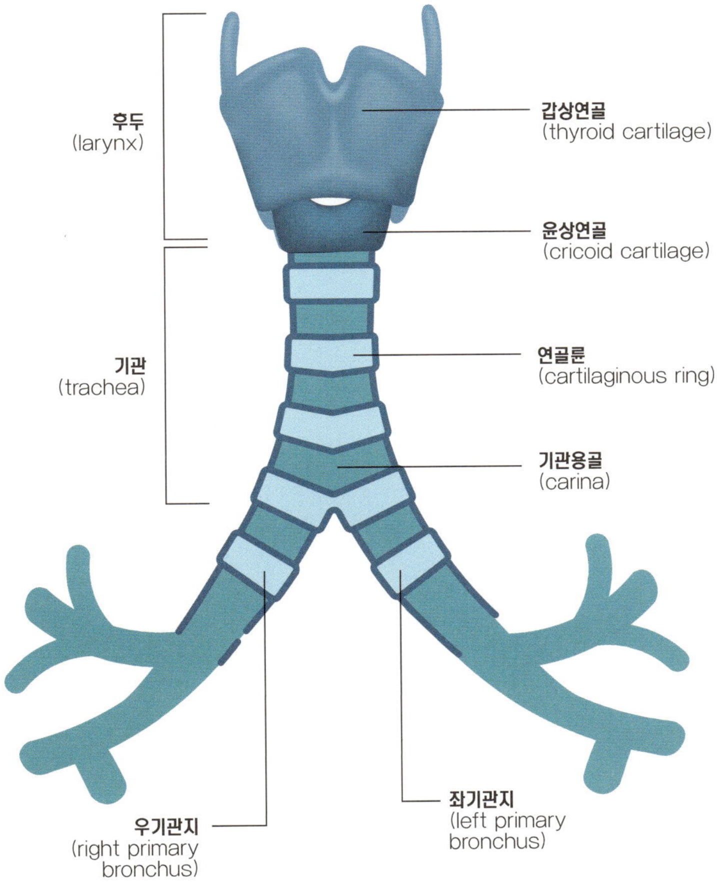
후두
(larynx)
기관
(trachea)
갑상연골
(thyroid cartilage)
윤상연골
(cricoid cartilage)
연골륜
(cartilaginous ring)
기관융골
(carina)
우기관지
(right primary bronchus)
좌기관지
(left primary bronchus)

기관

③ **기관지(primary bronchus)**

기관과 연결된 관으로서 제 4~5흉추의 높이에서 위치 좌.우 기관지로 갈라져 허파(폐로)로 확장되어 들어간다.

위치	
구조 및 구성	
기능 및 특징	

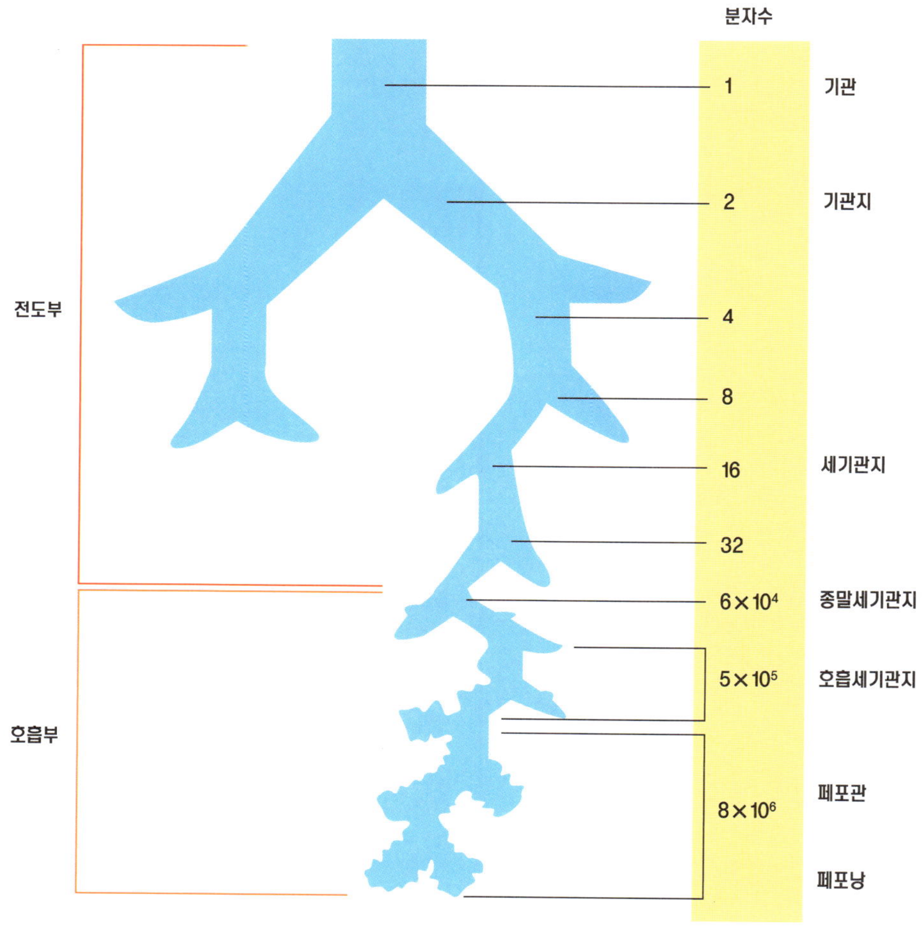

기관지의 분지

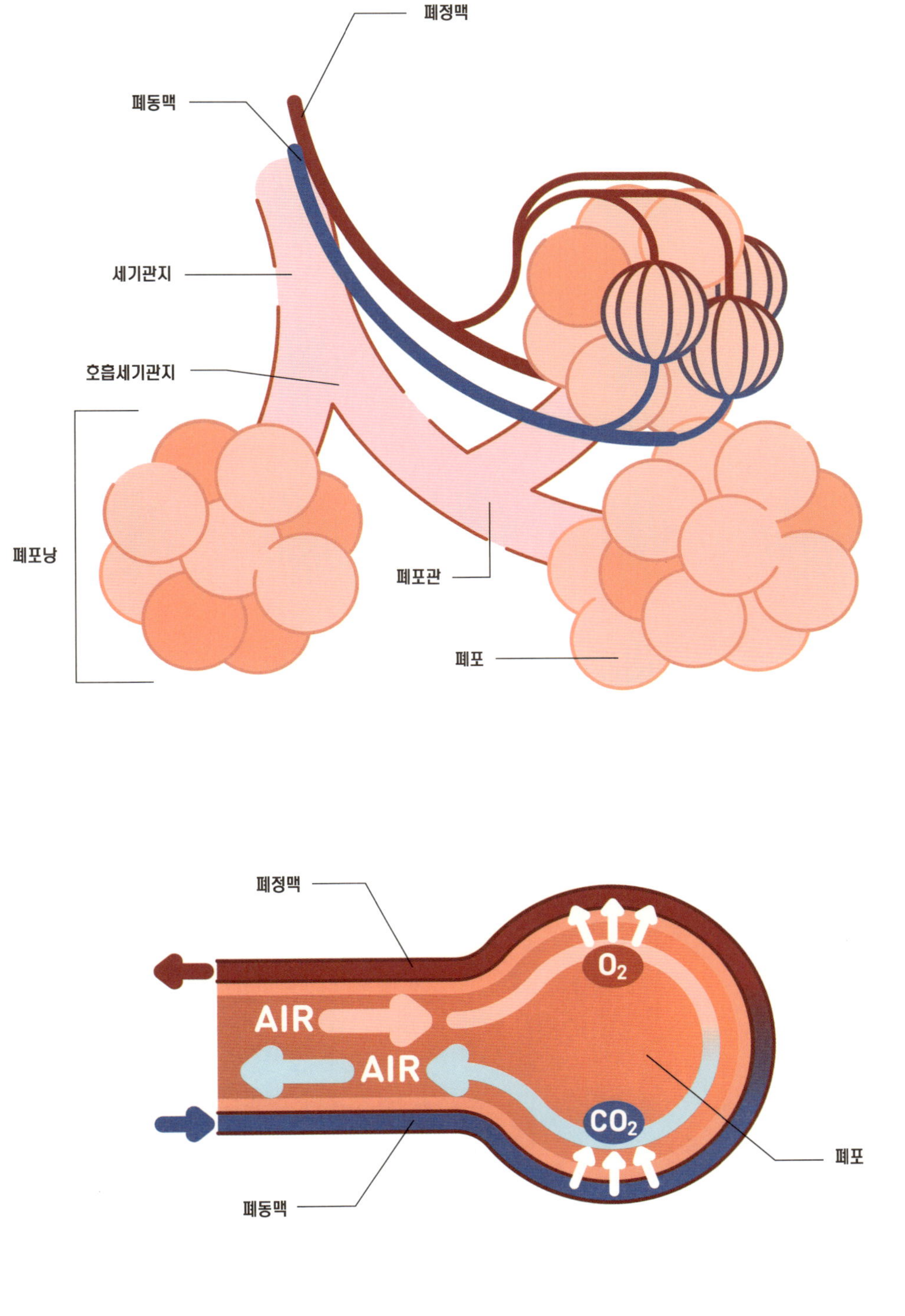

폐포의 구조

④ 폐(lung)

호흡에서 가장 중요한 역할을 하는 장기로서 좌, 우로 나누어져 흉강을 채우고 있다. 우측의 폐가 좌측의 폐보다 크다.

위치	
구조 및 구성	
기능 및 특징	

⑤ 흉막(pleura)

폐를 감싸고 있는 2겹의 장막이다.

위치	
구조 및 구성	
기능 및 특징	

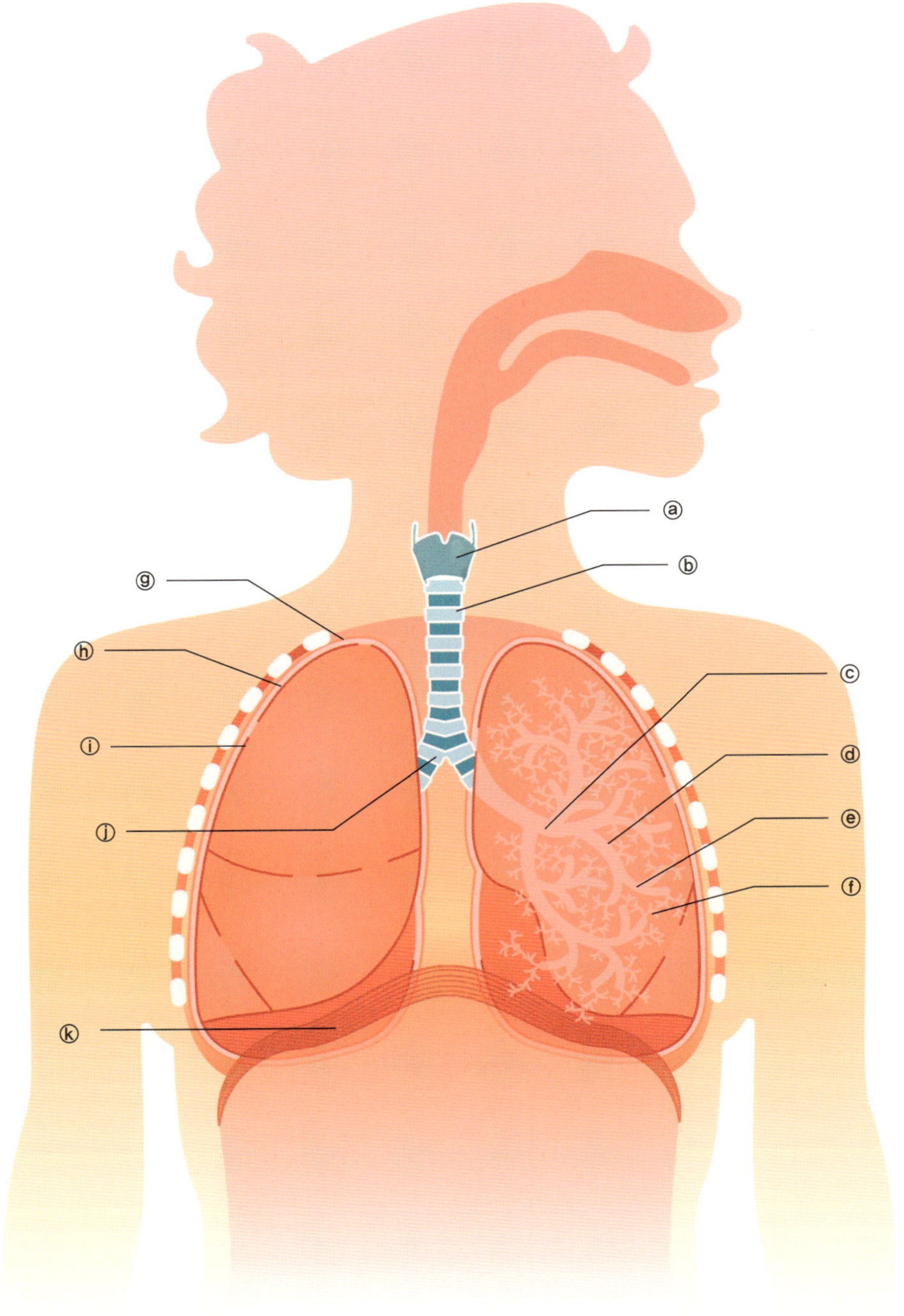

폐와 흉막

04. 호흡의 생리(Respiratory physiology)

호흡은 흡기(inspiration)와 호기(expiration)에 의해 이루어진다. 흡기는 공기를 폐 안으로 흡입하는 작용이며, 호기는 폐 안의 공기를 외부로 내보내는 작용이다. 이러한 호흡은 흉곽에 의한 폐의 확장과 축소에 의해 발생된다. 호흡의 생리에 관여하는 흡식운동과 호식운동의 기전은 다음과 같다.

1) 흡식운동(Inspiration/Inspiratory movement)

흡식운동은 능동적인 과정이며, 흡식운동에 관여하는 주변 근육들은 수축을 통하여 에너지를 소비한다.

① 횡격막(diaphragm)의 수축이 일어난다.
횡격막의 수축을 통하여 복강 방향으로 내려가면서 흉강이 넓어지고 폐포가 확장된다. 횡격막의 수축을 통한 호흡을 복식호흡(abdominal respiration)이라 한다.

② 외늑간근(external intercostal muscles)의 수축이 일어난다.
외늑간근의 수축을 통하여 늑골과 흉곽이 올라감에 따라 흉강의 상하, 좌우의 직경이 커지게 된다. 동시에 흉강이 넓어지고 흉강내압이 낮아져 폐포가 확장된다. 외늑간근의 수축을 통한 흉곽의 운동 작용에 의하여 일어나는 호흡을 흉식호흡이라고 한다.

③ 복근(abdominal muscles)의 이완이 일어난다.
복부근육들의 이완을 통하여 횡격막이 수축되어 아래로 내려간다.

④ 폐포의 표면장력 약화가 일어난다.
폐포 표면장력은 폐포 내면의 계면활성제와 흡입된 공기의 계면형성에 의해 약화될수 있다. 이러한 폐포의 표면장력이 약화되면 폐포가 확장되어 흡식운동이 진행되게 된다.

2) 호식운동(Expiratory movement)

호식운동은 수동적으로 진행됨에 따라 에너지를 소비하지 않는다. 내늑간근(internal intercostal muscles)이 호식운동을 주관하는 주된 근육이다. 내늑간근의 수축과 외늑간근의 이완 작용, 흉곽의 무게로 인해 흉곽이 하강, 복부근육의 긴장과 횡격막의 원상복귀, 폐포의 탄력에 의한 수축 등의 수동적 작용이 호식운동에 관여한다. 이러한 작용으로 인해 폐포의 압력이 증가하게 되고, 압력증가에 의한 폐포와 대기압사이에 압력차로 인하여 공기가 외부로 내보내지게 된다.

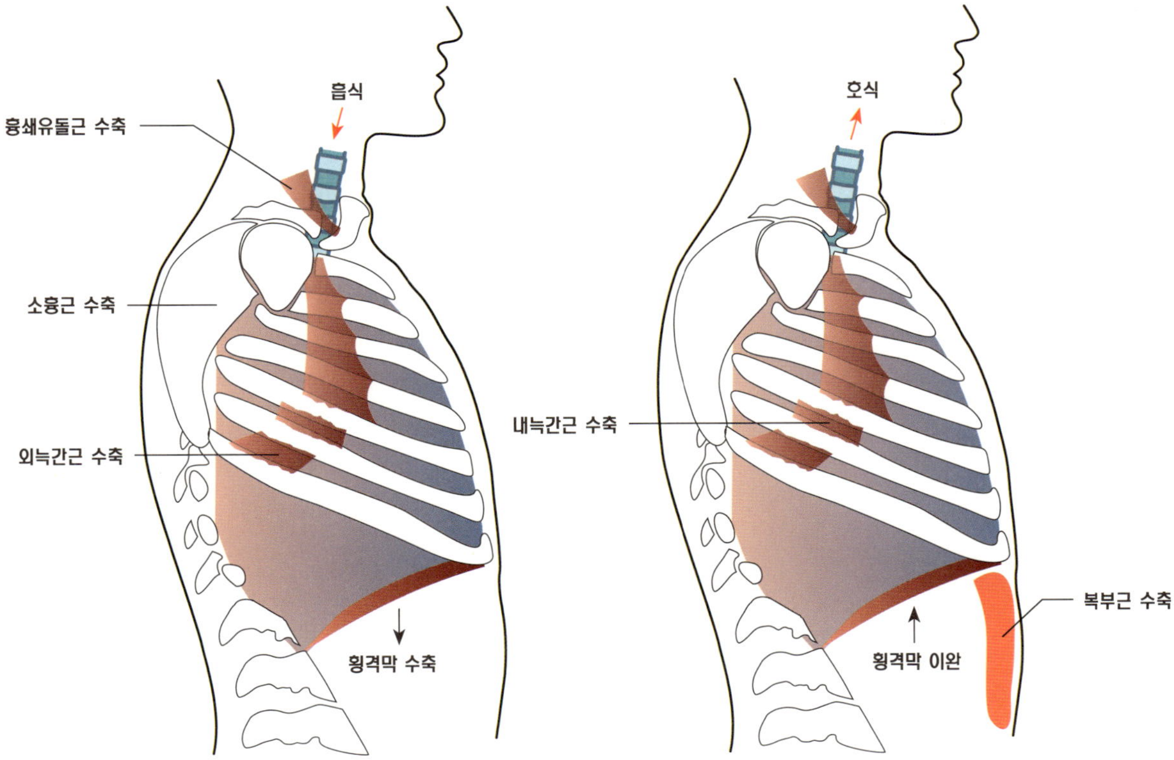

흡식

- 횡경막 수축 → 흉곽의 수직경 증가
- 호기근의 이완 → 흉곽의 수직경 증가, 흉곽의 전후 및 횡경 증가
- 흉부거상근의 수축 → 흉곽의 전후 및 횡경 증가
- 흉곽의 수직경 증가 + 흉곽의 전후 및 횡경 증가 → 흉강내압의 감소
- 흉강내압의 감소 + 장측흉막 및 벽측흉막 결합 → 폐 크기 확장
- 폐 크기 확장 → 폐포내압 감소 (대기압보다 3mmHg 정도)
- → 대기에서 폐포로 돌아올 수 있는 압력경사(3mmHg) 형성
- → 흡식

호식

- 흡기근의 이완 + 호기근 수축 → 흉곽 크기의 축소
- 흉곽 크기의 축소 → 흉강 내압 증가
- 흉강 내압 증가 + 폐조직의 탄성위축 → 폐 크기 축소
- 폐 크기 축소 → -3mmHg에서 +3mmHg 정도로 폐포내압 상승
- → 폐포 내에서 대기로 이동되는 압력경사 형성
- → 호식

흡식기전과 호식기전

05. 가스교환(Gas exchange)

호흡작용에 의해 인체에 들어온 공기 중의 산소는 폐의 가스교환에 의해 폐포내 혈액에 확산된 후 혈액에 의해 조직으로 운반된다. 반대로 조직에서 생성된 이산화탄소는 폐포에 이동된 후 호흡작용에 의해 외부 공기중으로 내보내 진다. 이러한 가스교환은 외호흡과 내호흡을 통하여 진행된다. 외호흡(external respiration)은 폐포와 혈액 사이에서 실제로 진행되는 가스교환 과정이며, 내호흡(internal respiration)은 전신의 모세혈관과 조직세포 사이에서 일어나는 가스교환 과정이다.

가스교환의 기본원리는 농도가 높은 곳에서 낮은 곳으로 움직인다. 산소는 높은 농도의 폐포에서 낮은 농도의 폐포 모세혈관으로 확산작용이 일어나고, 높은 농도의 조직모세혈관에서 낮은 농도의 조직공간으로 확산작용이 일어난다.

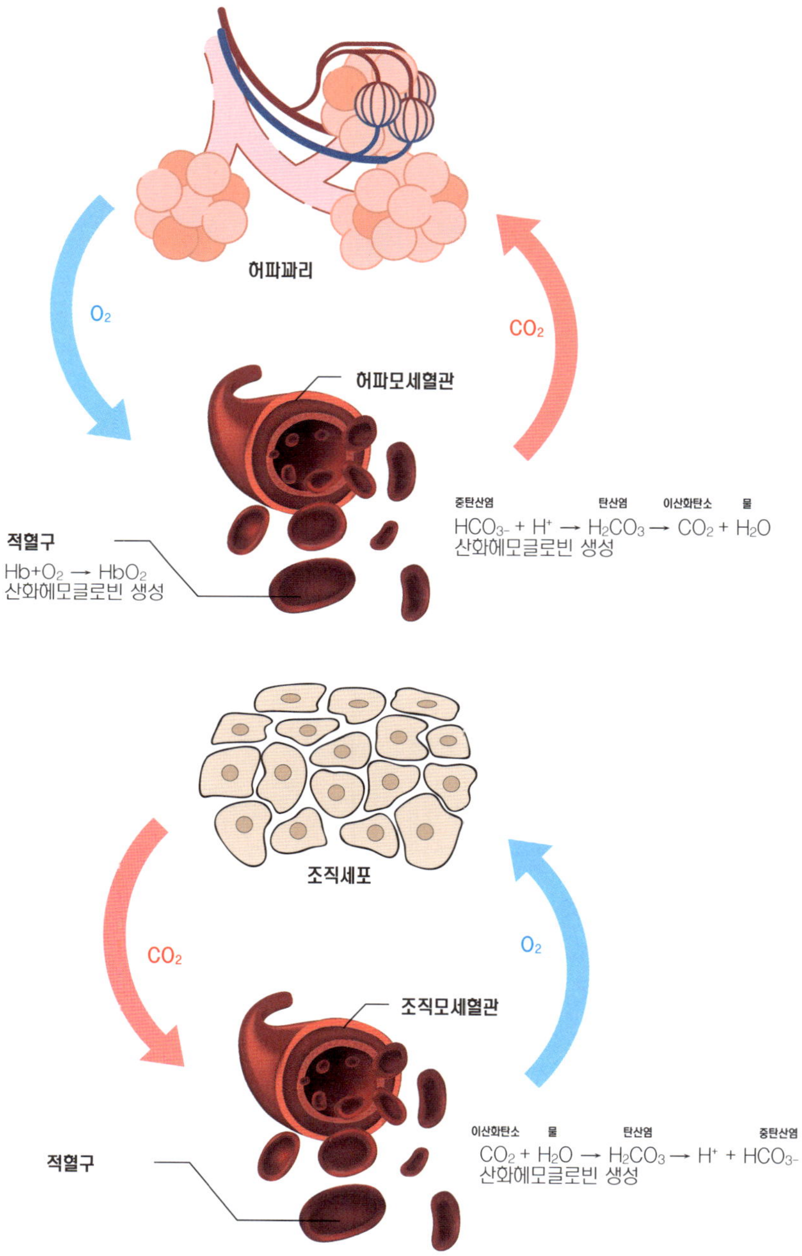

조직에서 산소와 이산화탄소 교환되는 방식

요점정리 호흡기계

Respiratory System

1. 호흡은 대기로부터 산소를 체내로 흡입하고 세포의 대사과정 중에 발생한 이산화탄소를 체외로 배출하는 전 과정을 말한다.

2. 외호흡은 폐포와 혈액사이에서 실제로 진행되는 가스교환 과정이다.

3. 내호흡은 전신의 모세혈관과 조직세포 사이에서 일어나는 가스교환 과정이다.

4. 호흡기계의 기능
   ① 혈액안에 산소를 공급하고 이산화탄소를 배출시킨다.
   ② 혈액의 이산화탄소 농도를 바꿈으로써 혈액의 pH를 조절한다.
   ③ 호흡시 성대를 통과하는 공기로 인하여 목소리 발성이 가능하다.
   ④ 호흡을 통해 코안으로 들어오는 공기분자의 자극을 통하여 냄새감각이 발생된다.
   ⑤ 호흡을 통해 들어오는 공기를 가온, 가습, 여과하여 허파로 보내진다.
   ⑥ 기침과 재채기 등의 반사적인 방어적 작용을 통해 면역기능을 가능하다.

5. 호흡기계의 구조 : 호흡기계은 크게 상기도와 하기도로 구별된다.

6. 상기도(upper respiratory tract)의 구조 : 코, 코안(비강), 부비동, 인두 및 이들과 관련된 구조물

7. 하기도(upper respiratory tract)는 후두, 기관, 기관지와 허파(폐)

8. 폐(lung)는 호흡에서 가장 중요한 역할을 하는 장기로서 좌.우로 나누어져 흉강을 채우고 있다. 우측의 폐가 좌측의 폐보다 크다.

9. 흡식운동 과정
   ① 횡격막의 수축이 일어난다.
   ② 외늑간근의 수축이 일어난다.
   ③ 복근의 이완이 일어난다.
   ④ 폐포의 표면장력 약화가 일어난다.

호흡기계

Respiratory System

괄호넣기 및 연결하기

1. 폐포와 혈액사이에서 실제로 진행되는 가스교환 과정을 (   )호흡이라 한다.

2. 전신의 모세혈관과 조직세포 사이에서 일어나는 가스교환 과정을 (   )호흡이라 한다.

3. (   )장기의 기능은 호흡에서 가장 중요한 역할을 하는 장기로서 좌.우로 나누어져 흉강을 채우고 있다.

객관식

1. 호흡의 과정에 대한 설명으로 맞지 않는 것은?
   ① 흡기(inspired air) : 심장으로 들어가는 공기
   ② 흡식(inspiration) : 흡기를 빨아들이는 작용
   ③ 호기(expired air) : 폐로 나가는 공기
   ④ 호식(expiration) : 호기를 밖으로 내보내는 작용

2. 호흡기계의 기능으로 맞지 않는 것은?
   ① 혈액안에 산소를 배출하고 이산화탄소를 흡입시킨다.
   ② 혈액의 이산화탄소 농도를 바꿈으로써 혈액의 pH를 조절한다.
   ③ 호흡시 성대를 통과하는 공기토 인하여 목소리 발성이 가능하다.
   ④ 호흡을 통해 코안으로 들어오는 공기분자의 자극을 통하여 냄새감각이 발생된다.

3. 호흡계통에 속하지 않는 것은?
   ① 허파　　② 폐포　　③ 가슴우리　　④ 신장

4. 외부에서 확인 되는 호흡기계에 속하는 기관으로서 공기가 흡입되는 첫 번째 통로는 무엇인가?
   ① 비강　　② 코　　③ 부비동　　④ 인두

신경계

Nervous system

09

Nervous system

Chapter 09 신경계

Nervous system

학습목표	학습자들이 신경계 학습을 통해 인체의 구조와 기능을 익히고, 고객 맞춤 관리 분야의 상담, 인체 분석과 피부관리를 할 수 있다.

1. 신경계통을 분류하고 기능적 특징을 이해하고 습득할 수 있다.
2. 신경조직의 구조와 기능을 이해하고 습득할 수 있다.
3. 중추신경계의 종류와 기능적 특징을 습득할 수 있다.
4. 말초신경계의 종류와 기능적 특징을 습득할 수 있다.
5. 특수감각의 종류와 기능적 특징을 습득할 수 있다.

01. 신경계의 분류

신경계는 몸의 내・외적 자극의 변화에 대해 감지하고 반응하며, 내분비계와 더불어 몸의 중요한 기능을 조절하고 항상성을 유지 및 주로 즉각적인 반응을 제공한다.

[신경계의 구성]

신경계	중추신경계	뇌		
		척수		
	말초신경계	체성신경계		
		자율신경계		

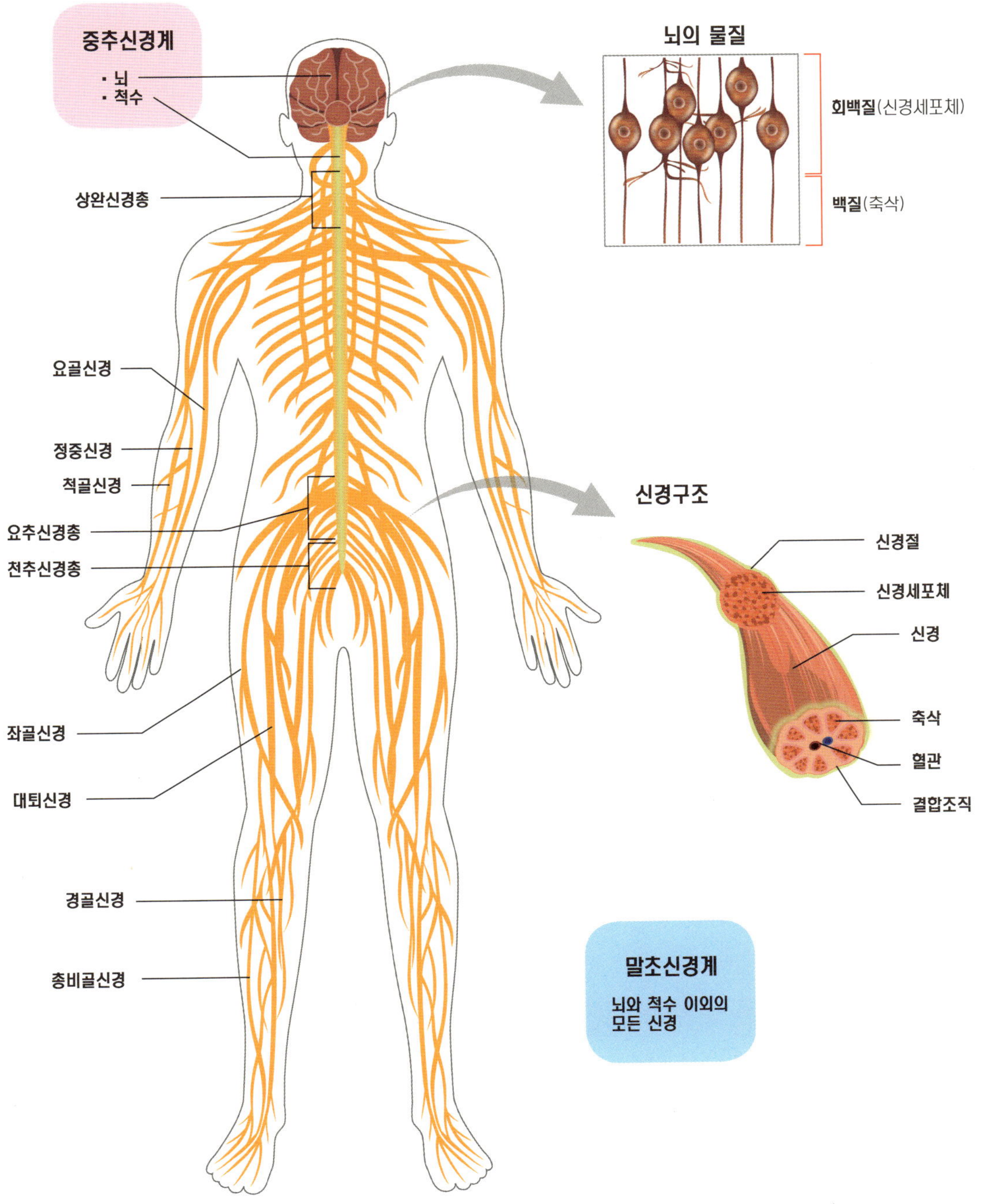
중추신경계
· 뇌
· 척수
상완신경총
요골신경
정중신경
척골신경
요추신경총
천추신경총
좌골신경
대퇴신경
경골신경
총비골신경
뇌의 물질
회백질(신경세포체)
백질(축삭)
신경구조
신경절
신경세포체
신경
축삭
혈관
결합조직
말초신경계
뇌와 척수 이외의
모든 신경

신경계의 구조

02. 신경조직의 구조와 기능

1) 신경계의 세포와 조직

신경계는 많은 신경원(neuron)으로 구성되어 있으며, 이는 신경교세포(neuroglia)라는 특별한 결합조직에 의해 지지된다.

(1) 신경원(neuron)

신경세포라 하며, 축삭다발이 묶여 있는 것을 신경이라 부르며, 감각기관에서 받은 자극을 중추신경계로 전달하고 중추의 명령을 근육 등의 효과기로 전달하는 역할을 하는 신경계를 구성하는 최소 단위이다.

① 신경세포체(nerve cell body)

신경세포체는 핵을 가진 신경세포의 큰 부분을 말하며, 여기에 가지돌기가 축삭에 없는 니슬소체(nissl body)가 발견되며, 니슬소체는 염기성염료에 염색되는 세포질그물과 리보솜으로 구성된 세포 내의 커다란 과립이다.

② 수상돌기(dendrites)와 축삭돌기(axon)

신경세포체에서 뻗어 나온 신경섬유인 돌기에는 여러 개의 짧은 가지 모양인 수상돌기와 한 개의 긴 모양인 축삭돌기의 두 종류가 있다.

종류	기능
수상돌기	
축삭돌기	

③ 신경종말(axon terminals)과 시냅스(synapse)

축삭돌기의 말단을 신경종말이라 하며, 이곳은 작은 주머니 안에는 신경전달물질이 저장되어 있어 신경충동에 따라 이를 시냅스로 분비한다.

종류	기능
신경종말	
축삭돌기	

(2) 신경아교세포(Neuroglial cell)

중추신경계통의 신경세포의 형태적인 지주, 혈액으로부터 신경세포까지 영양운반, 노폐물제거, 능동적인 식작용, 신경세포와는 대조적으로 유사분열을 한다. 또한 종류에는 별아교세포(astrocyte), 희소돌기아교세포(oligodendrocyte), 미세아교세포(microglia), 뇌실막세포(ependyma cell)가 있다.

[신경아교세포종류와 기능]

신경아교세포	기능
별아교세포(astrocyte)	
희소아돌기아교세포 (oligodendrocyte)	
미세아교세포 (microglia)	
뇌실막세포 (ependymal cell)	

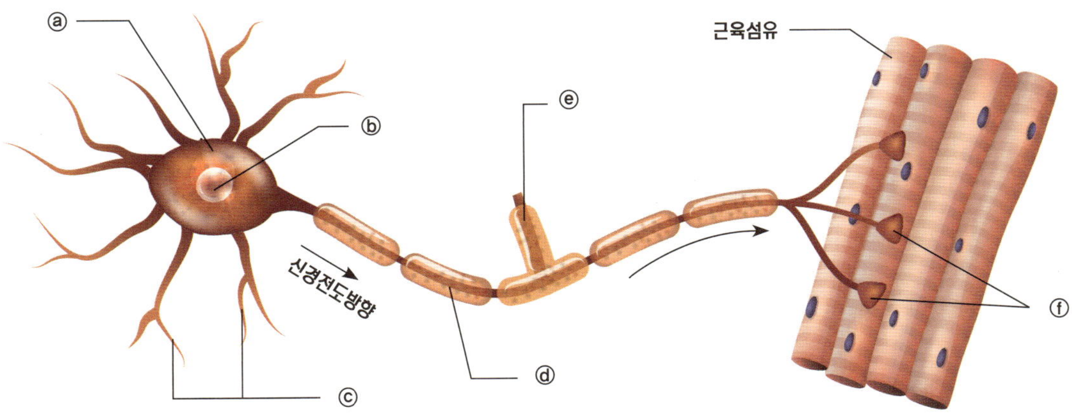

신경세포의 구조

2) 신경흥분(활동전위)

(1) 신경세포의 흥분과 전도

흥분은 감각신경종말의 자극이나 다른 신경의 흥분에 의해 시작되며, 흥분의 전도, 즉 활동전위는 신경세포막을 통한 이온의 이동에 일어나며, 안정 시 신경세포막은 세포막 내외의 이온(Na$^+$, K$^+$)농도 차이에 의해 분극상태를 유지한다.

① 안정막 단위

- 양쪽의 세포막에 다른 전하가 존재한다는 것을 의미하며, 이를 안정막 단위(resting membrane potential)라 하며, 안정 시 바깥쪽의 전하는 양극을 띠고 안쪽의 전하는 음극을 띠며, 안점막단위는 -70mV이다.
- 나트륨(Na$^+$) 주된 세포 외 양 이온
- 칼륨(K$^+$) 주된 세포 내 양이온
- 안정 시, 이런 이온들은 농도경사에 따라 확산되는 경향이 있다.
- 흥분이 전도되었을 때 칼륨은 세포 외로, 나트륨은 세포 내로 이동함으로써 이온에 대한 신경세포막의 투과성이 변한다.

② 활동전위

흥분성 세포에서 자극으로 인해 변화된 막전위를 말하며, 안정상태에는 음(-)이였던 막전위가 일시적 양(+)을 나타내는 변화며, 자극에 대한 정보가 신경섬유를 따라 신속하게 전달되어 근육수축이나 분비 등의 활동이 나타나게 된다.

[활동전위종류와 기능]

활동전위	기능
탈분극	
불응기	
실무율	
재분극	

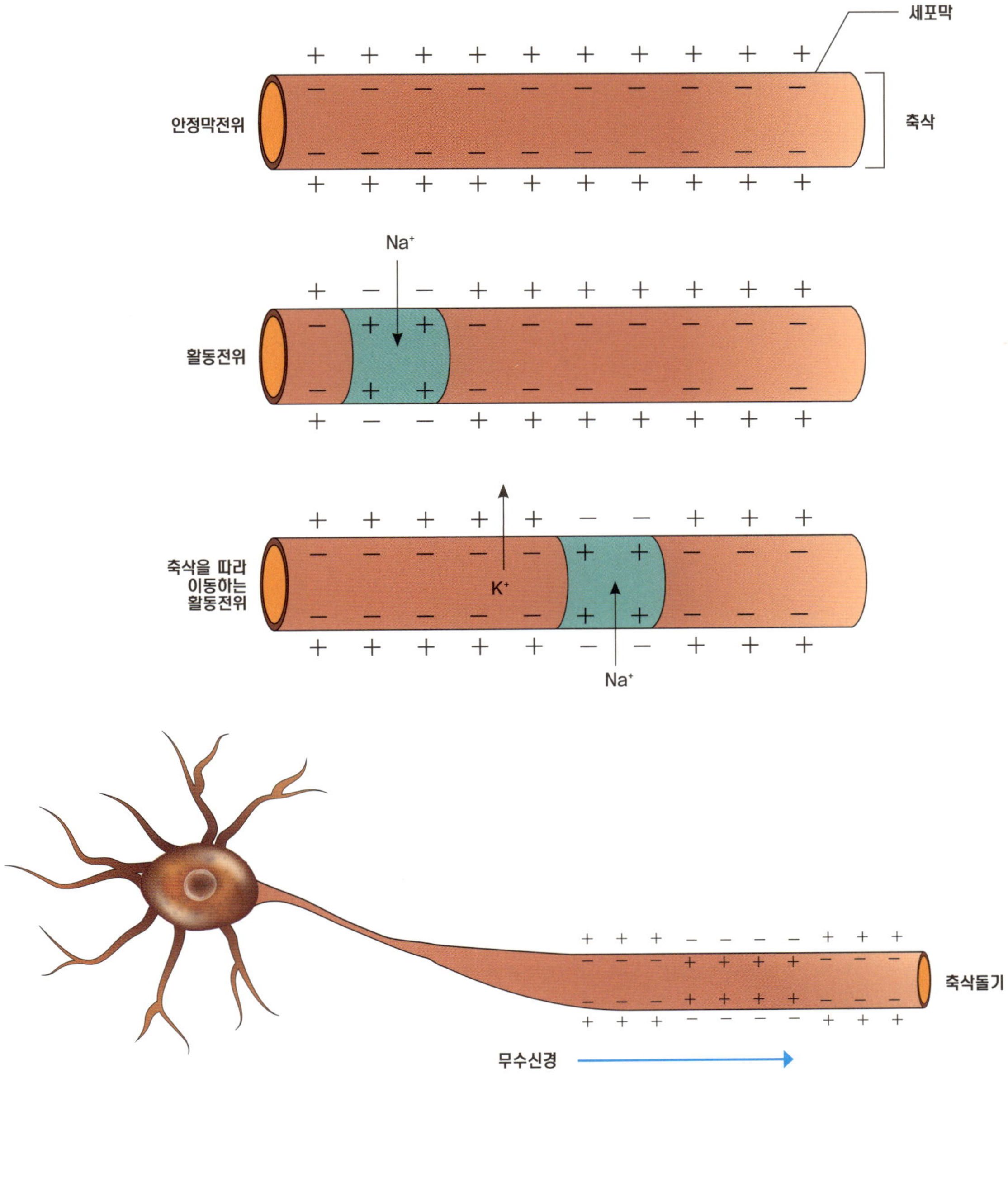

흥분전도

(2) 연접과 신경전달물질

한 뉴런이 다음 뉴런과 접속하고 있는 부위를 시냅스(synapse)라고 하며, 신경계의 활동은 시냅스 전 뉴런의 흥분을 시냅스 후 뉴런으로 전달함으로써 이루어진다.

[시냅스 종류와 기능]

시냅스 종류	기능
전기적 시냅스 (electrical synapse)	
화학적 시냅스 (chemical synapse)	
	신경전달물질

[전기연접과 화학연접의 특성비교]

연접	간격	세포질연속구성	구성	전달인자	연접지연	전달방향
전기연접	3.4nm	연속	틈새이음	이온전류	없음	양방향
화학연접	330~50nm	단절	연접이전막, 연접틈새, 연접이후막	화학전달물질	있음	단방향

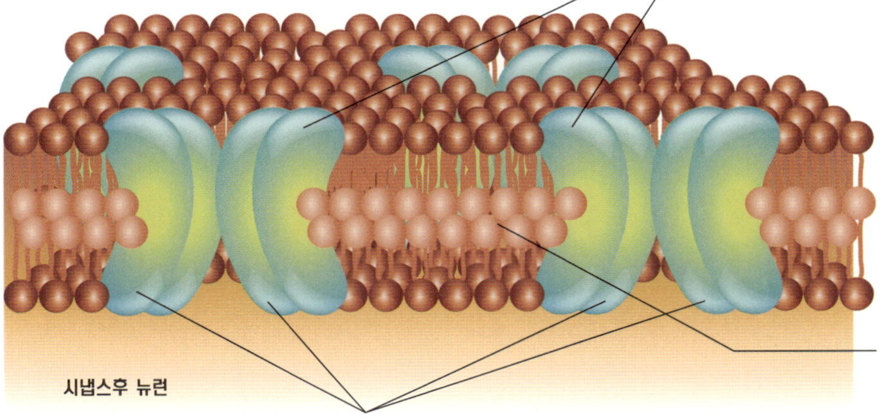
시냅스전 뉴런
간극접합
시냅스 틈새
시냅스후 뉴런
코넥신 단백질

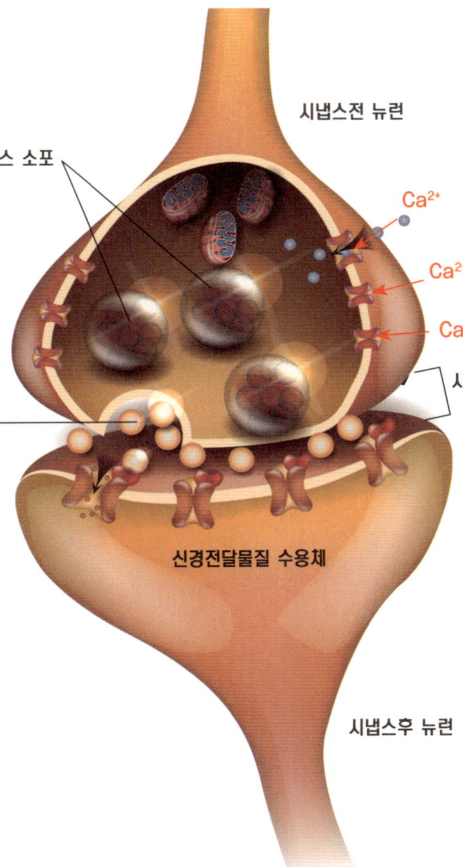
시냅스전 뉴런
시냅스 소포
Ca2+
Ca2+
Ca2+
시냅스 틈새
신경전달물질 방출
신경전달물질 수용체
시냅스후 뉴런

시냅스를 통한 흥분전달

03. 중추신경계(Centeral nervous system, CNS)

뇌와 척수로 구성되며, 말초신경을 따라 들어온 몸 안의 정보를 통합·분석한 후 그에 알맞은 적절한 명령을 내리는 부분이며, 중추 밖의 자극에 반응하여 정보를 분석하고 이에 대응하는 신체반응을 일으키게 한다.

1) 뇌척수막과 뇌척수액

뇌와 척수는 뇌와 머리뼈사이, 척추관 과 척수 사이에 존재하는 3층의 뇌척수막에 의해 안전히 둘러싸여 있으며, 기능은 다음과 같다.

- 뇌와 척수를 지지하고 보호한다.
- 복잡한 구조물 주위에 일정한 압력을 유지한다.
- 뇌와 머리뼈 사이에서 충격을 흡수하는 쿠션역할을 한다.
- 뇌와 척수를 촉촉하게 유지하며, 뇌척수액과 신경세포 사이에서 영양분이나 노폐물 같은 물질을 교환할 수 있도록 한다.

뇌척수막	기능
경질막 (경막, dura mater)	
거미막 (지주막, arachnoid)	
연질막 (연막, pia mater)	
뇌척수액 (cerebrospinal fluid	
혈액뇌장벽 (blood brain barrier)	

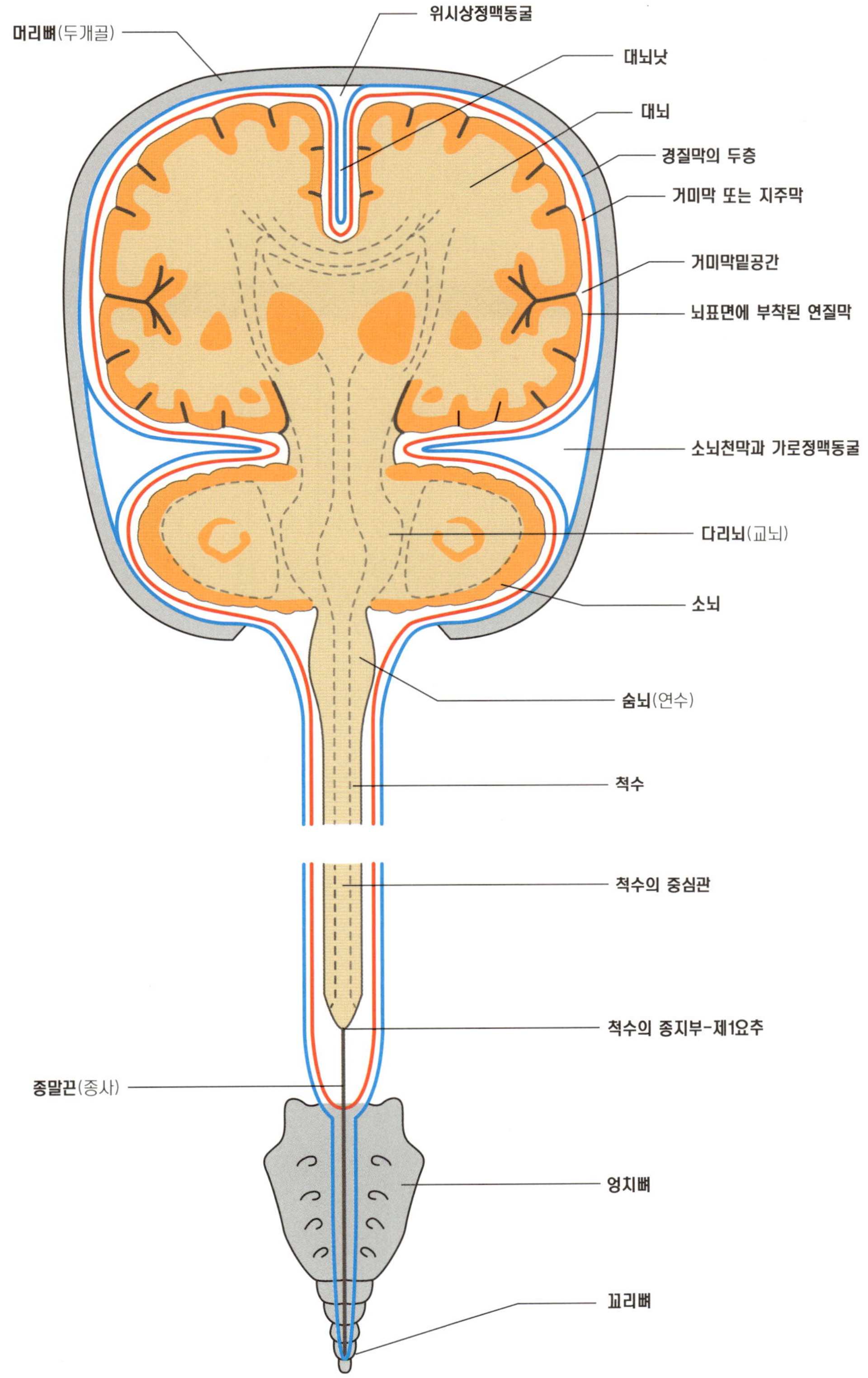

뇌와 척수를 덮고 있는 뇌척수막

2) 뇌의 구성과 기능

(1) 뇌(Brain)

뇌는 중추신경계통의 일부이며 머리뼈로 둘러싸여 있어 외부의 충격으로부터 보호된다.

① 대뇌(cerebrum)

대뇌는 기억과 판단 등을 관장하는 정신활동의 중추이며, 직접적으로 뼈대근육 움직임을 조절하는 운동, 감각 인식을 가능하게 하는 감각자극의 수용과 해석 등 복잡한 정신기능의 과정과 통합의 기능이다.

<table>
<tr><th>대뇌의 표면 부분</th><th colspan="3">기능</th></tr>
<tr><td rowspan="6">대뇌피질
(대뇌겉질)</td><td colspan="3"></td></tr>
<tr><td rowspan="5">대뇌엽
(5개의 엽)</td><td>· 전두엽(이마엽)</td><td></td></tr>
<tr><td>· 두정엽(마루엽)</td><td></td></tr>
<tr><td>· 후두엽(뒤통수엽)</td><td></td></tr>
<tr><td>· 측두엽(관자엽)</td><td></td></tr>
<tr><td>· 섬(도)</td><td></td></tr>
<tr><td>대뇌수질</td><td colspan="3"></td></tr>
<tr><td>대뇌핵</td><td colspan="3"></td></tr>
<tr><td>변연계</td><td colspan="3"></td></tr>
</table>

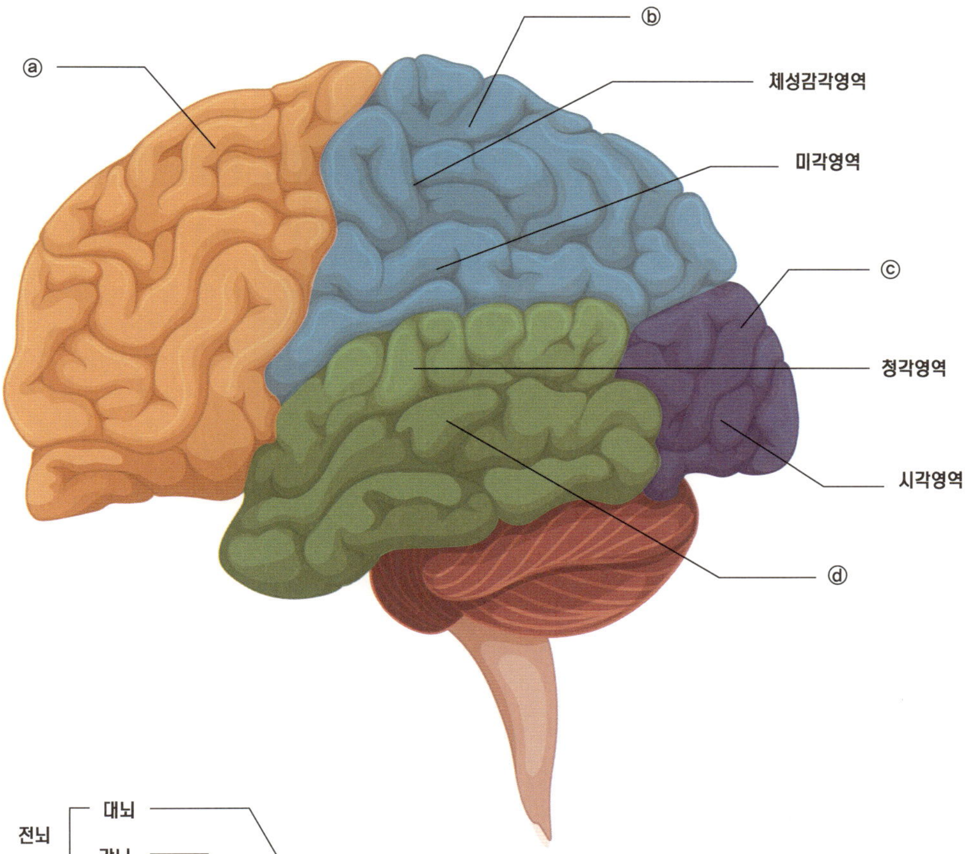

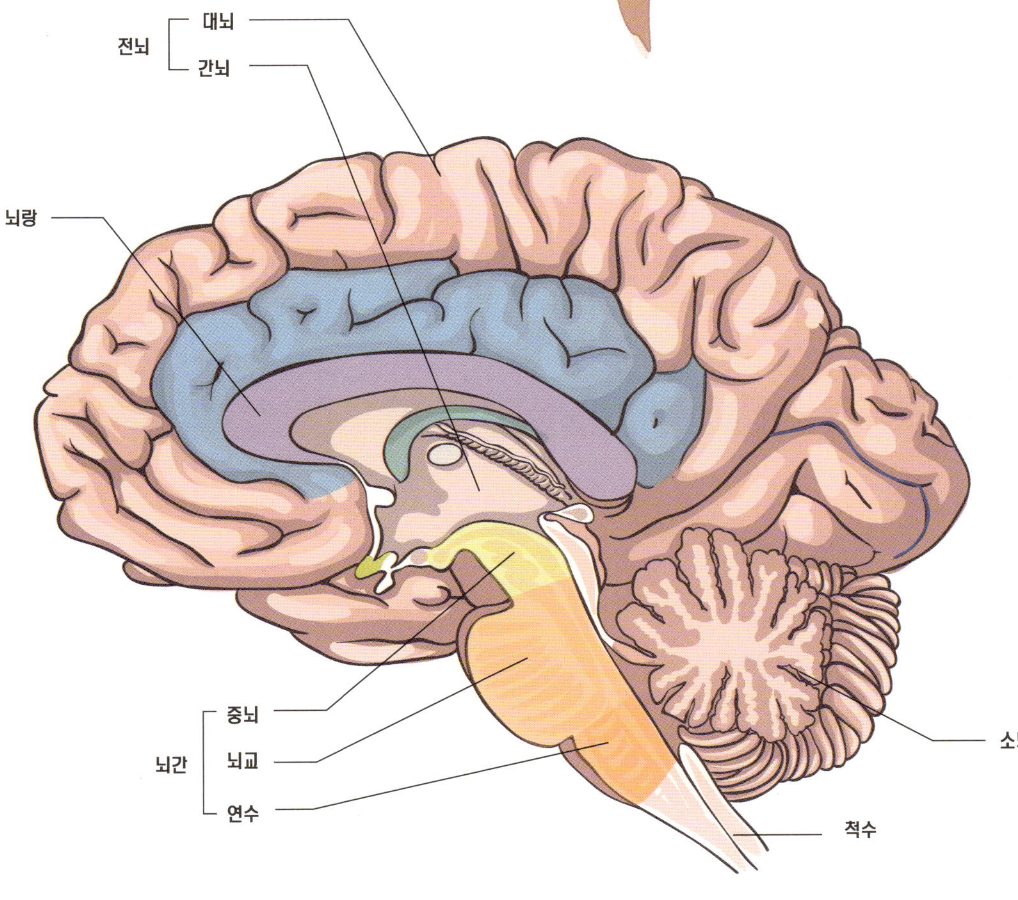

뇌의 구성

㉠ 뇌파(뇌전도, electroencephalcgram; EEG)

대뇌겉질의 세포체와 가지돌기에서 발생하는 연접전위는 전류를 형성하는데, 이 전류를 기록한 것을 말하며, 이는 뇌의 활동을 가리키는 것으로 주파수에 E라 다음과 같이 α , β , θ , δ 파의 네 가지로 분류한다.

파의 종류	특징	뇌파
알파파(α)		
베타파(β)		
세타파(θ)		
델타파(δ)		

② 소뇌(cerebellum)

뇌교와 연수의 뒤쪽에 위치하고 있으며, 대뇌 반구에 덮여 있으면서 신체와 대뇌 운동영역의 중계자 역할을 하여 몸의 균형을 유지시키는 중추이며, 무게는 120g 정도이며, 기능은 다음과 같다.

- 수근의 움직임, 자세와 균형의 협응에 관련된다.
- 내이로부터 오는 평형감각 정보를 받아들여 신체의 평형을 조정한다.
- 학습과 언어 처리의 역할을 한다.
- 소뇌가 손상되면 서투르고 조화되지 않은 근육의 움직임이나 비틀거리는 보행양상을 보인다.

③ 간뇌(diencephalon)

대뇌와 소뇌 사이에서 내장과 혈관의 활동을 조절하는 뇌줄기 앞에 있으며, 항상성을 유지하는 작용을 하는 자율신경계와 내분비계의 중추이며, 시상, 시상상부, 시상하부로 이루어져 있으며, 내용은 다음과 같다.

간뇌의 종류	기능
시상 (thalamus)	
시상상부 (epithalamus)	
시상하부 (hypothalamus)	

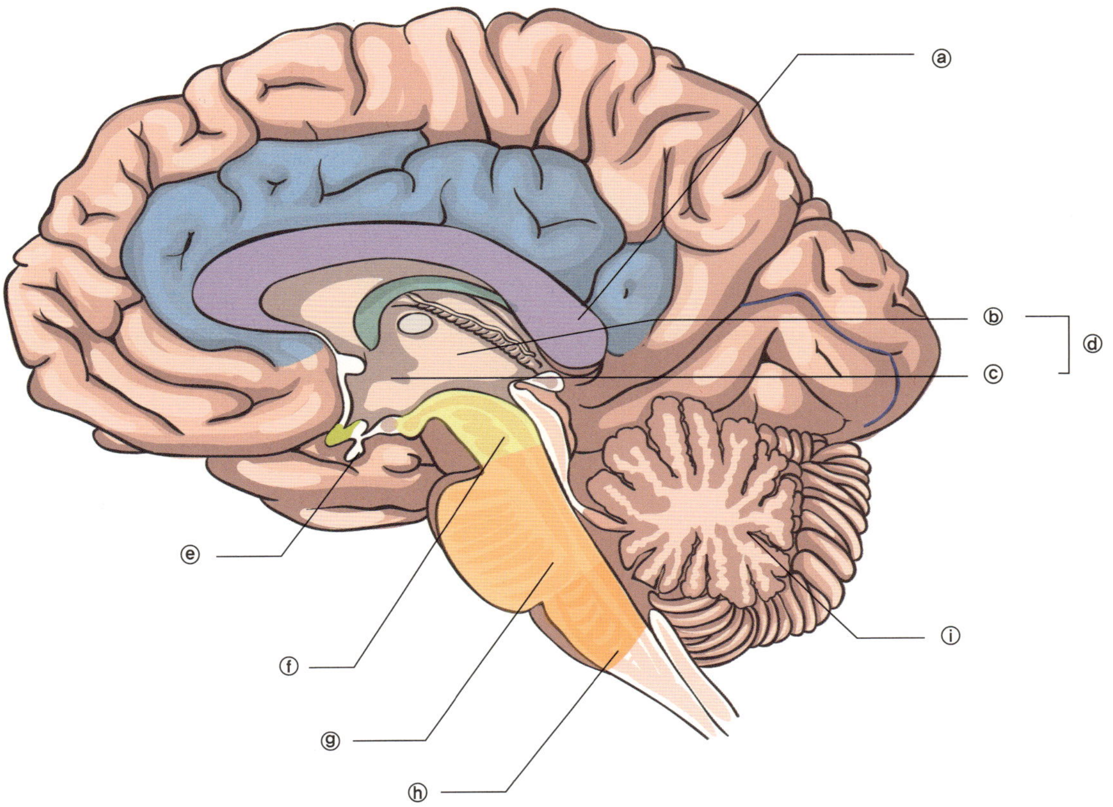

간뇌의 구조

④ **뇌간(brain stem)**

뇌와 척수를 연결시키고 대부분의 뇌신경을 내보내며, 시상하부와 같이 뇌간은 몸의 기본기능, 심박수, 혈압, 호흡 등을 생명활동의 직결작용을 하며, 내용은 다음과 같다.

뇌간의 종류	기능
중뇌 (midbrain)	
뇌교 (pons)	
연수 (medulla ablongate)	

(2) 척수(Spinal cord)

척수는 중추신경계에서 원통형모양으로 길게 늘어져 있는 것을 말하며, 최척수액과 수막에 의해 싸여 있으며, 척추관 속에 위치한다. 또한 척수의 뉴런들은 신체의 각 부분에 있는 수용기로부터 받은 감각 정보를 뇌로 전달하는 역할 및 근육과 분비선에 전달하며, 성인 남성의 척수의 길이는 약 45cm 정도이고 새끼손가락 정도의 두께이다.

① **척수구조**

구조	기능
회색질 (gray matter)	
백색질 (white matter)	
중심관	

② **척수기능**

- 감각신경로(sensory pathway) : 척수는 말초에서 뇌로 감각정보를 이동시키기 위한 경로를 제공한다.
- 운동신경로(motor pathway) : 척수는 뇌에서 말초로 내려오는 운동정보를 위한 경로를 제공한다.
- 반사중추(refles center) : 척수는 중요한 반사중추로 작용한다.

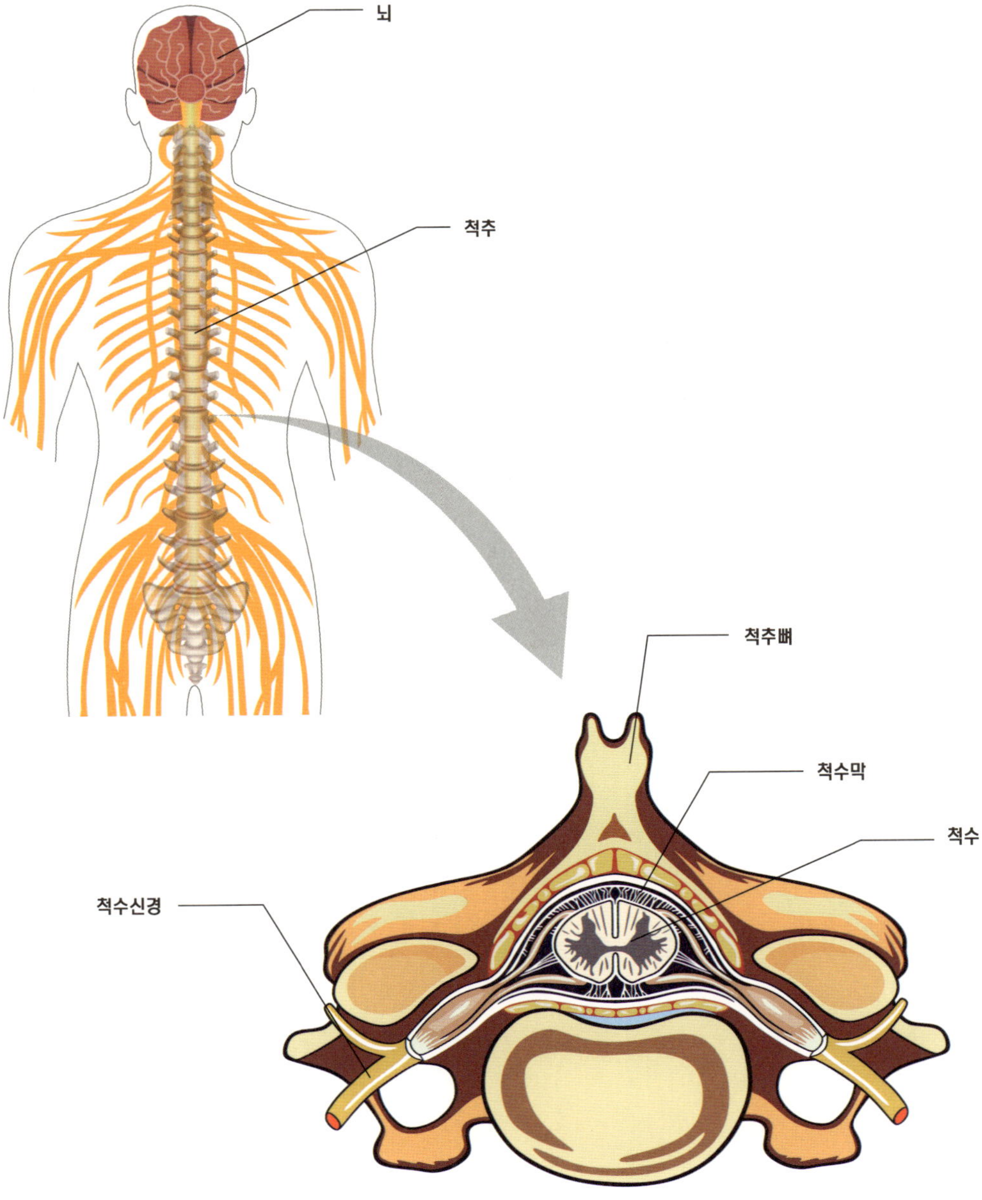

척수관과 척수신경

③ 척수반사(spinal reflex)

반사란 감각수용체가 자극을 받아 일어나는 흥분이 중추에서 변환되어 의식화되지 않고 효과기에서 일정한 반응을 일으키는 것을 말하며, 자신의 의지에 따른 것이 아닌 운동이다.

㉠ 반사활(reflex orc 의 성분

성분	기능
수용체 (receptor)	
감각신경세포 (sensory neuron)	
반사중추 (intergration center)	
운동신경세포 (motor neuron)	
효과기 (effector)	

㉡ 뻗침반사(신장반사, stretch reflex)

척수반사의 하나로 근육을 급격히 뻗치면 뻗침근육이 수축되는 반사이며, 뻗침반사의 수용체는 근육방추이며, 근육의 길이를 일정하게 유지하여 근육긴장의 유지, 자세, 다리 위치의 유지에 중요한 역할, 무릎을 두드리는 방법을 사용하므로 힘줄반사라고 한다.

㉢ 회피반사(방어반사, whthdrawal reflex)

팔다리의 피부수용체가 강한 자극을 받았을 때 나타나는 척수반사를 말하며, 위험을 피하여 생명을 보호하는데 필요한 반사이다.

㉣ 교차폄반사(crossed extension reflex)

회피반사를 보충하여 완전하게 하는 것으로 이 둘은 동시에 나타나며, 이는 회피반사 때 생기는 몸의 불균형을 보완해서 전체적인 몸의 균형을 유지할 수 있도록 해주는 것이다.

㉤ 자율성반사(autonomic reflex)

민무늬근, 샘, 심전도계의 반응으로서, 자율신경이 지배하는 장기의 기능적 반사이며, 이 반사는 내장 민무늬근에 의해 일어난 방광반사 · 배뇨반사가 속하며 내장반사라고도 한다.

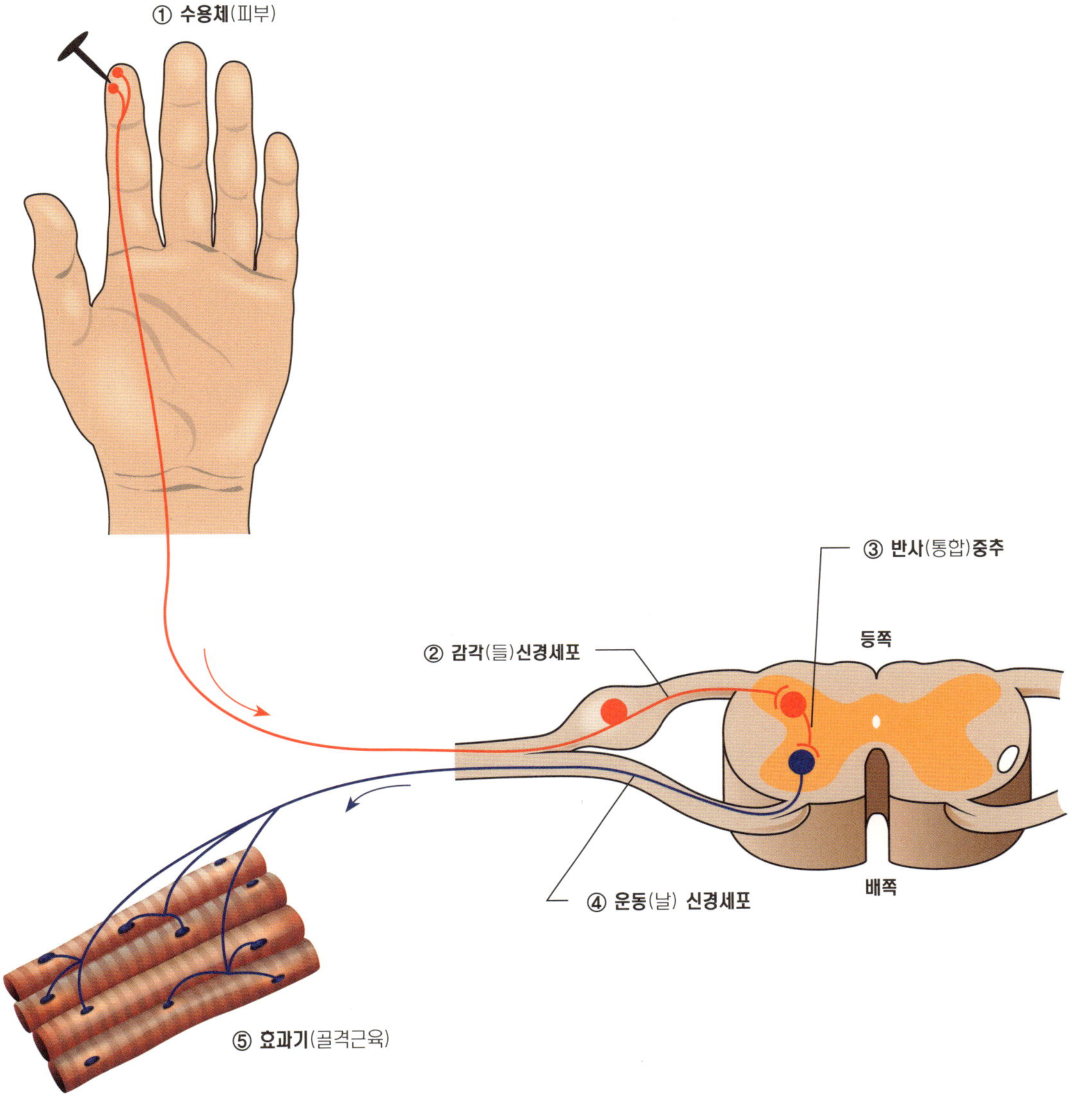

반사활의 기본구성요소

04. 말초신경계(Peripheral nervous system, PNS)

말초신경계는 뇌와 척수 바깥의 신경섬유와 신경절로 구성되며, 중추신경계와 달리 두개골이나 척추에 의해 보호받지 못하며, 혈액-뇌장벽에 의해서도 보호되지 않는다. 또한 감각정보를 중추로 전달하는 감각신경섬유와 중추의 명령을 근육이나 분비샘으로 전달하는 운동신경섬유의 두 방향으로 자극을 전달하는 신경섬유가 있다.

1) 체성신경계(Somatic nervous system)

수용기가 받은 자극을 중추신경계로 보내고, 중추의 명령을 효과기로 보내는 역할을 하는 신경계로서, 운동신경과 감각신경으로 구성되며, 수의적 반응에 관여하며 중추신경계의 명령을 골격근으로 전달한다.

(1) 뇌신경(Cranial nerve)

뇌에서 직접 나오는 말초신경으로 좌우 12쌍이 있으며, 정보를 받아들이는 감각신경, 활동을 지시하는 운동신경과 감각과 운동신경이 혼합되어 있는 혼합신경으로 구분되며, 뇌의 가장 위부분에서 나오는 뇌신경을 제 I 뇌신경으로 하여 차례대로 로마숫자로 번호를 붙이며 척수신경보다 더 특수화되어 있다. 뇌신경의 종류와 기능은 다음과 같다.

번호	명칭	유형	기능
I	후신경	감각	
II	시신경	감각	
III	동안신경	혼합	
IV	활차신경	혼합	
V	삼차신경	혼합	
VI	외전신경	혼합	
VII	안면신경	혼합	
VIII	내이신경	감각	
IX	설인신경	혼합	
X	미주신경	혼합	
XI	부신경	혼합	
XII	설하신경	혼합	

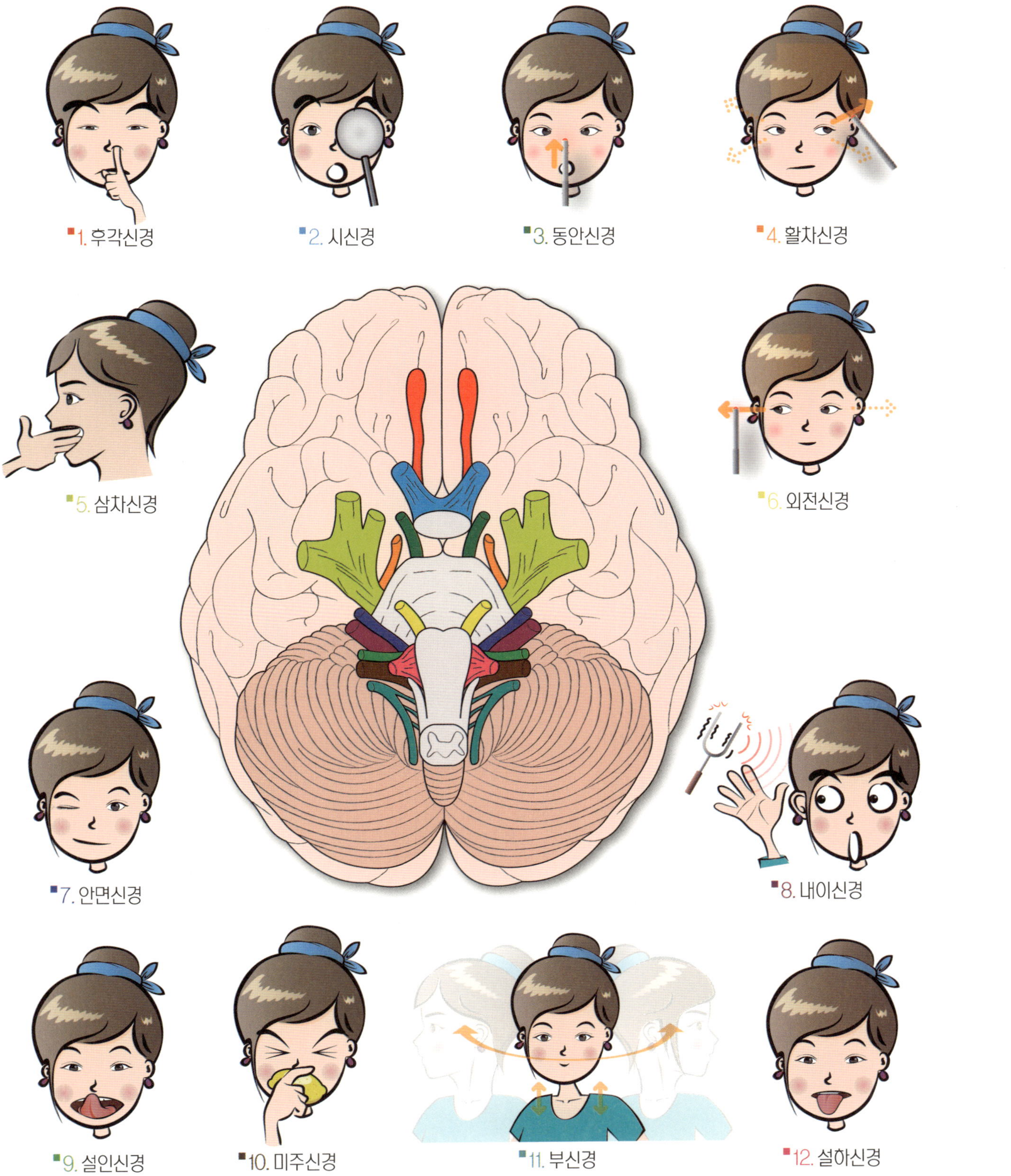
1. 후각신경
2. 시신경
3. 동안신경
4. 활차신경
5. 삼차신경
6. 외전신경
7. 안면신경
8. 내이신경
9. 설인신경
10. 미주신경
11. 부신경
12. 설하신경

뇌신경

(2) 척수신경

척수에서 나와 신체에 분포되어 각 부분의 운동을 지배하는 좌우 31쌍의 신경을 말하며, 인접한 척추에 의해 형성되는 척추뼈사이구멍을 통해 척추공간을 빠져나간다. 또한 신경이 빠져나가는 척추의 부위를 기준으로 다음과 같다.

척수신경은 원심성 운동신경인 전근과 구심성 감각신경인 후근으로 이루어지며, 척수에서 나와 복잡한 망조직을 형성하며 전신의 말초조직으로 분포되어 있는 척수신경총(plexus of spinal nerves)은 정교하게 배열되어 있다.

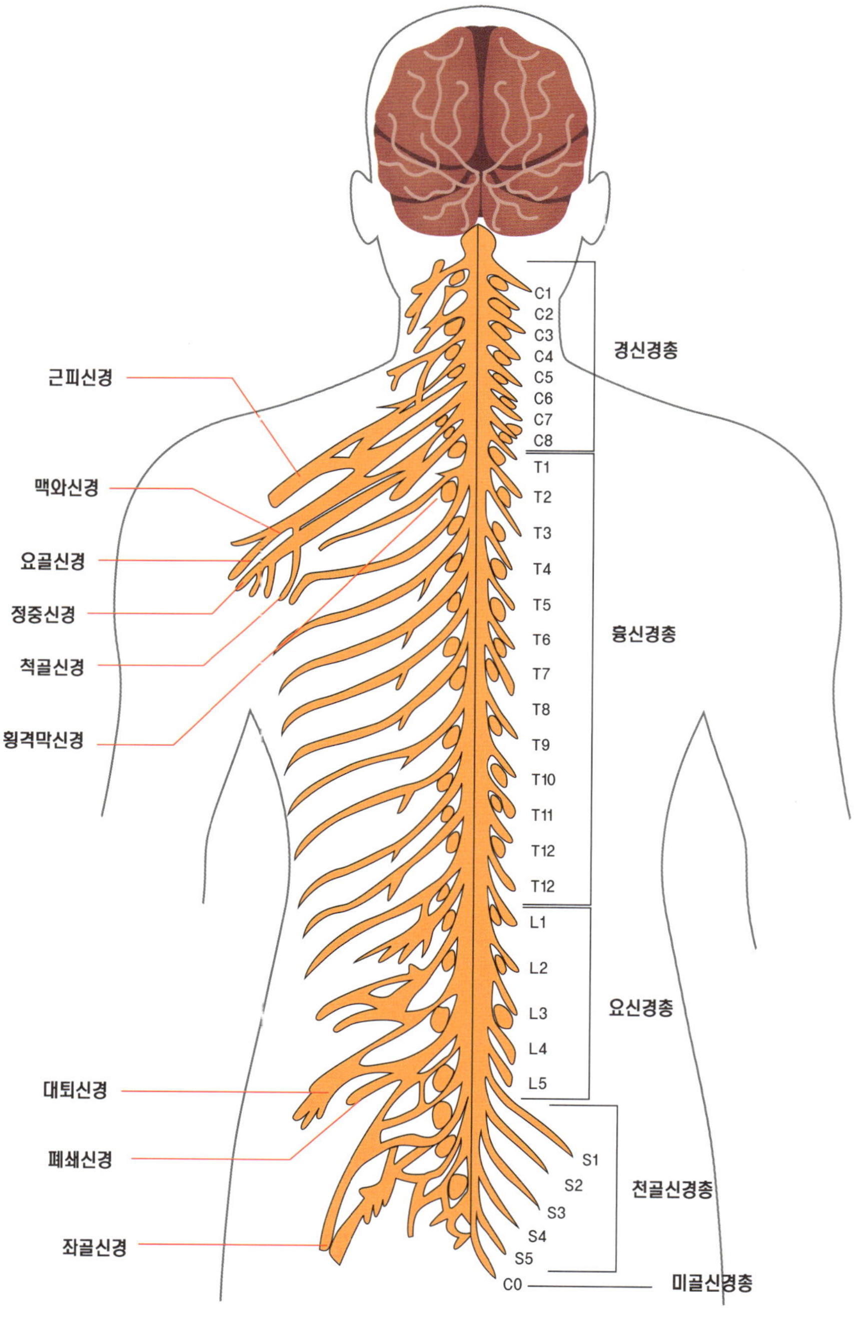

척수신경

2) 자율신경계(Autonomic nervous system)

보통 수의적 통제를 받지 않는 심장, 내장, 샘, 혈관 등의 기관을 지배하며, 호흡, 순환 등 식물성 기능에 관계하며 의지와 전혀 관계없이 무의식적으로 활동하는 신경을 말하며, 신체의 항상성유지에 관여하며, 교감신경과 부교감신경으로 구성된다.

(1) 교감신경(Sympathetic nerve)

교감신경계는 절전섬유가 흉수와 요수에서 시작되며, 도피 또는 싸움반응을 조절하고 인체가 에너지를 발산하도록 충전시킨다. 교감신경의 효과는 심박동 증가, 혈당 상승, 혈압 상승 등 아드레날린이 분비되는 모든 반응들이 여기에 속한다.

(2) 자율신경계의 신경전달물질

신체의 각 내장 기관에 분포되어 있는 교감신경계와 부교감신경계가 길항작용을 통해 이들 기관을 이중지배 함으로써 신체의 항상성을 유지하는 것은 이들 신경의 말단에서 분비되는 신경전달물질(neurotransmitter)이 내장기관에 미치는 효과가 서로 다르기 때문이며, 교감신경의 절후섬유에서는 노르에피네프린(norepinephrine)이 분비되고, 부교감신경의 절후섬유에서는 아세틸콜린(acethlcholine)이 분비된다.

[자유신경계의 신경전달물질의 종류와 기능]

신경전달물질 종류	기능
아세틸콜린 (acetylcholine)	
모노아민류 (monoamine)	
아미노산	
폴리펩티드	

(3) 부교감신경(Parasympathetic nerve system)

부교감신경계의 절전섬유는 뇌간과 천수에서 시작되며, 뇌척수신경에 섞여 주행하며, 각 뇌신경 소속의 신경절 또는 지배 장기의 신경총 내에서 뉴런을 교체하며, 보통 안정상태에서 기능을 하며 신체의 항상성을 유지한다. 부교감신경의 작용은 심장 기능의 억제, 혈관의 확장, 소화관 운동과 소화액 분비의 촉진 등에 관여한다.

효과기 기관		교감신경반응	부교감신경반응
눈	동공		
	섬모체근		
	눈물샘		
외피	땀샘		
	털세움근		
소화계통	침샘		
	민무늬 근육		
	소화샘		
	조임근		
	쓸개		
호흡계통	기관지근육		
	기관지샘		
심장	심방결절		
	방실결절		
	심실		
	심장혈관		
혈관	피부		
	골격근육		
이자	외분비 부위		
	내분비 부위		
비뇨계통	방광조임근		
	방광벽		
생식계통	남성생식기		
	자궁		

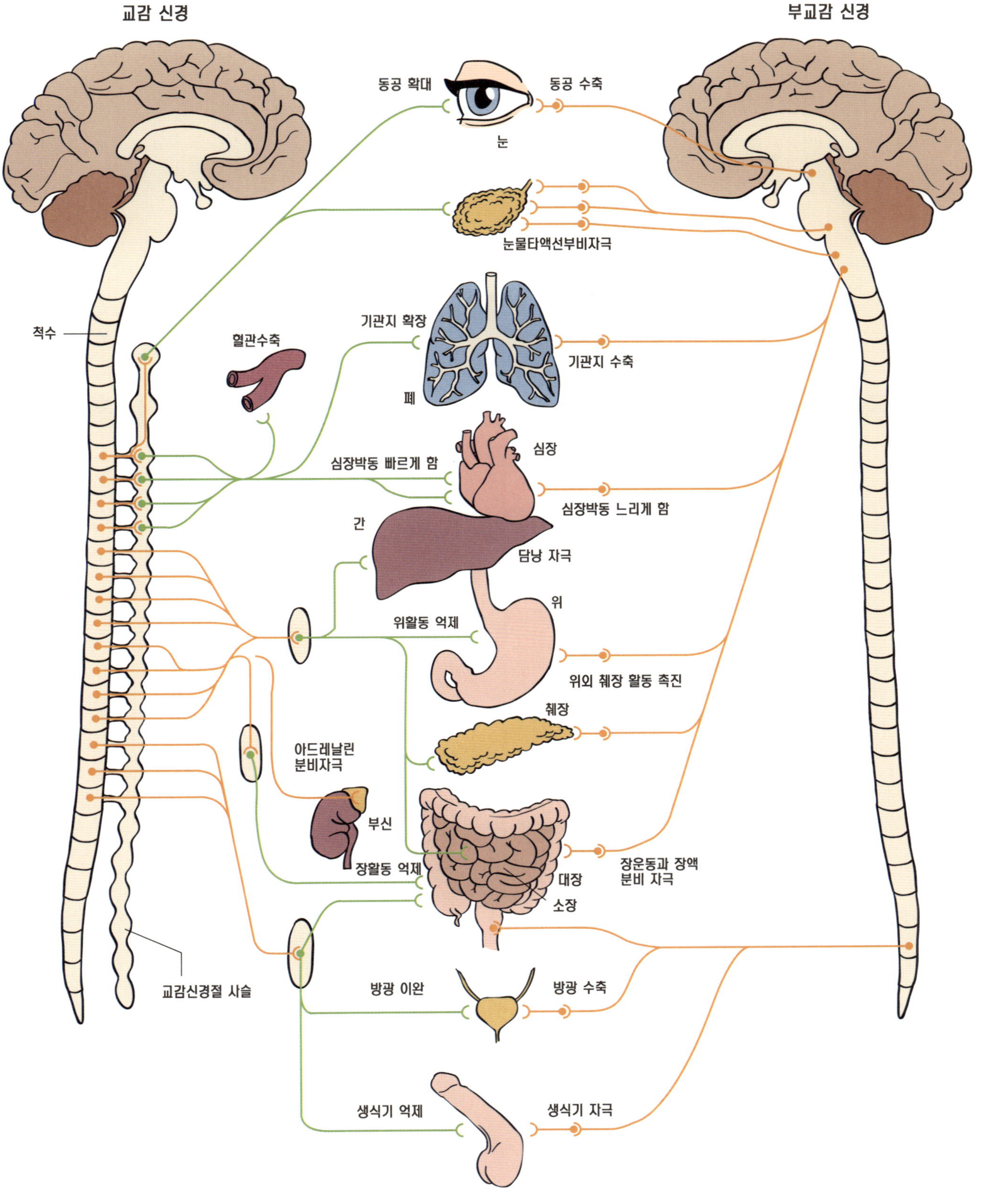
교감 신경
부교감 신경
동공 확대
동공 수축
눈
눈물타액선부비자극
척수
혈관수축
기관지 확장
기관지 수축
폐
심장
심장박동 빠르게 함
심장박동 느리게 함
간
담낭 자극
위
위활동 억제
위외 췌장 활동 촉진
췌장
아드레날린
분비자극
부신
장활동 억제
장운동과 장액
분비 자극
대장
소장
교감신경절 사슬
방광 이완
방광 수축
생식기 억제
생식기 자극

교감신경과 부교감신경

05. 특수감각(Special senses)

특수감각은 고유의 구조를 가진 특수한 감각수용기를 통해서 감지하는 감각으로 시각, 청각, 평형감각, 후각, 미각이 있으며, 뇌에서 나온 신경의 말단 부위에 위치한 특수감각 수용기에 의해 수용된다.

1) 시각

눈은 광선을 감수하는 기관으로서 안와 내에 위치하며, 시각기관의 주체는 안구이며, 이밖에 안구부속기로서 눈 근육, 눈 꺼플, 결막 및 눈물기관 등이 있다. 또한, 외부로부터 눈으로 들어오는 빛 중에서 가시광선(400~700nm)을 감지하며, 빛은 파장에 따라 각기 다른 색을 지각되는데, 빨강에서 보라로 갈수록 파장이 짧아진다. 다음은 안구의 각 기관들의 기능을 살펴보자.

[안구의 구조와 기능]

구조		위치	기능
외막	공막		
	각막		
	결막		
중막-맥락막			
내막-망막			
모양체			
모양체소대			
홍채			
동공			
수정체			
안방수			
초자체			

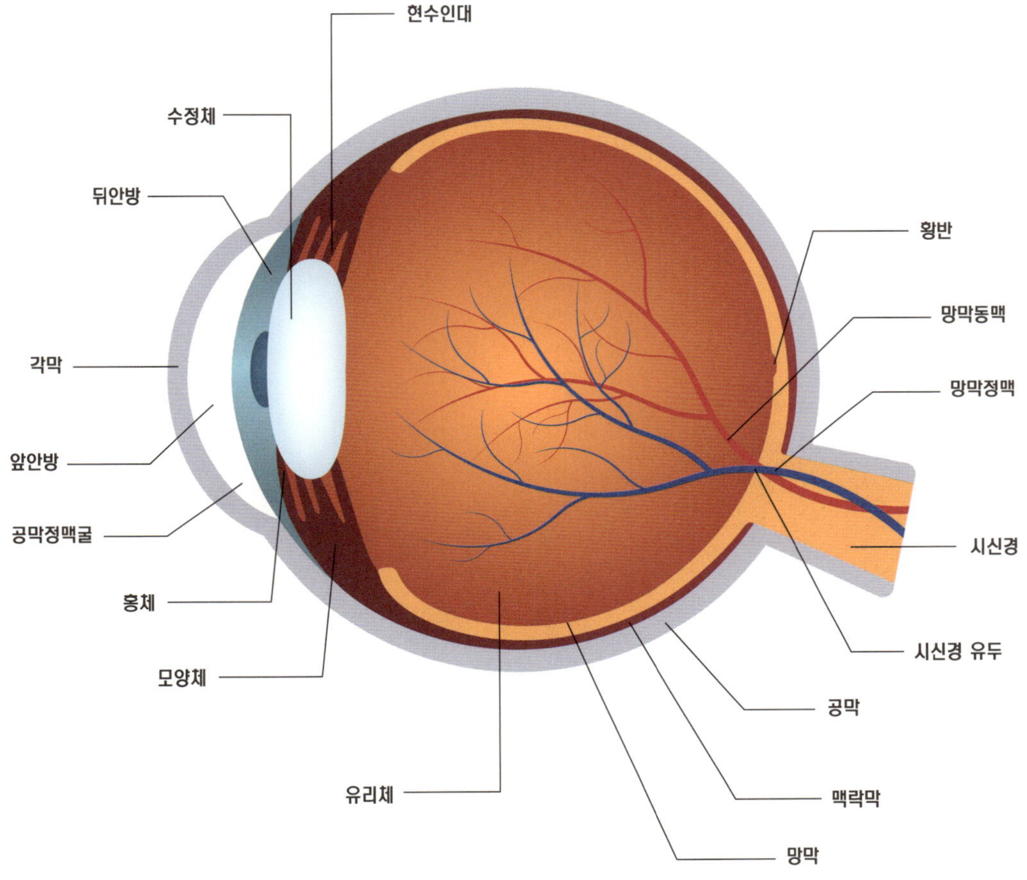
현수인대
수정체
뒤안방
황반
망막동맥
망막정맥
각막
앞안방
공막정맥굴
시신경
홍체
시신경 유두
모양체
공막
유리체
맥락막
망막

눈의 단면구조

2) 청각과 평형감각

귀는 청각기관이며, 음파에 의해 발생하는 진동에 의해 자극된 뇌신경(전정와우신경의 달팽이부)에 의해 소리정보가 뇌에 전달되며 귀의 구조와 기능은 다음과 같다.

구조		기능
외이(바깥귀)	귓바퀴	
	외이도	
	고막	
중이(가운데 귀)		
내이(안쪽귀)		

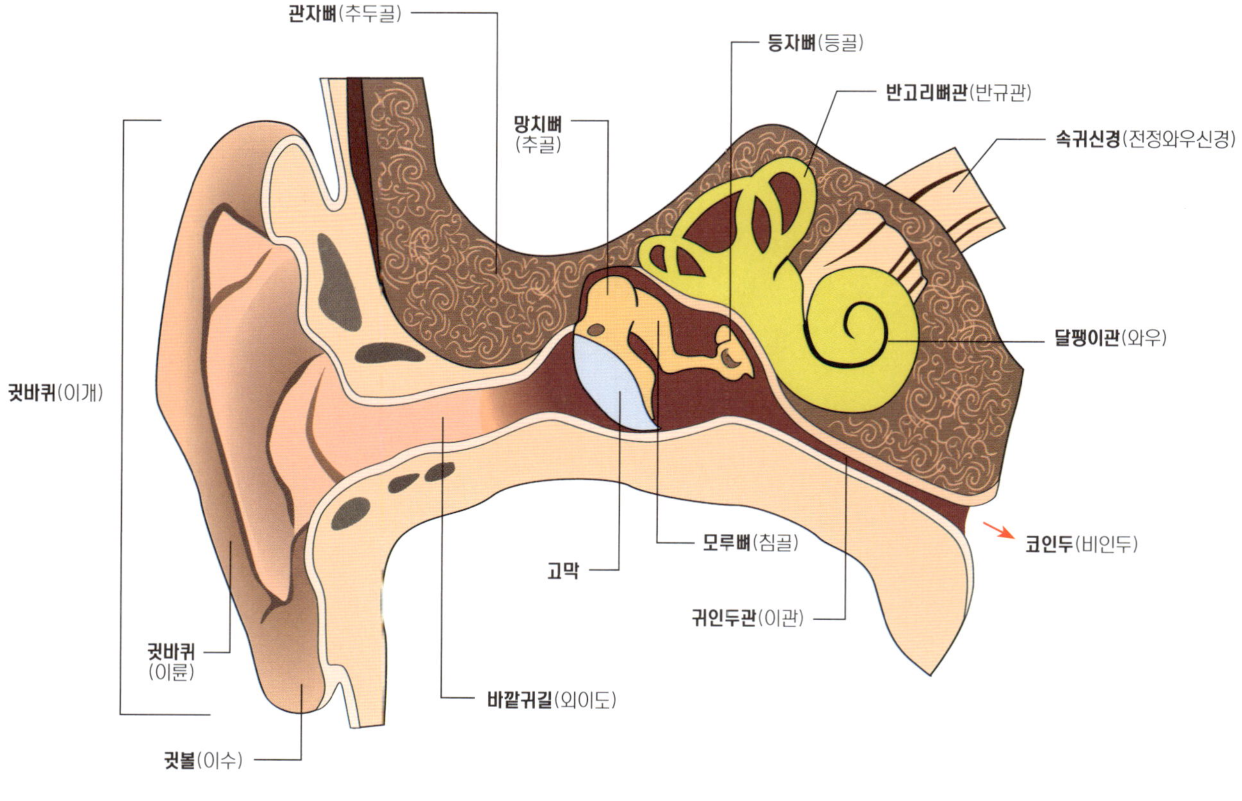

귀의 구조

3) 후각(Olfaction)

냄새의 감각은 모두 화학적 자극이 감각기의 상피세포에 접촉됨으로써 생기는 것이며, 코가 냄새를 맡는 것은 반사적인 반응이다. 후각세포의 전달경로는 정서와 기억을 포함하는데 대뇌 변연계의 일부 편도와 해마에도 이어진다.

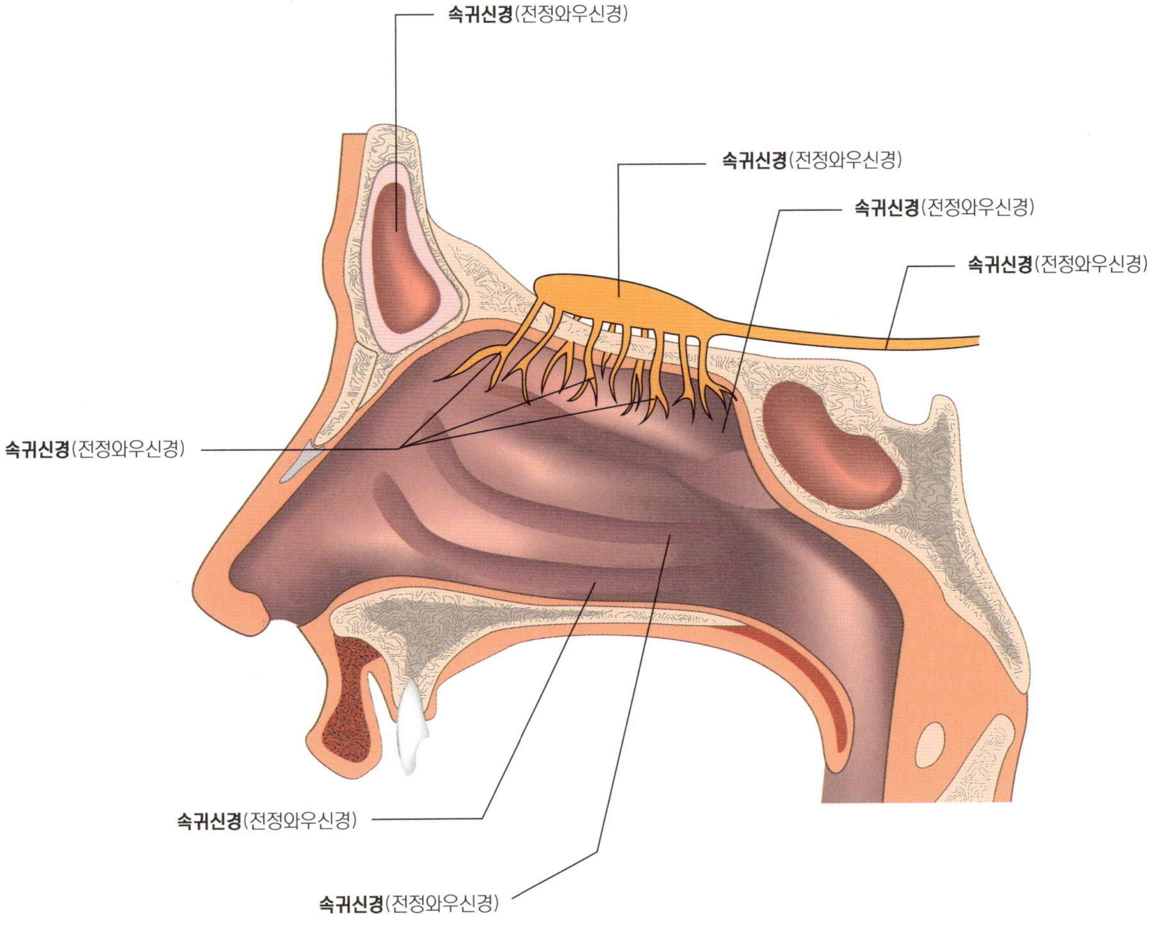

코 속의 구조

4) 미각(Taste)

미각은 후각과 밀접하게 연결되어 있고, 후각에서와 같이 용해된 화학물질에 의해 화학수용기가 자극되어 발생한다. 미각은 단맛, 신맛, 짠맛, 쓴맛의 네 가지 기본 맛이 혼합되어 느껴지는 감각이며, 후각이나 구강점막, 혀의 촉각이 혼합되어 다양하게 나타난다.

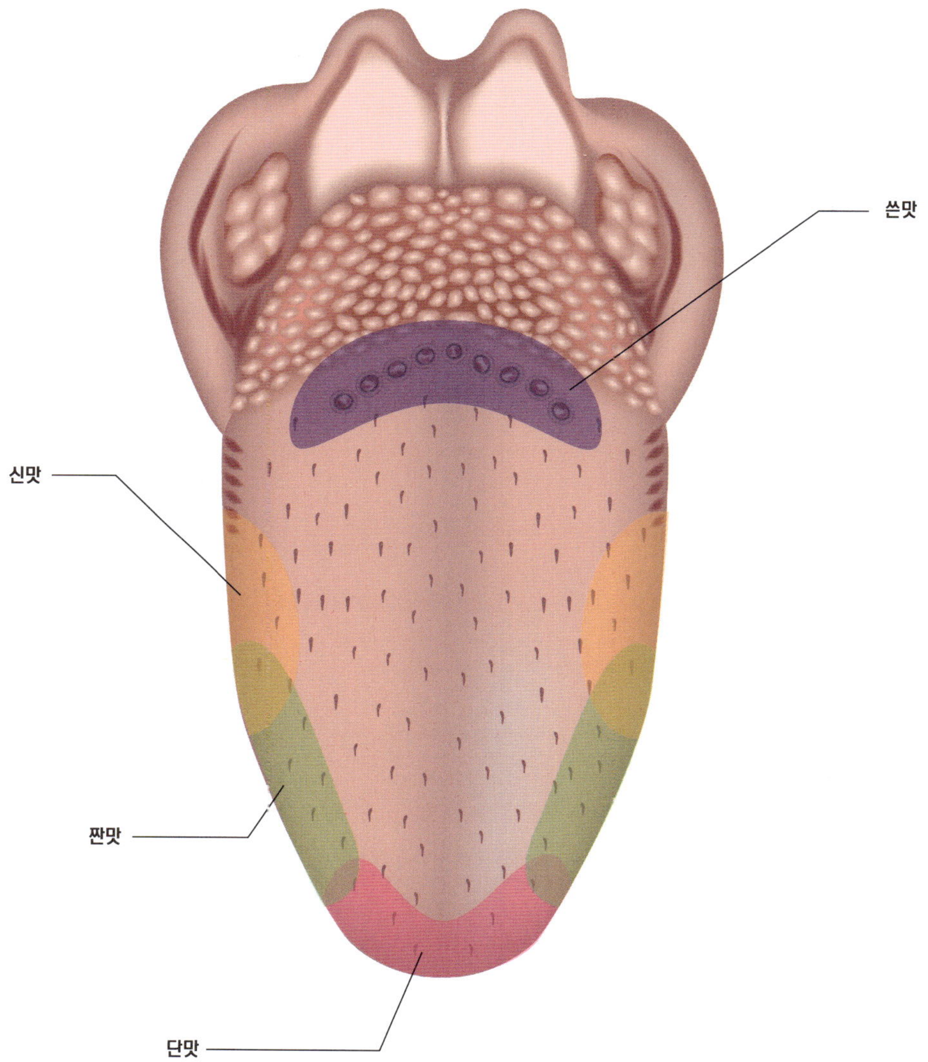

혀의 구조

신경계

Nervous system

1. 신경계는 중추신경계와 말초신경계로 구분한다.

2. 중추신경계는 뇌와 척수로 구성되며, 말초신경계는 체성신경계(뇌 12쌍과 척수신경31쌍)와 자율신경계(교감신경과 부교감신경)로 구성된다.

3. 신경계는 신경자극을 전달하도록 전문화된 세포인 뉴런과 구조적 및 대사적으로 지지하는 신경아교세포들로 구성된다.

4. 뉴런의 대부분은 신경세포체, 수상돌기, 축삭돌기, 신경종말 등이 있으며, 가지돌기와 세포체는 시냅스에서 다른 뉴런들로부터 정보를 받는다.

5. 신경아교세포는 성상교세포, 희돌기교세포, 소교세포, 상의세포 등이 있으며, 뉴런의 주변환경을 유지하도록 기능을 보조한다.

6. 시냅스은 자극의 전달로 되며, 전기적 시냅스와 화학적 시냅스가 있다.

7. 중추신경계는 뇌와 척수로 분류되며, 새로운 정보에 대한 반응의 종류 및 정도를 결정하게 된다.

8. CNS는 여러 구조들에 의하여 보호되는데 여기에는 두개골, 척주, 뇌막(경질막, 거미막, 연질막), 혈액-뇌 장벽이 포함된다.

9. 호르몬・이온・신경전달물질과 같은 신경활성물질의 혈액 내 농도가 변동하는 것으로부터 뇌를 보호하기 위한 기전을 혈액-뇌 장벽이라고 한다.

10. 뇌는 앞뇌, 뇌줄기, 소뇌의 세 개의 주요 부분으로 이루어져 있다.

11. 소뇌는 운동조정과 균형을 맡는다.

12. 대뇌(대뇌겉질)은 운동통제, 감각인지, 언어, 감정, 기억, 학습 등 고위 뇌기능을 맡으며, 전두엽, 두정엽, 후두엽, 측두엽의 4개의 엽으로 구분된다.

13. 뇌에서 직접 나오는 말초신경으로 좌우 12쌍이 있으며, 정보를 받아들이는 감각신경, 활동을 지시하는 운동신경과 감각과 운동신경이 혼합되어 있는 혼합신경으로 구분된다.

14. 자율신경계는 부교감신경계와 교감신경계를 포함하는 심장근, 평활근, 샘, 지방조직을 신경을 지배한다.

15. 주변 세계를 인지하는 능력은 감각수용체와 대뇌겉질로 정보를 전달하는 특별한 신경경로의 존재에 의존하며, 자극의 유형은 수용체와 활성화되는 신경경로에 의하여 부호화된다.

16. 시각은 빛에너지의 신호변환에서 작용하며, 망막에 빛의 초점을 맞추기 위하여 눈은 수정체의 모양을 바꿈으로써 굴절력을 바꾼다.

17. 귀와 청각은 귀는 바깥귀, 가운데귀, 속귀로 구성되어 있으며, 청각과 평형감각에 필요한 수용체세포를 포함하고 있다.

18. 미각은 미각수용체세포는 맛봉오리 내에 위치하며, 분자에 결합하는 분자들을 맛분자라고 한다.

QUIZ **신경계**

Nervous system

괄호넣기 및 연결하기

1. 신경계의 분류에서 괄호안을 채우시오.
   ① 중추신경계는 (   )로 구성되어 있다.
   ② 말초신경계는 (   )으로 구성되어 있다.
   ③ 자율신경계는 (   )의 분류의 일부이다.

2. 신경조직내용을 보고 괄호 안을 채우시오.
   ① 신경세포는 (   )이라고 불린다.
   ② 신경원의 주요 구성요소를 기술하시오.
      a)
      b)
      c)
   ③ 신경원의 그림이다. 주요 근육과 그 고유의 기능을 서술하시오.

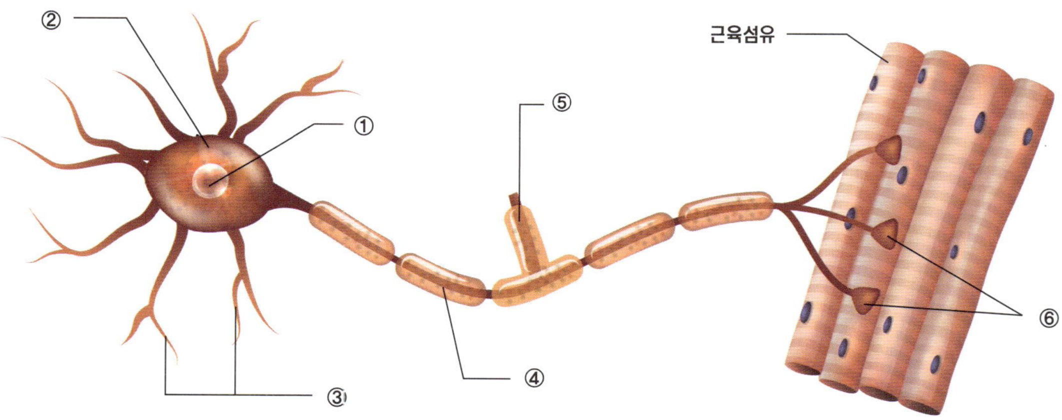

3. 시냅스 내용을 보고 괄호 안을 채우시오.

① 시냅스에서 신경자극은 신경원 (   )의 시냅스 마디에서 분비되는 (   )에 의해 전달된다.

② 시냅스 후 뉴런을 전달받는 신경원은 신경전달 매개물질을 비활성하여 지속적인 자극이 발생하지 않도록 하기 위해 (   )을 함유하고 있다.

4. 대뇌겉질엽에 대한 기능을 옳은 답을 골라 알파벳으로 적어 넣으시오.

㉠ 이마엽(전두엽) :

㉡ 마루엽(두정엽) :

㉢ 관자엽(측두엽) :

㉣ 뒤통수엽(후두엽) :

a) 피부감각의 일반적 감각영역	b) 관자엽과 중복되는 미각영역
c) 수의적 운동을 시작하는 운동영역	d) 시각영역
e) 운동언어영역	g) 후각영역

객관식

1. 각 내장 효과기에 적절한 교감, 부교감 반응이 잘못된 것은?

번호	효과기	부교감반응	교감 반응
①	위와 장(샘)	분비물 증가	분비물 감소
②	심장	심박동수 증가	심박동수 감소
③	홍채	동공축소	동공확대
④	방광	수축	이완

2. 2개의 대뇌반구를 연결하는 것은?

① 이마엽　② 뇌량　③ 시상하부　④ 숨뇌

3. 체온과 자율신경계를 조절하는 뇌 구조는?

① 시상　② 대뇌　③ 연수　④ 시상하부

4. 다음 뇌척수액에 대한 문항 중 잘못 된 것은?

① 뇌척수액은 뇌실에 있는 맥락얼기에 의한 생성된다.

② 뇌척수액은 중추시경계와 혈액 사이에서 영양물질과 노폐물을 교환한다.

③ 뇌척수액은 대뇌동맥에 있는 혈액으로 재흡수된다.

④ 뇌척수액은 뇌와 척수의 충격완충 작용을 한다.

5. 뇌의 각 구조와 기능이 잘돗된 것은?

① 중뇌- 미각과 후각 반사

② 시상하부- 뇌하수체 전엽의 분비를 조절

③ 숨뇌-호흡과 심박동수를 조절

④ 소뇌-조정과 근육긴장도를 조절

6. 척수신경에 관한 설명 중 잘못된 것은?

① 12쌍의 흉신경과 8쌍의 경신경이 있다.

② 각 척수신경은 2개의 신경근을 가지고 있으며, 뒤뿌리근(후근), 앞뿌리근(전근), 감각근이 있다.

③ 마미총(cauda equina)은 척수하단 아래로 뻗어져 있는 허리신경(요신경), 엉치신경(천골신경)이다.

④ 목부(경부), 어깨, 팔에는 목신경이 분포한다.

비뇨기계와 생식기계

Reproductive System and Urinary System

10

Reproductive System & Urinary System

Chapter 10

비뇨기계와 생식기계

Reproductive System and Urinary System

학습목표

학습자들이 비뇨기계와 성식기계 학습을 통해 인체의 구조와 기능을 익히고, 고객 맞춤 관리 분야의 상담, 인체 분석과 피부관리를 할 수 있다.

1. 비뇨기계의 구조와 기능에 대해서 이해하고 설명할 수 있다.
2. 콩팥단위 대한 구조 및 기능에 대하여 설명할 수 있다.
3. 남성 생식기계 및 기능에 대해서 설명할 수 있다.
4. 여성 생식기계 및 기능에 대해서 설명할 수 있다.

01. 비뇨기계의 구조와 기능

1. 비뇨기의 기능

비뇨기계는 체내 대사물질로부터 요를 생성하여 체외로 배설하는 기관으로서 생체 내 항상성을 유지하는데 중요한 역할을 하며, 또한 분당 약 1,300mL이 신장 동맥을 통하여 신장으로 들어가고 1,298~1,299mL의 혈액이 신장 정맥을 통해서 나가며, 1~2L의 수분이 요관을 통해서 소변으로 배출되며, 기능은 다음과 같다.

2. 비뇨기계의 구조

비뇨기계의 구조는 항상성 유지의 주된 기관인 2개의 신장과 부수적 기관인 신우, 요관, 방광, 요도로 이루어진다.

1) 신장(Kidney) 이해

신장은 길이 약 12cm, 폭 6cm, 두께 3cm 정도의 강낭콩과 비슷한 구조로 복막 밖 척추 좌우 양쪽에 있으며, 체중의 약 0.5~1.0%정도, 약 130g의 장기이다. 기능은 다음과 같다.

- 1차적으로 우리 몸 속에서 일어나는 여러 가지 음식물 대사과정의 부산물인 노폐물 배출
- 몸 속으로 들어온 이 물질을 소변을 통해 몸 밖으로 배설
- 몸의 과잉수분과 노폐물을 몸 밖으로 걸러냄
- 체액의 성분과 농도 일정 유지
- 체내환경의 염류조성, 체액 총량, 삼투압, pH조절
- 모든 대사과정 노폐물 제거

2) 신장의 구조

<table>
<tr><th>구조</th><th colspan="2">특징</th></tr>
<tr><td>신피질
(renal cortex)</td><td colspan="2"></td></tr>
<tr><td>신수질
(renal medulla)</td><td colspan="2"></td></tr>
<tr><td>신우
(renal pelvis)</td><td colspan="2"></td></tr>
<tr><td rowspan="7">네프론
(nephron)</td><td colspan="2"></td></tr>
<tr><th>종류</th><th>특징</th></tr>
<tr><td>신소체(renal corpuscle</td><td></td></tr>
<tr><td>근위세뇨관(proximal tubule</td><td></td></tr>
<tr><td>헨레고리(Henle's loop)</td><td></td></tr>
<tr><td>원위세뇨관(distal tubule)</td><td></td></tr>
<tr><td>집합관(collecting tubule)</td><td></td></tr>
</table>

3) 신장의 혈관 분포

신장을 통하는 혈류의 경로를 아는 것은 요의 형성과를 이해하는데 필수적이다

- 복부대동맥으로부터 나온 혈액은 신동맥으로 흘러 들어가고 있는 궁상동맥이 되어 신장내에서 많은 소엽간동맥으로 넓게 가지를 펼치고 있다.
- 소엽간동맥은 신피질의 구심성 세동맥을 형성한다.
- 혈액은 구심성 세동맥으로부터 사구체로 흘러들어가고, 원심성 세동맥, 세뇨관 주변 모세혈관, 소엽간정맥과 궁상정맥을 거쳐 신정맥으로 흘러 들어간다.
- 네프론과 신장의 모세혈관 사이에서 일어나는 물질교환은 혈장으로부터 소변을 형성하게 한다.
- 경로 : 복부대동맥 → 신동맥 → 소엽간동맥 → 궁상동맥 → 구심성 세동맥 → 사구체 → 원심성 세동맥 → 세뇨관 주변의 모세혈관 → 소엽 간정맥 → 궁상정맥 → 엽간정맥 → 신정맥→ 하대정맥

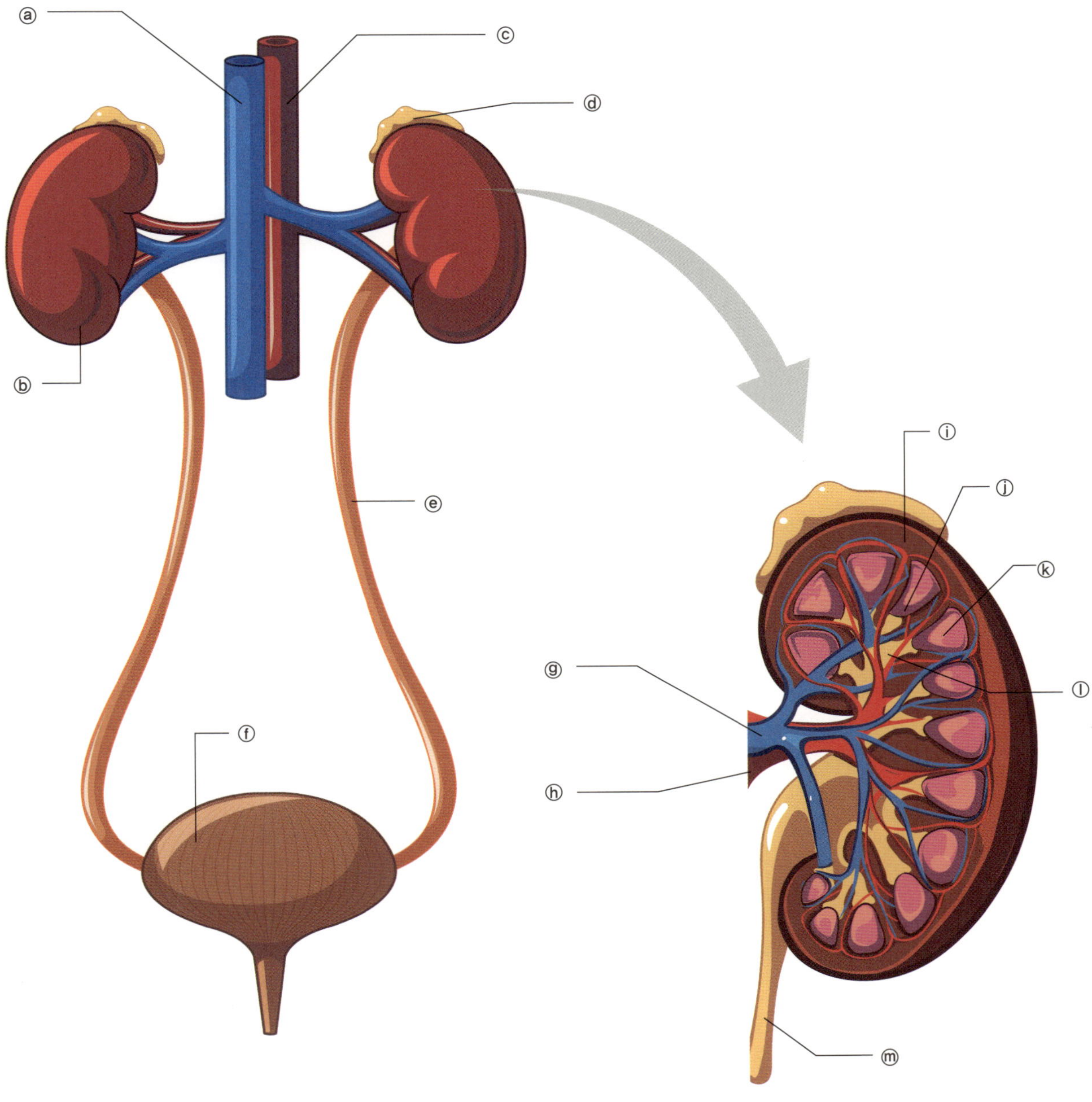

비뇨기계의 구조

4) 요 생성 과정

신장은 체내의 노폐물을 제거할 뿐만 아니라 체내의 수분 및 전해질의 양과 삼투질 농도를 조절하며, 산-염기평형을 유지하는 장기이다. 요의생성은 사구체의 여과과정과 신세뇨관의 재흡수 및 분비과정을 통해 이루어진다.

<table>
<tr><th colspan="3">요 생성 과정</th></tr>
<tr><td rowspan="3">① 사구체여과</td><td colspan="2"></td></tr>
<tr><td colspan="2">사구체 여과율에 영향을 미치는 요인</td></tr>
<tr><td colspan="2"></td></tr>
<tr><td>② 세뇨관 재흡수</td><td colspan="2"></td></tr>
<tr><td>③ 세뇨관 분비</td><td colspan="2"></td></tr>
<tr><td rowspan="5">신장에 영향을 미치는 호르몬</td><th>호르몬</th><th>기능</th></tr>
<tr><td>향이뇨호르몬(antidiuretic hormone, ADH)</td><td></td></tr>
<tr><td>부갑상샘 호르몬(Parathyroid hormone, PTH)</td><td></td></tr>
<tr><td>알도스테론(aldosterone)</td><td></td></tr>
<tr><td>심방성 나트륨 이뇨펩티드(ANP)</td><td></td></tr>
</table>

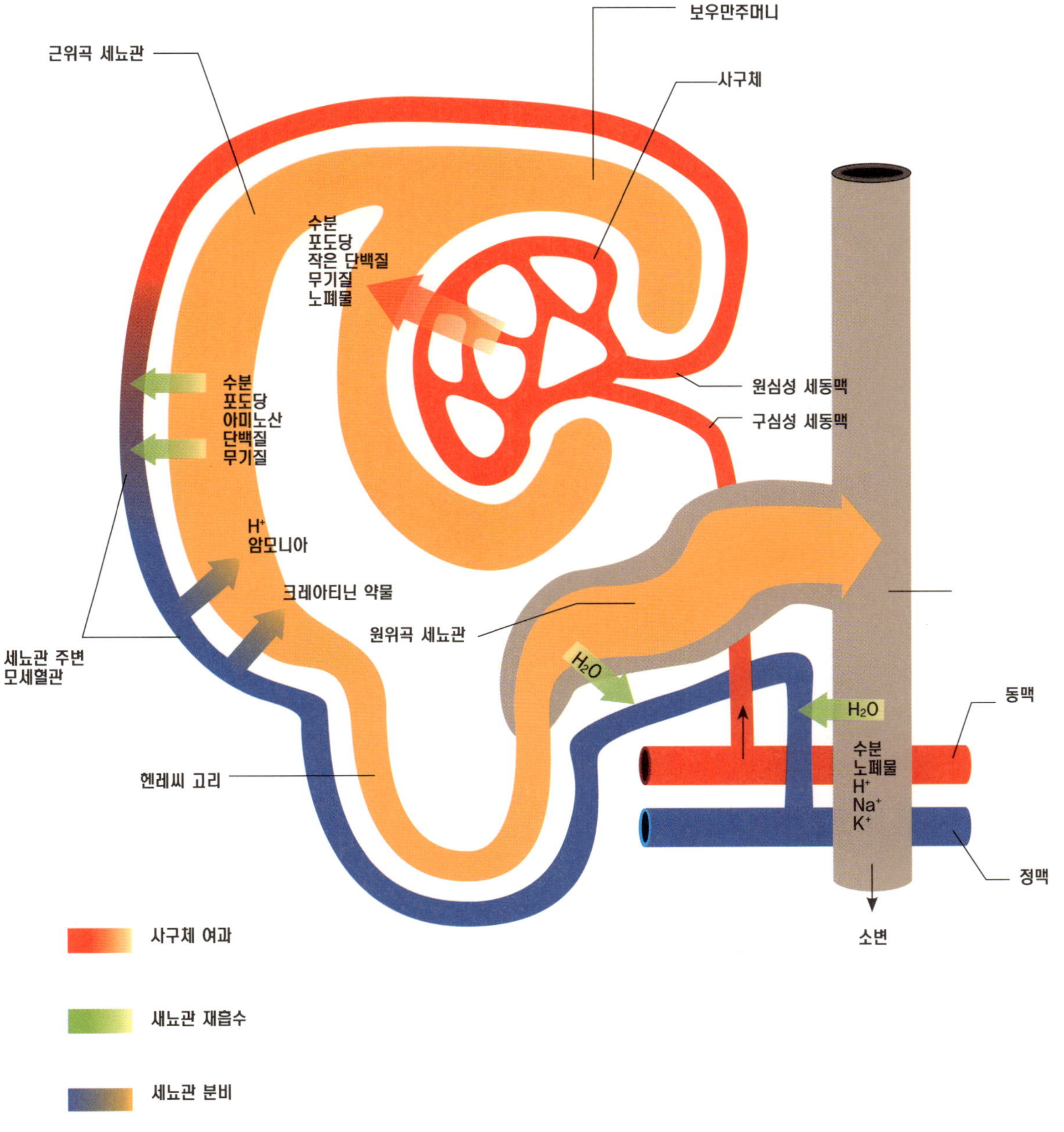

보우만주머니
근위곡 세뇨관
사구체
수분
포도당
작은 단백질
무기질
노폐물
수분
포도당
아미노산
단백질
무기질
원심성 세동맥
구심성 세동맥
H^+
암모니아
크레아티닌 약물
원위곡 세뇨관
세뇨관 주변
모세혈관
H_2O
H_2O
동맥
수분
노폐물
H^+
Na^+
K^+
헨레씨 고리
정맥
소변
사구체 여과
새뇨관 재흡수
세뇨관 분비

네프론의 요생성 과정

5) 배뇨

배뇨는 신장에서 생성된 요가 체외로 배출되는 과정으로서 척수반사에 의해서 일어나며, 배뇨가 일어나기 위해서는 요관, 방광과 요도의 기능이 있어야 한다.

종류	기능
요관 (ureters)	· 신장에서 만들어진 요를 방광으로 이동시키는 경로 · 신장의 신우와 방광 후벽에 연결되어 있는 약 30cm의 가는 관 · 요형성의 속도에 맞추어 연동운동의 강도와 빈도가 조절 · 요가 방광으로 내려오면 요관구의 판막이 소변의 역류를 막아줌
방광 (urinary bladder)	
요도 (urethra)	

6) 소변의 특성

특성	특징
양	
색깔	
비중	
산도	
조성	
질소 잔여물	

02. 남자 생식기계

생식기계는 성에 따라 다른 기관으로 분화되어 성장하며, 사춘기 이후 급격히 성장발달하여 2차성징이 나타나며, 1차 생식기관인 고환과 부수 생식기관인 부고환 · 정관 · 요도 · 정낭 · 전립선 요도구선과 외부생식기인 음낭 · 음경 등이 있다.

1) 남성 생식기의 구조

(1) 내 생식기

정자를 생성하는 고환과 정자를 이동시키는 작용을 하는 부고환, 정관, 정랑, 전립선, 요도구선과 요도가 있다.

종류	기능
① **고환**(testis)	
② **부고환** (epididymit duct)	
③ **정관** (deferent duct)	
④ **정낭** (seminal vesicles)	
⑤ **전립선** (prostate gland)	
⑥ **요도구선** (Bulbourethral gland)	
⑦ **요도**(urethra)	
⑧ **정액**(Semen)	

(2) 외생식기

① 음낭(scrotum)

복강 밖 음경의 밑 부분에 있으며, 음낭은 몸체와 떨어져 있어 고환을 체온보다 낮은 온도로 유지하게 한다. 외부온도가 내려가면 음낭이 수축하여 고환을 체표면에 가깝게 하여 따뜻하게 하며, 적정온도를 유지하는 이러한 변화는 건강한 정자를 만드는데에 도움이 된다.

② 음경(penis)

음경은 작은 기둥모양으로 피부로 덮여 있고, 귀두라고 불리며, 포피하고 불리는 접힌 피부로 싸여 있다. 음경의 안쪽에 해면성요도가 3개의 발기조직으로 구성되어 있으며, 성적흥분이 되면 음경의 해면조직이 혈액으로 채워져 확장되고 딱딱해지면서 발기가 된다.

(3) 남성 생식기계통 호르몬

호르몬	분비기관	기능
난포자극 호르몬	뇌하수체 전엽	
황체형성호르몬	뇌하수체 전엽	
테스토스테론	고환(간질세포)	
인히빈	고환(지지세포)	

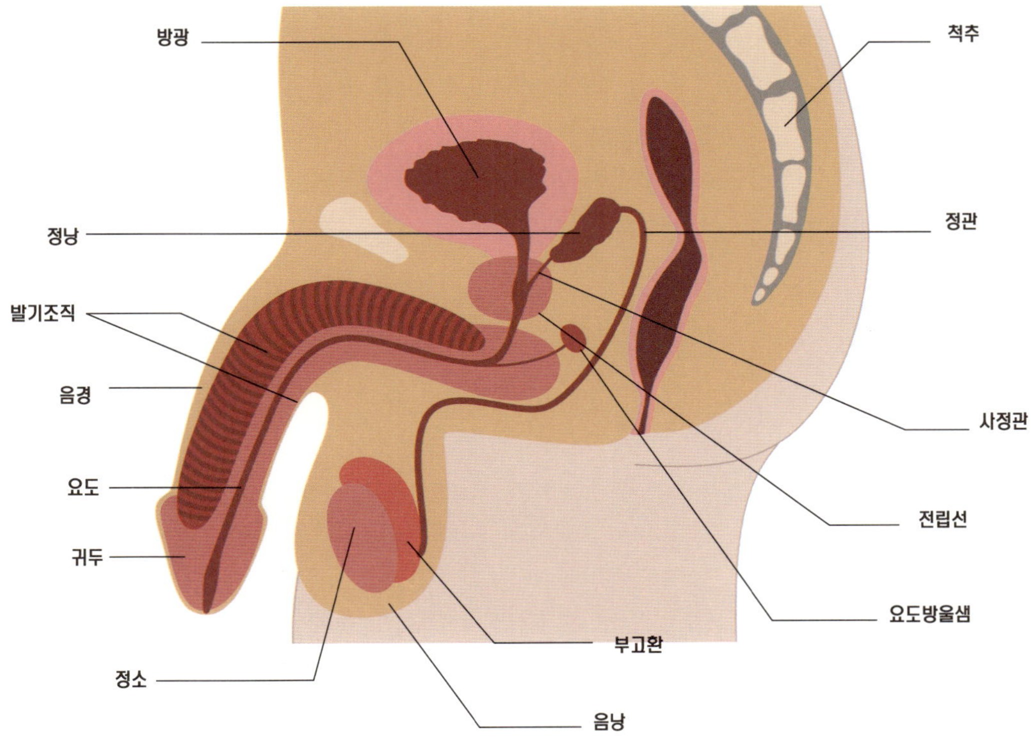

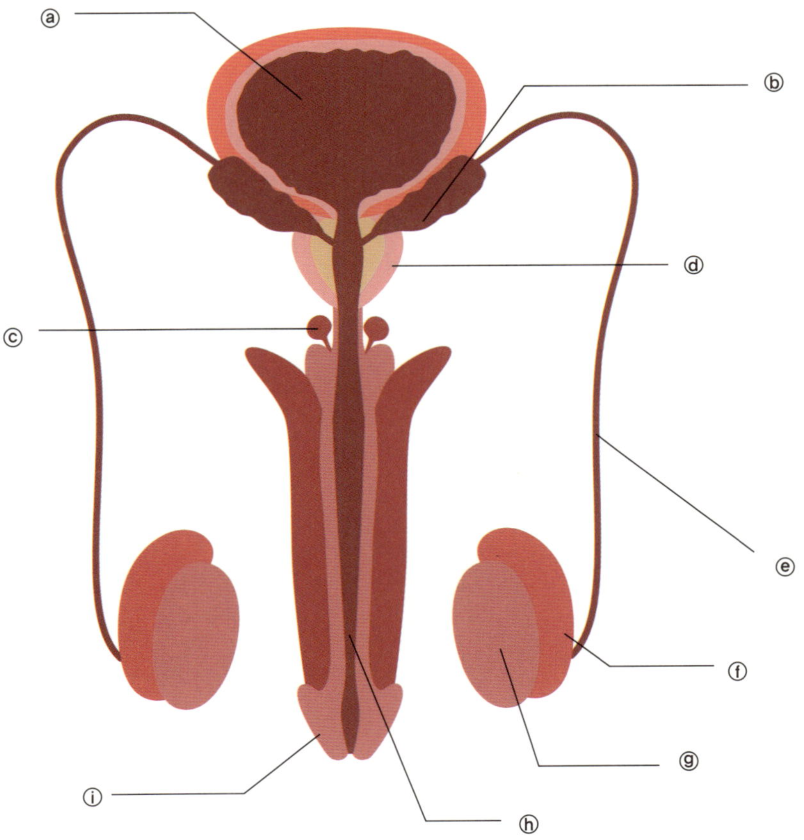

남성 생식기

(4) 남성 생식기의 기능

주로 고환에서 이루어지는 정자 생성과 남성호르몬인 테스토스테론을 생성・분비하는 것이다.

① 정자생성과 이동

정자는 고환의 정세관에서 정원세포가 사춘기 이후 급격히 분화되어 생성된다.

남성의 정소에서 형성되는 성세포를 정자(spermatozoa)라 하며, 그 형태 길이가 50~60㎛이고 긴 머리와 가늘고 긴 꼬리로 구분되며, 머리에는 유전인자가 든 핵이 있고, 꼬리부분에는 운동력을 지닌 편모가 있으며, 여성생식기 내에서 정자는 1~4mm/min의 속도로 운동하며, 사정 후 30~60분이 지나면 난관에 도달한다.

정자의 염색체수	
정자의 머리	

- 핵에는 X와 Y 두 종류의 성염색체가 있어서 여성의 X성염색체와 결합
- 난자가 어떤 성염색체를 가진 정자와 수정하느냐에 따라서 여성(XX), 남성(XY)의 성이 결정
- 정자형성은 성선자극호르몬(gonadotropic hormone)이 분비되기 시작하는 사춘기부터 시작되어 일생동안 지속
- 정자생성 즉 1차 정모세포의 형성부터 정세관에서 미성숙한 정자가 배출되기까지는 약 64~72일이 걸림
- 정원세포의 성숙에는 여포자극호르몬이 필요하고, 테스토스테론의 분비는 황체형성 호르몬에 의해 조절

② 발기(erection)

음경은 남성의 교정기이면서 요도의 역할을 하는 원주상의 발기성 조직이며, 성적흥분이 있을 때 소동맥이 확장되고, 세 개의 관이 커지며 혈액이 높은 압력으로 들어가 음경이 단단하게 되는 현상이다. 또한 조직의 충혈에 의해 일어나는 경관 5~10초에 빠르게 일어난다.

③ 사정(ejaculation)

교감신경의 자극으로 척수반사로 일어나며, 교감신경의 자극으로 배출담당관의 평활근을 수축시키며서 정자와 정액이 요도도 배출되며, 사정 시 정액은 평균 3mL정도이며 약 3억개의 정자가 포함되어 있다.

④ 테스토스테론(testosterone)분비 및 작용

남성의 경우에 사춘기가 되면 난포자극 호르몬은 정세관에서 정자를 생산하도록 자극하고 황체형성 호르몬 혹은 간질세포자극 호르몬이 간질세포를 활성화한다. 성기관의 발달에 따라 고환에서 테스토스테론이 분비되며 작용은 다음과 같다.

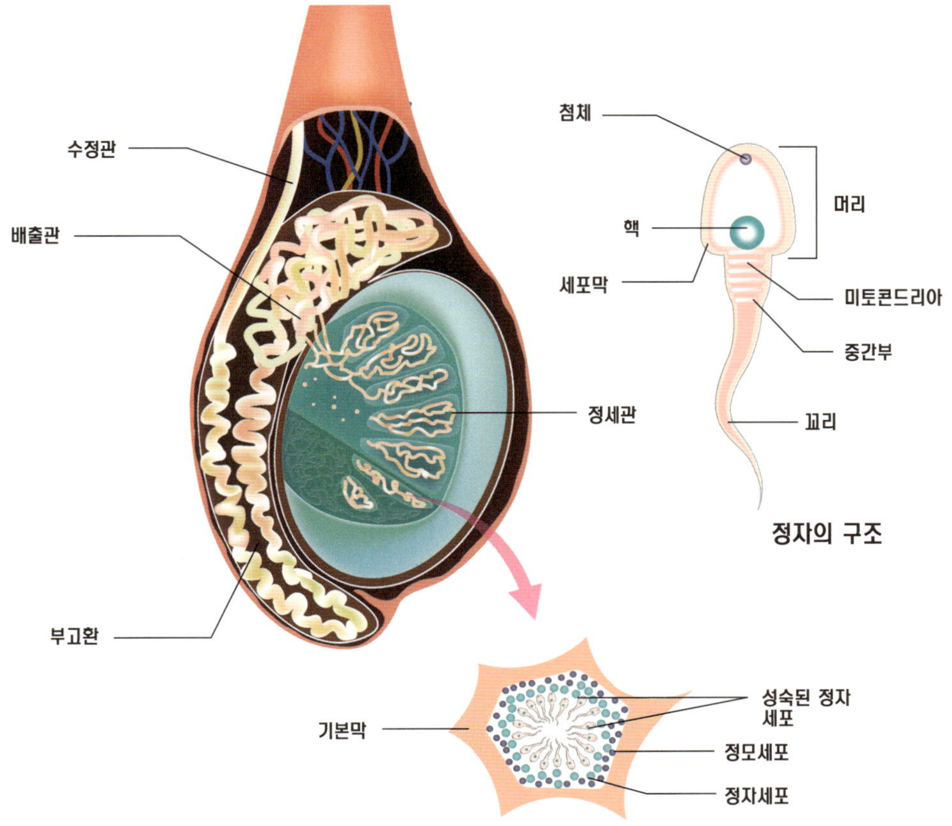

고환의 구조

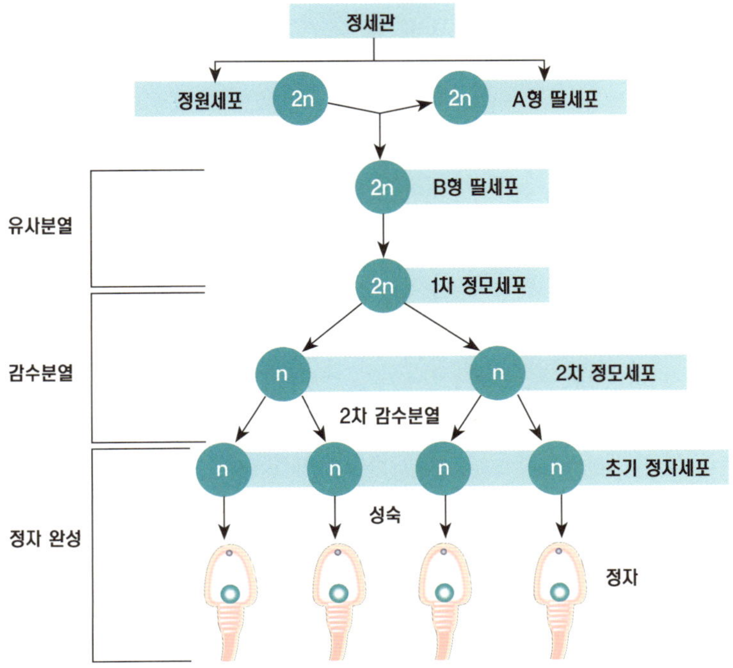

정자 생성과정

03. 여성 생식기계

여성의 생식기는 내생식기인 난소・난관・자궁・질 등과 외생식기로 구성되며, 여성의 생식기 중 난소는 여성의 주 생식기관으로 난자를 생성하며, 여성호르몬인 에스트로겐과 프로게스테론을 분비한다.

1) 여성 생식기의 구조

(1) 내 생식기

종류	기능
① **난소**(ovary)	
② **난관** (uterine tube)	
③ **자궁**(uterus)	
④ **질**(vagina)	

(2) 외 생식기

외음(Vulva)으로 불리기도 하는 여성의 외생식기 구조는 음핵, 대음순, 소음순, 바르톨린선을 포함한다.

종류	기능
① **음핵**(clitoris)	
② **대음순** (iobia majora)	
③ **소음순** (iobia minora)	
④ **바르톨린선** (bartholin's gland)	

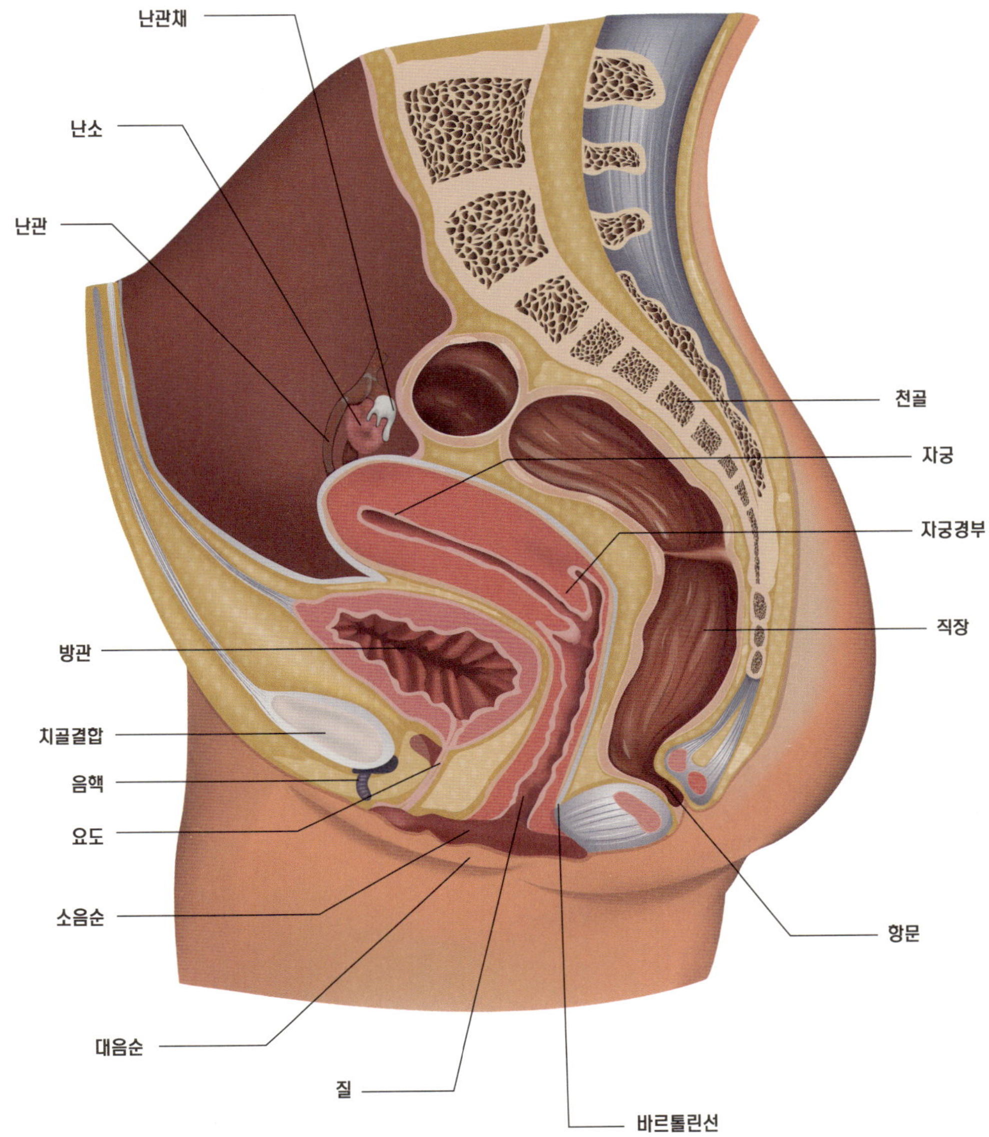

여성 생식기계

(3) 여성생식기계통 호르몬

여성 호르몬은 난소의 발달과 배란 및 황체의 발달을 주도하며, 한 달주기에 따라 분비량이 달라져서 각각의 생식기와 그 밖의 기관에 작용하며, 내용은 다음과 같다.

호르몬	분비기관	기능
난포자극호르몬 (FSH)	뇌하수체 전엽	
황체형성 호르몬 (LH)	뇌하수체 전엽	
에스트로겐	난소(난포) 태반(임신 시)	
프로게스테론	난소(황체) 태반(임신 시)	
인히빈(inhibin)	난소(황체)	
릴랙신(relaxin)	난소(황체) 태반(임신 시)	

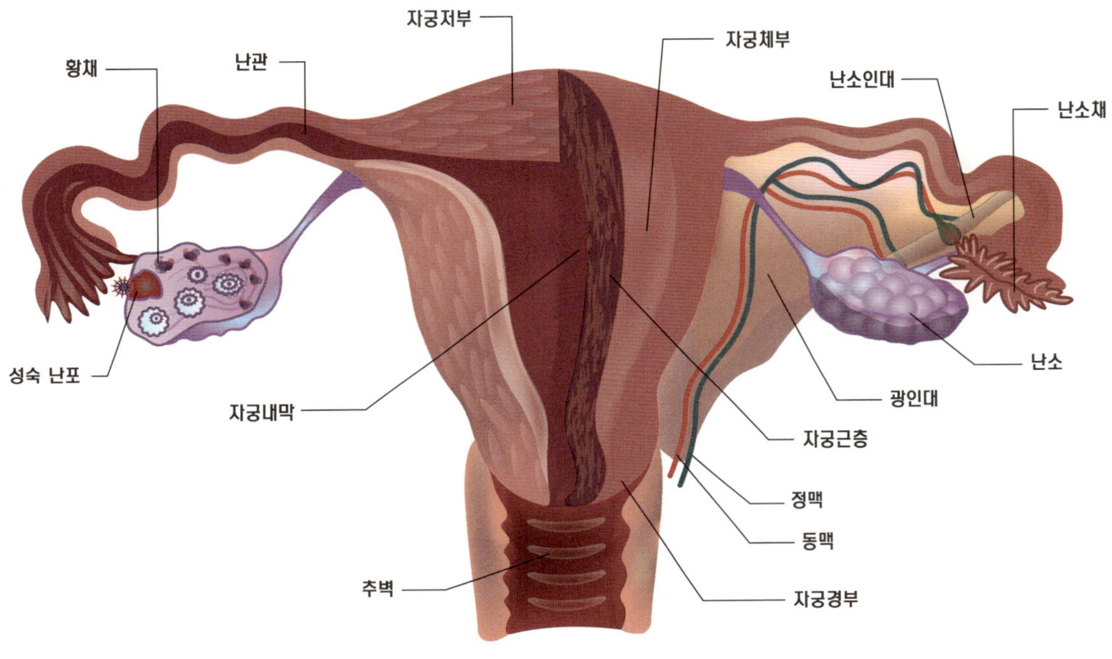

내부 생식기계

요점정리

비뇨기계와 생식기계

Reproductive System and Urinary System

1. 비뇨기계통은 2개의 신장, 2개의 오관, 방광과 요도로 구성되어 있다.

2. 신장의 내부 구조는 피질과 수질, 신우로 구성되어 있으며, 피질은 외조직층으로 신소체와 세뇨관으로, 수질은 내조직층으로 헨레씨 고리와 집합관, 신우는 요관의 끝부분이 확장되어 형성된 공간으로 소변을 모으는 곳이다.

3. 신장의 혈관의 경로는 복부대동맥 → 신동맥 → 소엽간동맥 → 궁상동맥 → 구심성 세동맥 → 사구체 → 원심성 세동맥 → 세뇨관 주변의 모세혈관 → 소엽간정맥 → 궁상정맥 → 엽간정맥 → 신정맥 → 하대정맥으로 흘러간다.

4. 소변의 형성의 과정은 사구체여과→세뇨관 재흡수→세뇨관분비 과정을 형성한다.

5. 세뇨관 재흡수는 세뇨관 주변의 모세혈관에서 이루어지며, 능동적 이동, 수동적 이동, 삼투작용 및 음세포작용으로 재흡수 된다.

6. 남성생식계는 고환, 외부생식기(음경, 음낭), 생식관(부고환, 정관, 사정관, 요도) 부속선(정낭, 요도구선, 전립선)등으로 구성되어 있다.

7. 고환은 여러 개의 엽으로 되어 있으며, 각 엽에는 정자는 생산하는 정세관이 들어있으며, 내의 간질세포는 부드러운 결합조직으로 안도로겐을 분비한다.

8. 부고환은 고환으로부터 나온 미성숙 정자가 일시적으로 대기하는 장소이다.

9. 남성 생식기의 기능은 주로 고환에서 이루어지며 정자생성과 남성호르몬인 테스토스테론을 생성・분비하는 것이며, 테스토스테론은 고환의 간질세포에서 생산되며 고환에서 생산되는 가장 중요한 호르몬이다.

10. 테스토스테론작용은 정자생성과 분비, 단백질 동화작용과 뼈의 성장촉진, 발기와 성적 능력유지, 남성의 2차 성징을 유도한다.

11. 여성생식기의 구조는 내생식기(난소, 난관, 자궁, 질)과 외생식기(치구, 대음순, 소음순, 음핵, 요도구, 질구, 질전정) 등으로 구성되어 있다.

12. 난소는 외층인 피질과 내층인 수질로 되어 있으며, 외층에는 성숙란이 될 수 있는 원시세포가 존재하며, 난관은 난자가 난관 내에서 정자와 만나 수정이 되면, 수정란이 되면서 연동수축과 섬모운동에 의해 난관을 지나서 자궁으로 내려간다.

13. 자궁은 자궁간의 내면을 자궁내막이라 하고, 여성호르돈의 작용에 의해 비후・박리 현상이 번갈아 일어나며, 박리되면 월경혈이 되며, 수정된 난자가 자궁내막에 착상되면 임신이 된다.

14. 여성호르몬은 난소의 발달과 배란과 황체의 발달로 주도되며, 에스트로겐의 작용은 여성 성기관인 자궁, 나팔관, 질을 발달시키고 기관을 덮고 있는 외생식기와 유방도 발달시킨다.

비뇨기계와 생식기계

Reproductive System and Urinary System

괄호넣기 및 연결하기

1. 신장의 각 부분과 설명을 연결하여 알파벳으로 적어 넣으시오. (답 2개 또는 이상)
   1) 신피질 : (   )
   2) 신수질 : (   )
   3) 신 우 : (   )

a. 신문에서 신장내에 요관의 확대에 의해 형성된 강이다. b. 신조직의 바깥층이다. c. 신조직의 내부층이다. d. 신배가 깔때기 모양으로 뻗어 있다. e. 소변이 피라미드 유두로부터 들어간다. f. 신피라미드라 불리는 쐐기모양을 구성한다. g. 네프론의 헨레고리와 집합관을 포함한다. h. 네프론의 신소체와 세뇨관을 포함한다.

2. 네프론은 신장의 구조적이고 (   ) 인 단위이며, 각 네프로은 (   )와 (   ) 이라고 불리는 2가지 부분으로 구성된다.

3. 다음 괄호 안을 채우시오.
   a) 보우만주머니의 내층은 (   ) 때문에 투과력이 높다.
   b) 보우만주머니의 외층은 구멍이 없으며 (   )가 없다.
   c) 사구체로부터 보우만주머니로 들어가는 액체를 (   )액이라고 부른다.

4. 다음 물질들이 신여과액에서 혈액으로 재흡수되는 기전을 각각 쓰시오.
   1) 물(   )　　2) 포도당(   )
   3) 아미노산(   )　　4) 음이온(   )
   5) 작은 단백질(   )　　6) 양이온(   )

5. 소변의 형성-사구체 여과에 내용을 보고 괄호 안을 채우시오.
   a) 사구체 여과에서 혈압, 용해된 물질, 작은 단백질을 (   )에서 (   )로 밀어낸다.
   b) 보우만주머니의 액체는 (   )액이라고 부른다.
   c) 혈액에 남아 있는 성분은 (   )과 (   )이며, 이들은 크기가 너무 (   ) 때문에 사구체를 통과할 수 없다.

객관식

1. 여성 생식 호르몬에 대한 설명 중 옳지 않은 것은?
   ① 인히빈(inhibin)은 황체에서 생산된다.
   ② 에스트로겐은 여성 이차성징의 발달을 책임지고 있다.
   ③ 릴랙신은 자궁외막의 수축을 억제한다.
   ④ 프로게스테론은 자궁내막의 혈관 성장을 중진한다.

2. 여성 생식기계에 대한 설명으로 옳은 것을 전부 고르시오.
   ① 자궁의 자궁근층은 민무늬근층이다.
   ② 바르콜린선은 자궁의 경부 속으로 점액을 분비한다.
   ③ 자궁은 난소의 중간선에 있고 난관의 외측에 있다.
   ④ 황체는 그라프 여포로부터 발달한 내분비샘이다.
   ⑤ 대음순과 소음순은 요도와 질 입구를 덮는다.
   ⑥ 임신의 마지막에는 질은 산도가 된다.
   ⑦ 배란 후에 황체는 먼저 FSH를 분비하고 나서 LH를 분비한다.

3. 난자세포 형성에 직접적으로 필요한 호르몬은 무엇인가?
   ① FSH와 에스트로겐　② FSH와 LH
   ③ LH와 프로게스테론　④ 에스트로겐과 프로게스테론

4. 정액의 알칼리성액은 무엇을 중화하는 데 중요한가?
   ① 자궁의 산성 pH　② 질의 산성 pH
   ③ 질의 알칼리성 pH　④ 난관의 알칼리성 pH

5. 고환에 대한 설명 중 잘못 된 것은?
   ① 살아 있는 정자를 생성하기 위하여 음낭의 온도는 체온보다 조금 더 높다.
   ② 정자생성은 정관에서 일어난다.
   ③ 간질세포는 LH에 의해서 자극되었을 때 테스토스테론을 생성한다.
   ④ 테스토스테론의 두 표적기관은 고환 그 자체이다.

발생과 성장
Development & Growth

11

Development & Growth

발생과 성장

Development & Growth

학습목표	인체의 발생과 성장에 대하여 이해하고 설명할 수 있다.

1. 개체의 발생 단계를 이해하고 설명할 수 있다.
2. 태아의 발육 단계를 이해하고 설명할 수 있다.
3. 분만단계를 이해하고 설명할 수 있다.
4. 성장단계를 이해하고 설명할 수 있다.

01. 발생

1) 개체의 발생

인체는 난자와 정자가 결합하여 이룬 접합자인 수정란으로부터 시작된다. 수정란은 자궁벽의 점막에 착상을 한 후, 증식과 분화 거쳐 성장하게 된다.

발생은 수정 → 상실배 → 포배낭 → 태반의 단계를 거치게 된다.

① 수정(fertilization)

성숙한 난자와 정자가 결합하여 접합체를 이루게 되는데 이것을 수정란이라하며, 수정란이 형성되는 과정을 수정(fertilization)이라고 한다.

② 상실배(morula)

수정 후 초기 세포분열 시기로서, 수정 후 약 30시간 이후 하나의 접합체(수정란)가 두 개의 세포로, 두 개의 세포는 네 개의 세포로 난할(cleavage)를 반복하며 난할구를 형성하게 된다. 이러한 분열이 반복되면서 최종 16개의 난할구로 나누어지게 되며, 최종 16개로 나누어진 난할구를 상실배(morula)라고 한다.

③ 포배낭(blastocyst)

상실배가 형성되는 시기를 지나면서 난할강 내부에 유입된 액체로 인해 내강이 만들어 지는 포배(blastula)상태가 되며, 이를 포배낭(blastocyst)이라 한다. 포배낭은 자궁벽에 착상(implantation)를 하게 되는데, 이는 수정후 7일 경이 지난 때에 자궁점막에 부착되게 된다.

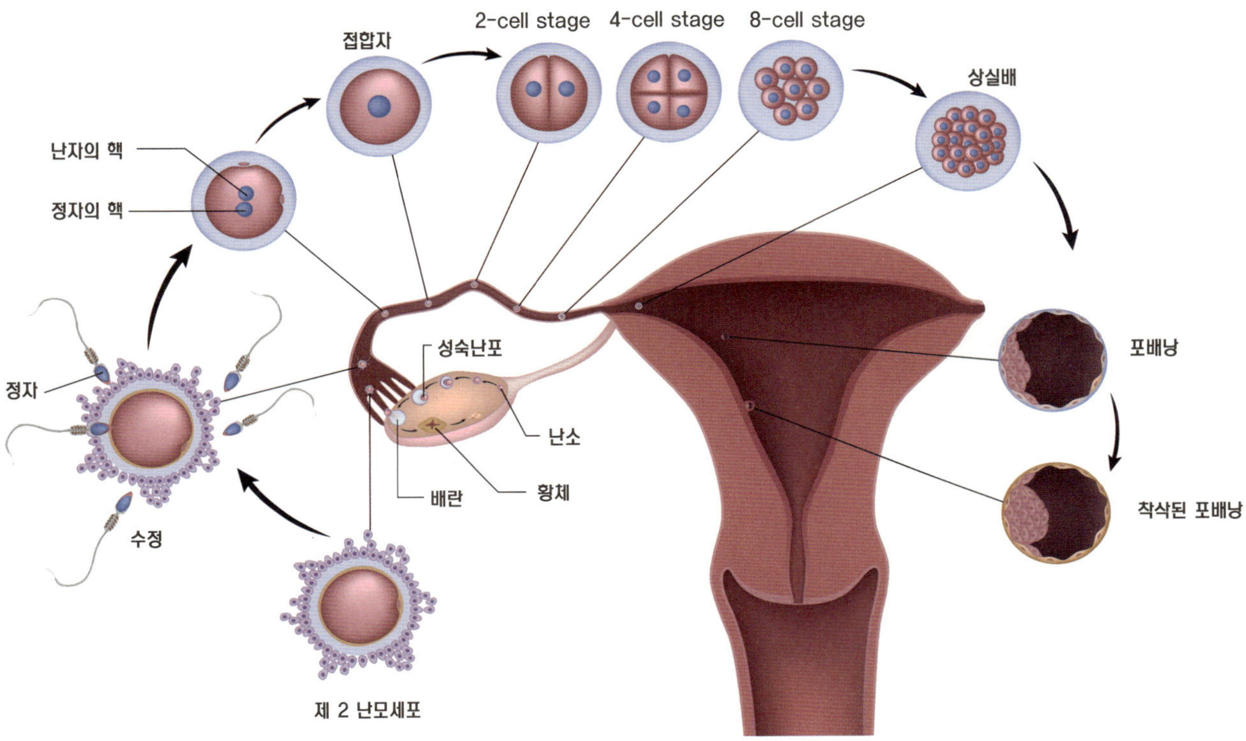

접합자
2-cell stage
4-cell stage
8-cell stage
상실배
난자의 핵
정자의 핵
정자
수정
성숙난포
난소
배란
황체
제 2 난모세포
포배낭
착삭된 포배낭

난할

④ **태반**(embryonic disc)

태반은 280일 이후 태아가 될 부분으로서, 수정 후 7일 경 자궁 점막에 부착된 포배가 계속적으로 분열하여 태반을 만들고 수정 후 2주 후 포배의 일부는 함몰되어 2중 구조인 외배엽(ectoderm)과 내배엽(endoderm)이 형성되고, 이후 외배엽과 내배엽 사이에 중배엽(mesoderm)이 형성된다. 형성된 내배엽, 중배엽, 외배엽은 계속적으로 증식과 분화를 거듭하면서 향후 태아의 조직 및 기관계로 형성된다.

ⓐ 내배엽 : 소화관(점막) 상피, 호흡기의 점막 상피, 요로 점막상피, 이관, 인두, 갑상선 등

ⓑ 중배엽 : 연골, 뼈, 근육, 진피, 결합조직, 심장, 혈관, 혈액, 림프관, 비장, 비뇨생식기, 장막 상피 등

ⓒ 외배엽 : 표피와 그의 부속선(털, 손, 발톱, 한선, 피지선, 유선), 신경계(뇌와 척수) 및 감각기계 등

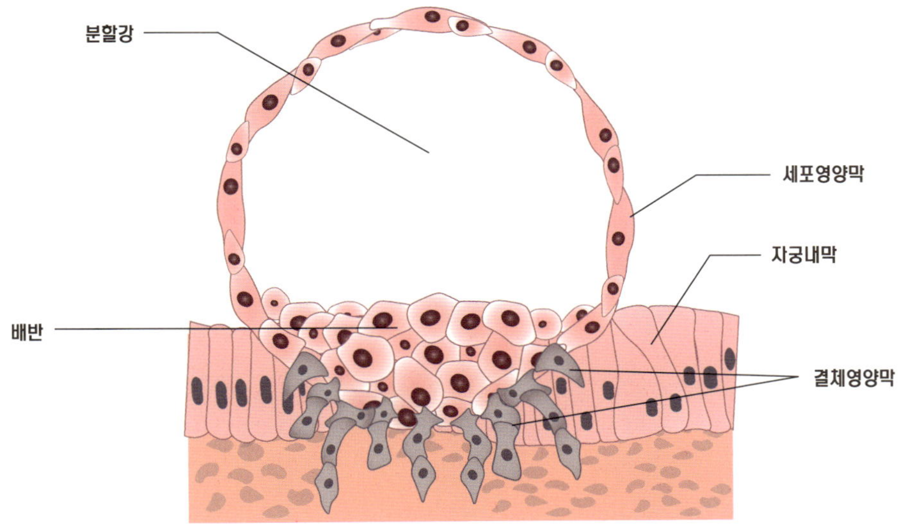

수정후 7일

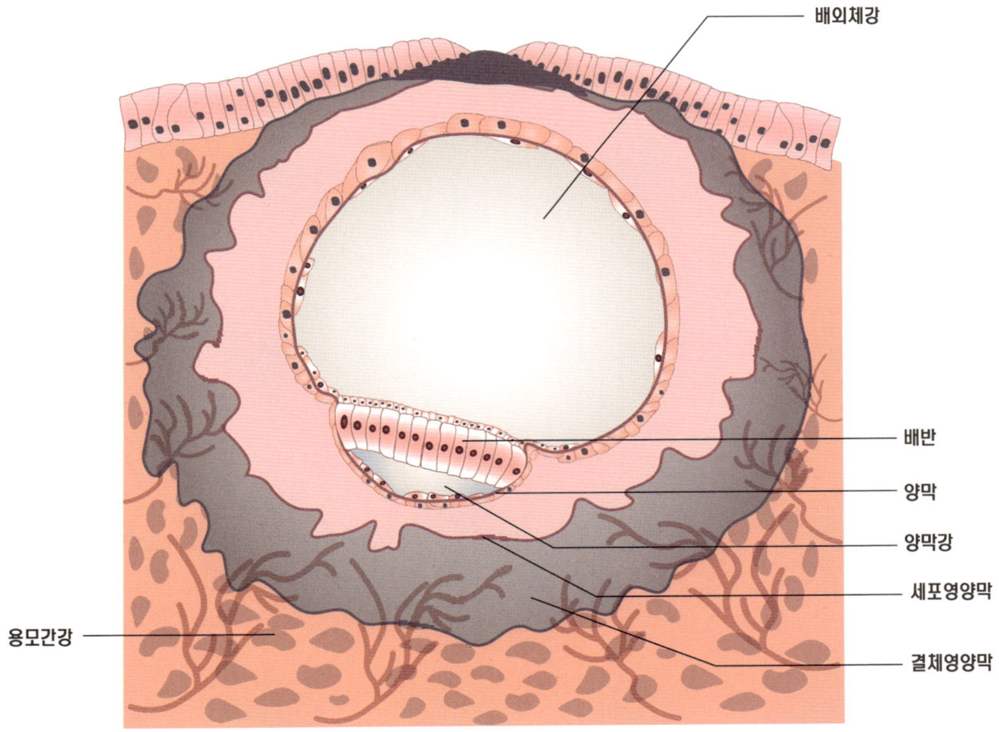

수정후 14일

배반

2) 태아의 발육

수정난이 자궁에 착생된 후 39~40주 동안 태반안에서 발육이 진행된다. 약 8주 전까지 자궁 안에 착생된 수정난을 배아(embryo)라 하며, 그 이후부터 인체의 형태를 구성함에 따라 태아(fetus)라고 한다.

기간	특징
1주	
2주	
3주	
4~7주	
8주	
3개월	
4개월	
5개월	
6개월	
7개월	
8개월	
3개월	

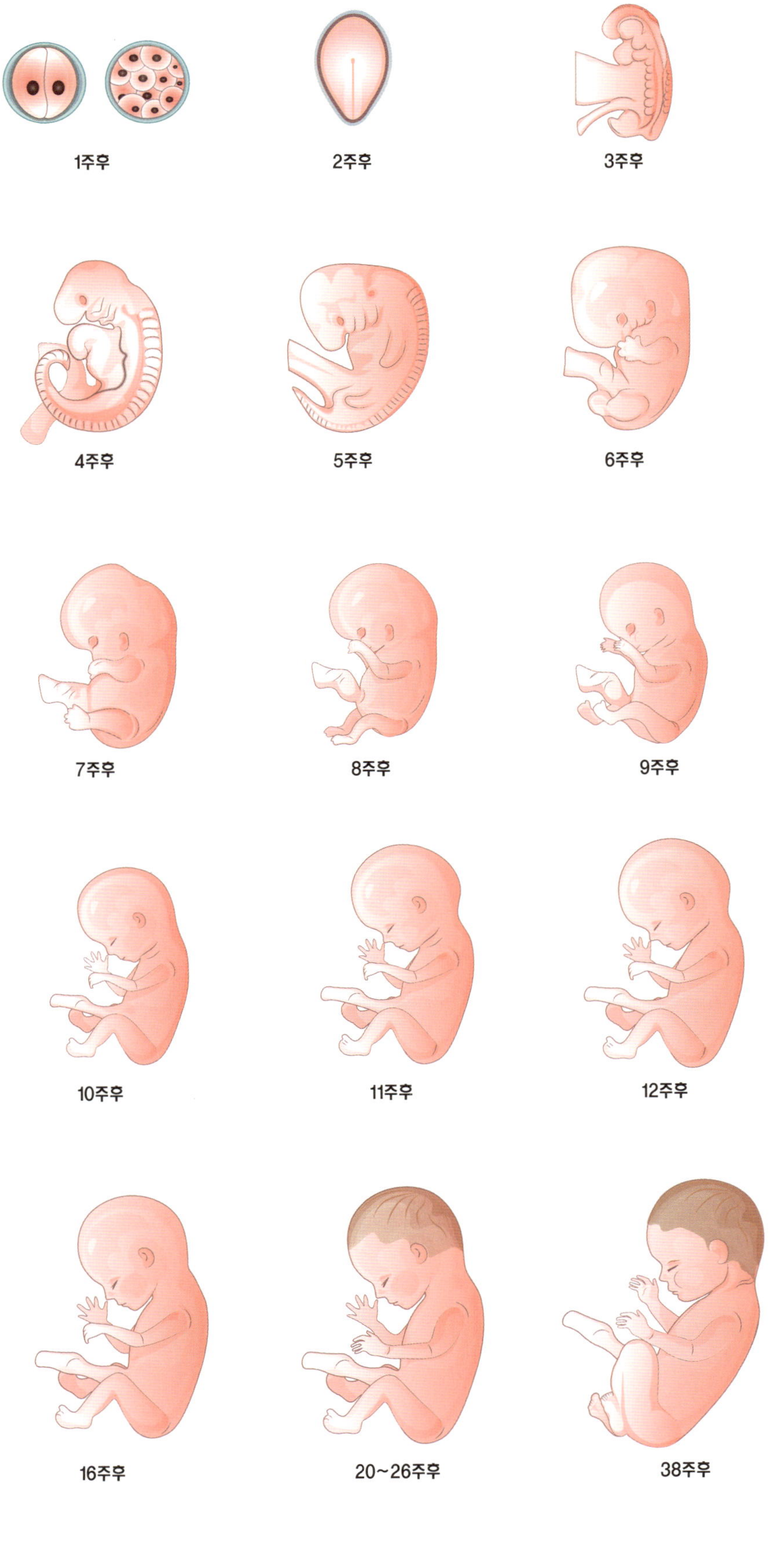
1주후
2주후
3주후
4주후
5주후
6주후
7주후
8주후
9주후
10주후
11주후
12주후
16주후
20~26주후
38주후

태아의 발육

3) 분만(Delivery)

분만은 마지막 월경 첫날부터 계산하여 280일 경, 즉 수정란이 착상된후 39~40주가 되면 일어나게 된다.

약 40주가 되면 자궁안에서의 태아의 성장으로 인해 자궁이 율동적 수축현상이 일어나 심한 동통을 느끼게 되는데, 이러한 통증이 느끼게 되는 과정을 진통(labor)이라 하며, 아기가 나오는 과정을 분만 혹은 출생(birth)이라 한다.

분만(진통)의 과정은 3기로 나눌 수 있다.

① 1단계(확장기, dilation stage)

개구기로서 태아가 질 밖으로 나올 수 있도록 자궁경부가 확장되는 시기이다. 자궁구가 개구됨에 따라 양수가 터져나오며, 이것을 '파수(break the water)'라고도 한다. 확장기는 산모의 상태에 따라 다르나 약 6~12시간 정도 이며. 분만 단계 가운데 가장 길게 걸린다.

② 2단계(만출기, expulsion stage)

태아가 질 밖으로 나오는 ㅅ기로서 태아가 자궁경과 질을 거쳐 나오는 과정에서 전진-후퇴의 진통이 지속된다. 만출기는 약 2시간 정도 진행된다.

③ 3단계(태반기, placental stage)

후산기(afterbirth)로서 태아가 질에서 빠져나오고 그이후 태반과 양막, 자궁내막이 유출되는 시기이다. 후산기는 태아가 분만된후 약 15분 안에 진행된다.

02. 성장(Growth)

성장이란 세포수의 증가와 세포크기의 증가로 구분될 수 있다. 세포수의 증가는 태아발생기에 세포분열을 통해 일어나며, 세포크기의 증가는 분만을 통한 신생아기부터 일어나게 된다.
분만을 통하여 출생한 신생아(new born baby)는 외부 환경 및 체내 변화에 따라 성장단계를 거치게 된다. 출생 후의 성장 단계를 구분하는 방법에는 여러 가지가 있으나 가장 일반적으로 다음과 같다.

① 유아기(infancy)

출생 후 첫 1년을 말하며, 가장 빠른 성장이 진행되는 시기이다. 빠른 성장에 따라, 키는 출생기에 비하여 약1/2이 커지고, 몸무게는 약 3배로 된다. 특히, 신경계가 발달하여 의사전달이 시작되는 시기이다.

② 소아기(childhood)

출생 후 약 15개월에서 12~13세의 사춘기 까지를 말한다. 소아기가 시작되는 초기에 본격적인 골화가 진행되지만, 이시기에 성장률은 점차 감소한다. 소아기가 종료되는 사춘기 바로 전에 성장이 가속화되는데 이를 사춘기 전 성장가속기(prepuberal growth spurt)라 한다. 특히, 지적능력이 성숙되는 시기이다.

③ 사춘기(puberty)

남, 여에게서 2차 성징이 나타나는 시기로서, 여자에서는 12~15세, 남자에서는 13~16세 사이에 일어난다.

④ 청년기(adolescence)

사춘기 이후 3~4년 동안을 말하며, 생식기관의 기능적 성숙과 골격계, 근육계의 성숙, 그리고 감정적 성숙 등 신체적 · 정신적 · 정서적으로도 성숙되는 시기이다. 특히, 지적능력이 증대되는 시기이다.

⑤ 성인기(adulthood)

청년기부터 60세 까지를 말하며, 성인기의 초기인 18~25세에는 성장이 완성되어 그이후로 인체의 구조적 기능적 변화가 크게 나타나지 않는 시기이다. 성인기의 중기이후부터 퇴행성 변화(degenerative change)가 나타나기 시작하면서 노년기(senility;60세 이상)에 들어서게 된다. 특히, 이시기에는 갱년기(climacterics)가 진행되는데, 이는 성호르몬의 생산이 중지되거나 감소됨에 따라 나타나는 현상으로 여성에서는 이 시기를 폐경기(menopause)라 하고 대개 45~50세 사이에 나타난다. 남성은 비교적 느려서 약 60세부터 시작된다.

⑥ 노년기(senescence)

성인기 이후의 60세 부터를 말하며, 지속적으로 퇴행성 변화가 진행되는 시기이다. 신체 주요 장기 및 기관 들의 기능적 저하로 인하여 주위 환경 변화에 적절히 대응하지 못하게 된다.

발생과 성장

Development & Growth

1. 성숙한 난자와 정자가 결합하여 접합체를 이루게 되는데 이것을 수정란이라 하며, 수정란이 형성되는 과정을 이 과정을 수정(fertilization)이라고 한다.

2. 태반의 구성
   ① 내배엽 : 소화관 (점막)상피, 호흡기의 점막 상피, 요로 점막상피, 이관, 인두, 갑상선 등
   ② 중배엽 : 연골, 뼈, 근육, 진피, 결합조직, 심장, 혈관, 혈액, 림프관, 비장, 비뇨생식기, 장막 상피 등
   ③ 외배엽 : 표피와 그의 부속선(털, 손, 발톱, 한선, 피지선, 유선), 신경계(뇌와 척수) 및 감각기계 등

3. 태아의 발육
   수정난이 자궁에 착생된 후 39~40주 동안 태반안에서 발육이 진행된다. 약 8주 전까지 자궁 안에 착생된 수정난을 배아(embryo)라 하며, 그 이후부터 인체의 형태를 구성함에 따라 태아(fetus)가 한다.

4. 성장의 단계
   유아기 → 소아기 → 사춘기 → 청년기 → 성인기 → 노년기

괄호넣기 및 연결하기

1. 성숙한 난자와 정자가 결합하여 접합체를 이루게 되는데 이것을 수정란이라 하며, 수정란이 형성되는 과정을 이 과정을 (   )이라고 한다.

2. 수정난이 자궁에 착생된 후, 약 8주 전까지 자궁 안에 착생된 수정난을 (   )라 하며, 그 이후부터 인체의 형태를 구성함에 따라 (   )가 된다.

괄호넣기 및 연결하기

1. 개체의 발생 단계이다. 괄호에 들어가는 알맞은 단계는?

수정 → (   ) → 포배낭 → 태반

① 내배엽　　② 중배엽　　③ 외배엽　　④ 상실배

2. 중배엽에 대한 설명으로 맞는 것은?
① 수정 후 2주 후 포배의 일부는 함몰되어 외배엽과 중배엽의 2주 구조로 형성된다.
② 소화관 (점막)상피, 호흡기의 점막 상피, 요로 점막상피, 이관, 인두, 갑상선 등을 형성한다.
③ 연골, 뼈, 근육, 진피, 결합조직, 심장, 혈관, 혈액, 림프관, 비장, 비뇨생식기, 장막 상피 등을 형성한다.
④ 표피와 그의 부속선(털, 손, 발톱, 한선, 피지선, 유선), 신경계(뇌와 척수) 및 감각기계 등을 형성한다.

3. 수정난이 자궁에 착생된후 태반안에서 발육되는 평균기간은?
① 29주 ~ 30주　　② 39주 ~ 40주
③ 49주 ~ 50주　　④ 59주 ~ 60주

참고문헌

- 이원택외 공저(2012). 해부생리학. 1판 1쇄. 포널스출판사
- 이한기외 공저(2010). 미용인을 위한 해부생리학. 1판 1쇄. 수문사
- 김명숙(2006). 피부미용학. 1판. 현문사
- 이영돈외 공저(2007). 해부생리학 - 우리몸의 이해. 라이프사이언스
- 박경한외 공저(2004). 해부생리학 입문 2판. 범문사
- 한종만외 공저(2018). 정담미디어. 허부생리학
- 양인숙(2018). 인체해부학실습서. 은학사
- 유영건(2018). 인체해부학실습. 메디컬사이언스
- 변영순 외 공역(2011). 기초해부생리학. 정담미디어
- 이석인 감수(2006). 근육운동가이드. 삼호미디어
- 이연숙, 구재옥, 임현숙, 강영희, 권종숙(2009). 이해하기 쉬운 인체생리학. 파워북
- 임난영, 권영은, 김정아, 김주연, 서길희, 이여진, 장태수, 정승은, 홍란희 공역(2012). 미용인을 위한 해부생리. 정담미디어
- 장호근, 김용찬, 송시영, 이용범 역. 해부학컬러링북. 파워북
- 전세열, 홍란희, 오유경, 김문주, 김봉인, 조소은 공저(2007). 미용해부생리학. 광문각
- 피부미용향장연구회(2008). 피부미용사 1. 지구문화사
- 김기환, 인체생리학(제2판), 2008, 의학문화사
- 강성례 외 19명, 해부생리학, 2012, 메디시언
- 강남이 외5인, 영양생리학, 2015, 지구문화사
- 김상호 외 13인, 인체생명과학(제6판) 2011, 라이프사이언스
- 이인모 외 13인, 사람생리학, 2018, 형설출판사
- 안태인 외 8인, 인체생명과학(제2판), 2011, 월드사이언스
- 홍영남 외 17인, 생명과학(현상의 이하), 2012, 라이프사이언스
- 문자영 외 7인, 인체생리학(제6판), 2018, 바이오사이언스
- Anne Waugh, Allison Greant(홍용근 외 공역) , 인체생리학, 2016, 정담미디어
- Valerie C. Scanlon, Tina sanders(박지원 외 공역) 인체구조와 기능, 2017, 메디칼사이언스
- Valerie C. Scanlon, Tina sanders(유지수 외 공역) 해부생리학(문제해설집), 2012, 영문출판사
- Rick A. Johnson & Pam Latterell(성기석 외 공역) 해부학 플래시카드, 2008, 영문출판사
- Dan Matusiak, Mosby's Anatomy & Physiology STUDY and REVIEW cards. MOSBY ELSEVIER
- Leslie Baumann, Edmund Weisberg(2002). Cosmetic Dermatology Principles and Practice. The MacGraw-Hill Companies. Vol 1, 25-26.
- Mark Nielson(2008). Structure and Function of the Human Body for the Massage Therapist. 5th. edition. Kendal/Hunt Publishing company
- Mark Nielson(2008). Pathology for the Massage Therapist. 4th. edition. Kendal/Hunt Publishing companty
- www.elsevierhealth.com

Chapter 01. 해부생리학 서론 연습문제 정답

1. 축부(axial)
2. 정중시상단면(midsagittal plane)
3. 세포(cell), 조직(tissue), 기관(orgen)

1 ①, 2 ④, 3 ③, 4②, 5 ②, 6 ①, 7 ④, 8 ①, 9 ②, 10 ③

Chapter 02. 외피계통 연습문제 정답

1. 표피, 진피, 피하지방층
2. 입모근
3. 10:1, 10시~2시

1 ④, 2 ③, 3 ①, 4 ②, 5 ③, 6 ①, 7 ②, 8 ③, 9 ②, 10 ③, 11 ②, 12 ④, 13 ①

Chapter 03. 뼈대계통 연습문제 정답

1 ①, 2 ②, 3 ④, 4 ④, 5 ④, 6 ③, 7 ④, 8 ③, 9 ②, 10 ①

Chapter 04. 근육계 연습문제 정답

1. 운동, 자세 또는 근육긴장도, 열 발생
2. 교근, 측두근과 익상돌기(내부와 외부)
3. 외늑간근, 내늑간근과 횡경막
4. 외복사근, 내복사근, 복횡근과 복직근
5. 대퇴이두근, 반건양근, 반막양근

1 ①, 2 ④, 3 ①, 4 ①②⑤, 5 ④, 6 ④, 7 ③, 8 ③, 9 ①, 10 ④

Chapter 05. 순환기계 연습문제 정답

1 ①, 2 ④, 3 ③, 4 ③, 5 ①, 6 ②, 7 ③, 8 ①, 9 ①, 10 ④

Chapter 06. 내분비계통 연습문제 정답

1. 옥시토신, 프로락틴
2. 글루카곤, 인슐린
3. 칼시토닌
4. 혈액

1 ②, 2 ④, 3 ②③, 4 ④, 5 ③, 6 ①, 7 ④, 8 ④, 9 ③, 10 ①, 11 ①

Chapter 07. 소화기계 연습문제 정답

1. 1) b, c 2) a, d
2. 1) 지방산과 글리세롤, 2) 아미노산, 3) 단당류
3. 1) c, 2) a, 3) b, 4) d
4. ① 펩신, ② 펩티드, ③ 아미노펩티다아제, ④ 아미노산, ⑤ 모노글리세라이드와 유리지방산

1 ④, 2 ④, 3 ②, 4 ①, 5 ③, 6 ②

Chapter 08. 호흡기계　연습문제 정답

1. 외호흡
2. 내호흡
3. 폐

1 ①, 2 ①, 3 ④, 4 ②

Chapter 09. 신경계　연습문제 정답

1. ① 뇌와 척수, ② 뇌신경과 척수신경, ③ 말초신경계
2. ① 신경원,
   ② a) 세포체 b) 축삭 c) 수상돌기
   ③ 1. 핵　2. 세포체 3. 가지돌기 4. 축초　5. 가쪽축삭　6. 축삭종말
3. ① 신경전달물질, 축삭
   ② 화학적 불활성요소
4. ① C　② a, b　③ e, g　④ d

1 ②, 2 ②, 3 ④, 4 ③, 5 ①, 6 ②

Chapter 10. 비뇨기계와 생식기계　연습문제 정답

1. 1) b, h　2) c, f, g　3) a, d ,e
2. 기능적, 신소체, 세뇨관
3. 세공, 투과도, 신장여과
4. ① 삼투, ② 능동적 이동, ③ 능동적 이동, ④ 수동적 이동, ⑤ 세포흡수이동, ⑥ 능동적 이동
5. a) 사구체, 보우만 주머니
   b) 사구체여과
   c)큰 단백질, 혈구, 크기

1 ③, 2 ②⑤⑥, 3 ①, 4 ②, 5 ①

Chapter 11. 발생과 성장　연습문제 정답

1. 수정
2. 배아, 태아

1 ④, 2 ③, 4 ②

저자소개

홍란희 현) 동서울대학교 뷰티코디네이션과 부교수
중앙대학교 의학박사(예방의학)

김은숙 현) 서경대학교 뷰티테라피&메이크업학과 조교수
전북대학교 공학박사(유기신물질공학)

홍재기 현) 인천재능대학교 건강관리과 학과장
성신여자대학교 이학박사(미용건강학)

이순례 현) 동서울대학교 뷰티코디네이션과 겸임교수
성신여자대학교 이학박사(미용건강학)

고혜정 현) 수원여자대학교 미용예술과 교수
대한피부미용 교수협의회 (전)회장

워크북으로 쉽게 배우는 미용해부생리학 – Coloring book [개정판]

발행 2019년 3월 4일 초판 1쇄
인쇄 2025년 8월 22일 개정1판 1쇄
발행 2025년 8월 29일 개정1판 1쇄

지은이 홍란희 · 김은숙 · 홍재기 · 이순례 · 고혜정
발행처 Gadam PLUS 가담플러스
출판등록 2014년 3월 18일 제2014-000094호
주소 서울시 마포구 동교로 144-7 영일빌딩
홈페이지 www.gadamplus.com
ISBN 979-11-86447-33-8 93510
정가 28,000원

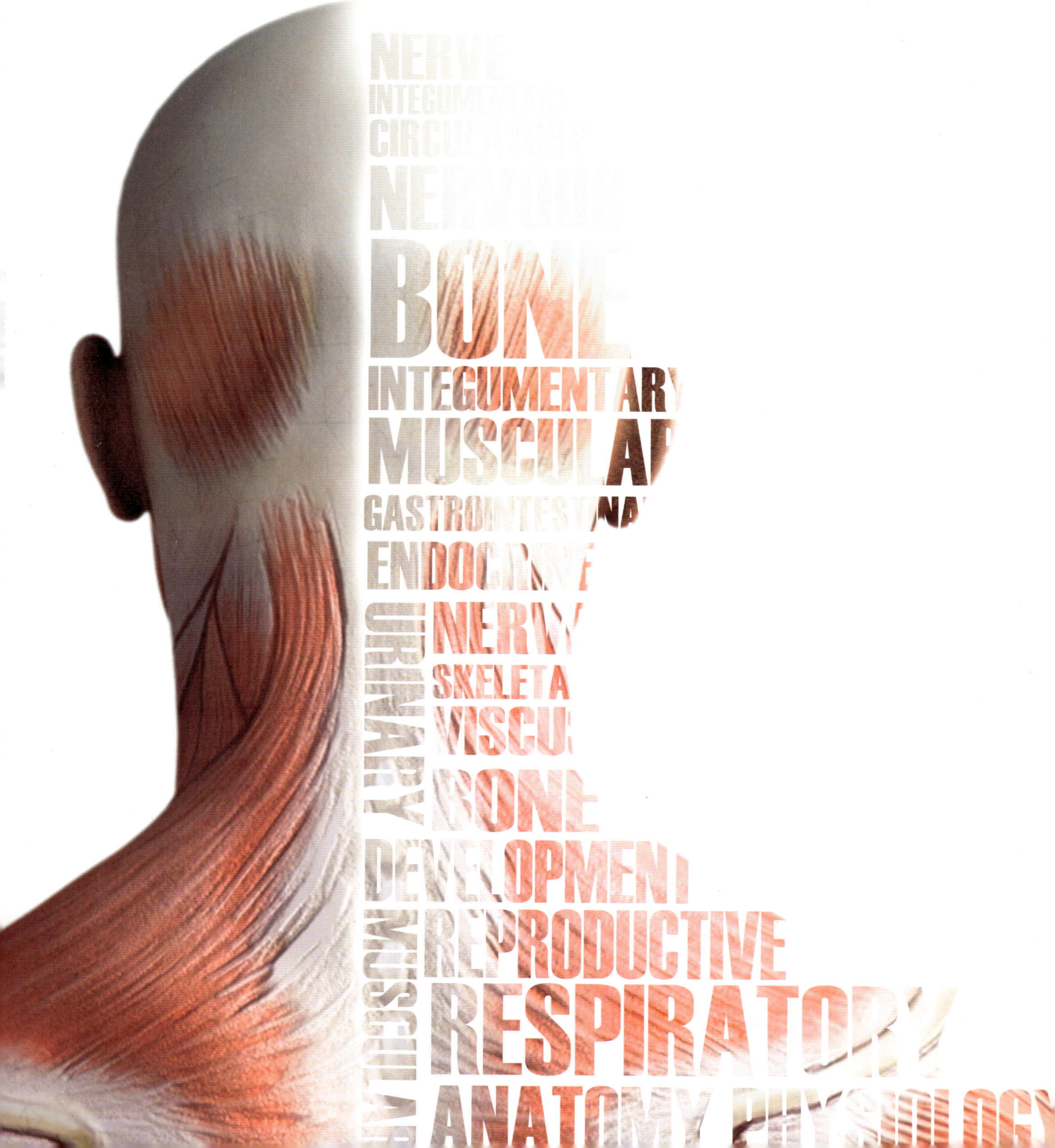
NERVE
BONE
INTEGUMENTARY
URINARY
SKELETA
BONE
REPRODUCTIVE
RESPIRATORY
ANATOMY